Zu diesem Buch

Die elektrische Übertragungstechnik, die bisher
überwiegend von analogen Verfahren getragen wurde,
wird in zunehmendem Maße von digitalen Methoden
beherrscht. Charakteristisch für dieses moderne
Gebiet der Elektrotechnik ist, daß deterministische durch statistische Betrachtungsweisen ergänzt
und daß digitaltechnische Probleme, wie z. B. die
Codierung, mit übertragungstechnischen Begriffen,
wie z. B. Frequenzgang und Spektrum, verknüpft
werden. Somit erfordert die digitale Übertragungstechnik neue Denkweisen, in die dieses Buch den
Leser einführen möchte.

Es wendet sich an Studenten der Fachhochschulen
und Universitäten, aber auch an Ingenieure in der
Praxis, die sich in dieses Gebiet einarbeiten
wollen. Das Buch enthält den Stoff einer vom
Verfasser an der Fachhochschule Hamburg durch-
geführten Lehrveranstaltung Digitale Übertragungstechnik.

Digitale Übertragungstechnik

Von Dipl.-Ing. Peter Gerdsen

Professor an der
Fachhochschule Hamburg

Mit 150 Bildern

B. G. Teubner Stuttgart 1983

Prof. Dipl.-Ing. Peter Gerdsen

1936 in Bredstedt geboren. Abitur 1956 an der Goethe-
Schule in Flensburg. Studium der Elektrotechnik an der
Technischen Hochschule in Hannover. 1965 Applikations-
laboratorium der VALVO GmbH. 1971 Eintritt in den Fach-
bereich Elektrotechnik der Fachhochschule Hamburg. Seit
1976 Leiter des Laboratoriums für Hochfrequenztechnik.
1980 Ernennung zum Professor für Elektrische Nachrichtentechnik.

CIP-Kurztitelaufnahme der Deutschen Bibliothek

Gerdsen, Peter:
Digitale Übertragungstechnik / von Peter Gerdsen. -
Stuttgart : Teubner, 1983.
   (Teubner-Studienskripten ; 93 : Elektrotechnik)
   ISBN-13: 978-3-519-00093-8   e-ISBN-13: 978-3-322-84788-1
   DOI: 10.1007/ 978-3-322-84788-1

NE: GT

Das Werk ist urheberrechtlich geschützt. Die dadurch
begründeten Rechte, besonders die der Übersetzung, des
Nachdrucks, der Bildentnahme, der Funksendung, der
Wiedergabe auf photomechanischem oder ähnlichem Wege,
der Speicherung und Auswertung in Datenverarbeitungs-
anlagen, bleiben, auch bei Verwertung von Teilen des
Werkes, dem Verlag vorbehalten.

Bei gewerblichen Zwecken dienender Vervielfältigung
ist an den Verlag gemäß § 54 UrhG eine Vergütung zu
zahlen, deren Höhe mit dem Verlag zu vereinbaren ist.

© B. G. Teubner Stuttgart 1983

Gesamtherstellung: Beltz Offsetdruck, Hemsbach/Bergstr.
Umschlaggestaltung: W. Koch, Sindelfingen

<u>Vorwort</u>

Die elektrische Nachrichtentechnik läßt sich in die beiden Gebiete der Nachrichtenübertragung und der Nachrichtenverarbeitung unterteilen. Ausgehend von den Methoden der Signaldar-
stellung kann man zwischen analoger und digitaler Nachrichtentechnik unterscheiden. Während bisher die analogen Methoden
die Nachrichtenübertragung und die digitalen Methoden die Nachrichtenverarbeitung beherrschten, beginnen die digitalen Methoden in zunehmendem Maße in die Nachrichtenübertragungstechnik
und allgemein weiter in die Gebiete der Nachrichtenverarbeitung einzudringen, die bisher analogen Methoden vorbehalten
waren.
Dieses Buch möchte den Leser in die grundlegenden Methoden und
Betrachtungsweisen der digitalen Übertragungstechnik einführen. Dabei wird versucht, innerhalb der vielfältigen Aspekte
der digitalen Übertragungstechnik gemeinsame und übergeordne-
te Gesichtspunkte zu betonen.
Die Beschränkung auf die wesentlichsten Zusammenhänge soll es
ermöglichen, durch sorgfältige theoretische Ableitungen so
weit in die Tiefe zu gehen, daß die Anwendungsnähe der Darstellung durch eine Reihe von ausgeführten Berechnungsbeispie-
len sichtbar wird.
Nach der Darstellung der Grundgesetze der Zeit- und Amplitudenquantisierung wird das Spektrum eines digitalen Signals
hergeleitet. Die Kanalcodierung als Methode zur Verformung des
Signalspektrums, um es an den Kanal anzupassen, wird ausführlich dargestellt.
Ausgehend von den Nyquist-Kriterien für die verzerrungsfreie
Übertragung von Impulsen wird dem Entwurf und der Berechnung
von Entzerrerfiltern breiter Raum gegeben. Der Regenerativverstärker als Empfänger am Ende einer Übertragungsstrecke wird
unter besonderer Berücksichtigung der Methoden der Taktrückgewinnung beschrieben.
Das Buch wendet sich in erster Linie an Studenten der Fachhochschulen und Technischen Universitäten. Aber auch Ingenieu-

re aus der Praxis, die sich in die digitale Übertragungstechnik einarbeiten wollen, sollen angesprochen werden.
Vorausgesetzt werden die Grundlagen der Elektrotechnik und
der Nachrichtentechnik. Um das Durcharbeiten zu erleichtern,
wurden einzelne Themen aus den Grundlagen sowie einige sehr
spezielle, für das Verständnis des Stoffes wichtige Themen in
einem Anhang erläutert.

Die deterministischen und statistischen Methoden der Beschreibung von Signalen im Zeit- und Frequenzbereich gehören nicht
zu den Inhalten der digitalen Übertragungstechnik. Da sie jedoch für die Darstellung dieses Gebietes notwendig sind, werden sie in gedrängter Form im Abschnitt Signalbeschreibung so
zusammengestellt, wie sie in den anwendungsbezogenen folgenden Abschnitten benötigt werden. Es ist also möglich, den Abschnitt Signalbeschreibung beim Studium des Buches zunächst
zu überschlagen und erst zu lesen, wenn dies für das Verständnis der anwendungsbezogenen Abschnitte erforderlich wird.

Mit der Ausbreitung digitaler Methoden in der Übertragungstechnik sind einige spezifische Fachausdrücke entstanden, die
mit einer Erläuterung ihrer Bedeutung in einem Glossar zusammengestellt sind.

Die Schaltzeichen in den Bildern haben DIN 40700 zur Grundlage, und die verwendeten Fachausdrücke entsprechen DIN 44300
und 44302.

Danken möchte ich meinen Mitarbeitern, den Herren Dipl.-Ing.
R. Brendel und Dipl.-Ing. P. Vendel, die mir bei der Anferti-
gung des Manuskripts sowie durch Anregungen und Hinweise sehr
behilflich waren.

Meinen Kollegen von der Fachhochschule Hamburg, insbesondere
Herrn Prof. Dr.-Ing. P. Vaske, danke ich für wertvolle Rat-
schläge.

Hamburg, Januar 1983   Peter Gerdsen

I n h a l t

Anhang

1. Einleitung

Information und Energie sind die beiden grundlegenden Begriffe der Elektrotechnik. Während die elektrische <u>Energietechnik</u> sich mit der Übertragung und Umwandlung von Energie beschäftigt, ist es Aufgabe der elektrischen <u>Informationstechnik,</u> Informationen zu übertragen und zu verarbeiten. Informationen können auf Grund bekannter oder unterstellter Abmachungen durch Zeichen oder kontinuierliche Funktionen dargestellt werden. Diese Funktionen oder Zeichen werden <u>Nachrichten</u> genannt, wenn sie zur Übertragung von Informationen dienen. Sie werden <u>Daten</u> genannt, wenn sie zur Verarbeitung von Informationen dienen. Durch Zeichen dargestellte Informationen sind <u>digital,</u> durch kontinuierliche Funktionen dargestellte Informationen sind <u>analog.</u>
Die Aufgaben der Übertragung und Verarbeitung erfordern eine physikalische Darstellung der Zeichen und kontinuierlichen Funktionen. Dies ist möglich entweder in Form einer räumlichen Anordnung, z. B. durch magnetische Einprägungen auf einem Magnetband, oder durch den zeitlichen Ablauf von elektrischen Strömen $i(t)$ oder Spannungen $u(t)$. Die physikalische Darstellung der Zeichen und kontinuierlichen Funktionen nennt man Signale. Liegen die Signale in einer räumlichen Anordnung vor, so hat man gespeicherte Informationen. Signale in Form zeitabhängiger elektrischer Ströme oder Spannungen sind Gegenstand der Übertragungstechnik. Stellen die zeitabhängigen Signale nicht kontinuierliche Funktionen, sondern Zeichen dar, so spricht man von digitaler Übertragungstechnik.

1.1 Signalklassen

Das elektrische Signal einer Nachrichtenquelle wird beschrieben durch die abhängige Signalkoordinate s als Funktion der unabhängigen Zeitkoordinate t in Form einer Zeitfunktion $s(t)$ Die Signalkoordinate ist in der Regel entweder eine Spannung u oder ein Strom i . Die Signalkoordinate s und die Zeit-

koordinate t können in kontinuierlicher oder diskreter Weise
verfügbar sein.

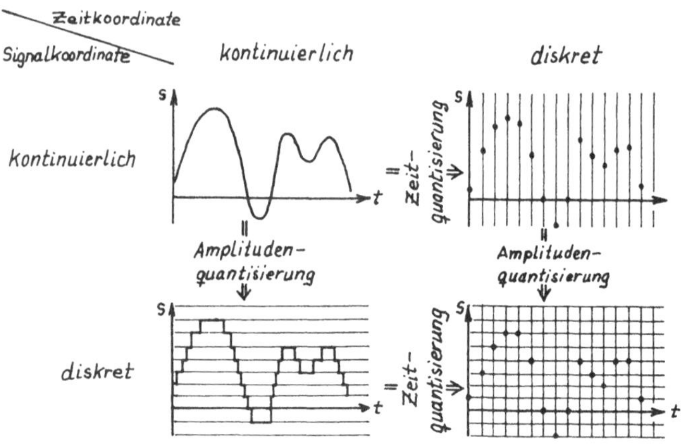

Bild 1.1 Signalklassen

Somit lassen sich Signale entsprechend Bild 1.1 in vier verschiedene Klassen [8] einteilen:

<u>Klasse 1:</u> Signal- und Zeitkoordinate sind kontinuierlich ver-
fügbar. Solche Signale treten z. B. auf am Ausgang eines Mikrophons, mit dem Sprache oder Musik in elektrische Signale
umgewandelt werden. Signale der Klasse 1 werden charakterisiert durch ihre Grenzfrequenz f_g und durch ihren Signal-
Geräusch-Abstand ϱ . Unter der Grenzfrequenz f_g eines Signals $u(t)$ versteht man die Frequenz f , oberhalb derer die
Frequenzfunktion (s. Abschn. 2.2.2)

$$\underline{u}(f) = \int\limits_{-\infty}^{+\infty} u(t)\, e^{-j2\pi ft}\, dt \tag{1.1}$$

Null ist. Da jedem Signal $u(t)$ eine stochastische Geräuschspannung $u_r(t)$ überlagert ist, definiert man mit der Signal-

leistung P_s und der Geräuschleistung P_r den Signal-Geräusch-Abstand

$$\varrho = \frac{P_s}{P_r} \qquad\qquad (1.2)$$

<u>Klasse 2</u>: Die Signalkoordinate ist in kontinuierlicher und die Zeitkoordinate in diskreter Weise verfügbar. Diskret heißt für die Zeitkoordinate, daß sie durch bestimmte Zeitrasterabschnitte T_0 , in denen die Signalkoordinate unveränderlich ist, charakterisiert wird. Signale der Pulsamplitudenmodulation gehören zur Klasse 2. Charakterisiert werden die Signale der Klasse 2 durch den Rasterabstand T_0 und den Signal-Rausch-Abstand ϱ . Durch Abtastung oder <u>Zeitquantisierung</u> (s.Abschn.3) werden Signale der Klasse 1 in solche der Klasse 2 umgewandelt. Dabei wird in der Regel im Abtastzeitpunkt dem Signal $u(t)$ der Klasse 1 ein Funktionswert entnommen und bis zum nächsten Abtastzeitpunkt konstant gehalten.
Die Bedingungen für die Wiedergewinnung des Signals $u(t)$ der Klasse 1 sind der Inhalt des <u>Abtasttheorems (s.Abschn. 3)</u>.

<u>Klasse 3</u>: Die Signalkoordinate ist in diskreter und die Zeitkoordinate in kontinuierlicher Weise verfügbar. Diskret heißt für die Signalkoordinate, daß sie nur in bestimmten Stufen auftritt. Der Zeitpunkt, in dem eine Änderung der Signalkoordinate erfolgen kann, ist beliebig. Durch <u>Amplitudenquantisierung (s. Abschn. 5)</u> lassen sich Signale der Klasse 1 in solche der Klasse 3 umwandeln. Dabei wird der kontinuierliche Wertebereich der Signalkoordinate in diskret gestufte Äquivalenzbereiche eingeteilt, und alle in einen Äquivalenzbereich fallenden Signalwerte werden in einen in der Regel in der Mitte liegenden diskreten Signalwert überführt. Die Zeitpunkte der Änderung der Signalkoordinate richten sich dann nach dem Verlauf des Signals $u(t)$ der Klasse 1. Die <u>Amplitudenquantisierung</u> rechtfertigt sich dadurch, daß infolge der unvermeidlichen Geräuschspannung $u_r(t)$ die Funktionswerte der Signale der Klasse 1 bei einer Übertragung nur ungenau wiedererkannt werden können und daß das durch die Amplitudenquantisierung

hervorgerufene Quantisierungsgeräusch durch Erhöhung der Stufenzahl beliebig klein gemacht werden kann. Charakterisiert werden Signale der Klasse 3 durch die minimale Intervalldauer und die Stufenzahl.

Klasse 4: Signal- und Zeitkoordinate sind in diskreter Weise verfügbar. Die Signale der Klasse 4 werden auch _digitale Signale_ genannt. Sie entstehen aus den Signalen der Klasse 1 durch Zeit- und Amplitudenquantisierung. Die Signalkoordinate nimmt jeweils einen Wert aus einem vorgegebenen Wertevorrat an. Durch _Codierung_ (s. Abschn. 6) stellt man häufig diese Werte durch Kombinationen von jeweils zwei Werten dar. Die Überführung von Signalen der Klasse 1 in solche der Klasse 4 nennt man auch _Digitalisierung._ Schließt sich an die Amplitudenquantisierung eine Codierung auf ein zweiwertiges Signal an, so spricht man häufig von _Pulscodemodulation._

1.2 Digitale Signale

Signale der Klasse 4, also digitale Signale, deren Übertragung Gegenstand dieses Buches ist, haben wegen einiger vorteilhafter Eigenschaften eine besondere Bedeutung erlangt. Diese Eigenschaften sollen im folgenden erläutert werden.

1.2.1 Zeitmultiplex [4,59]

Digitale Signale ermöglichen die Mehrfachausnutzung von Kanälen in Form des Zeitmultiplex (s. Abschn. 13). Im Gegensatz zum Frequenzmultiplex, das in Form der Trägerfrequenztechnik weit verbreitet ist, wird die für das Frequenzmultiplex charakteristische, hohe Anzahl an Bandfiltern hier nicht benötigt. Ein weiterer Vorteil des Zeitmultiplex liegt in seiner relativen Unempfindlichkeit gegen nichtlineare Verzerrungen, auf die das Frequenzmultiplex mit dem nichtlinearen Nebensprechen sehr empfindlich reagiert.

Von besonderer Bedeutung ist noch, daß es neben analogen auch digitale Nachrichtenquellen (s. Fernschreibtechnik) gibt. Werden die analogen in digitale Signale verwandelt, so ist die Zusammenfassung im Zeitmultiplex möglich.

1.2.2 Störungen

Sowohl bei analoger als auch bei digitaler Übertragung unterliegt die Signalleistung P_s der Streckendämpfung, die ab-
schnittsweise durch Verstärker wieder aufgehoben wird
(s. Bild 1.2). Bei einer digitalen Übertragungsstrecke tritt

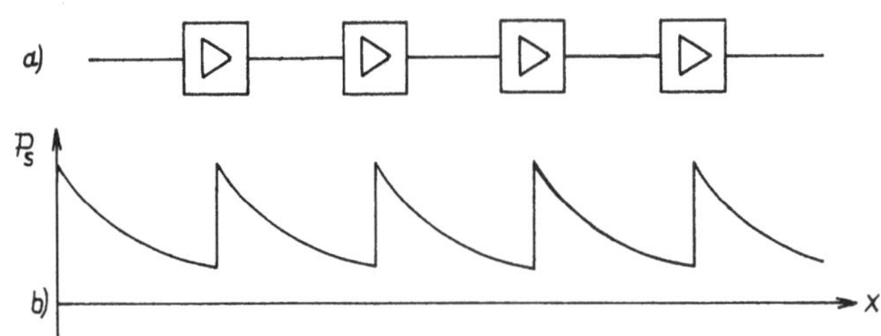

Bild 1.2   a) Übertragungsstrecke mit Verstärkern
          b) Signalleistung längs einer Über-
             tragungsstrecke

dabei an die Stelle der analogen Verstärker der Regenerations-
verstärker (s. Abschn. 4, 9 und 10). Ein wesentlicher Unterschied besteht jedoch in der aufgelaufenen Geräuschleistung
P_r . Bei analoger Übertragung wird die Geräuschleistung

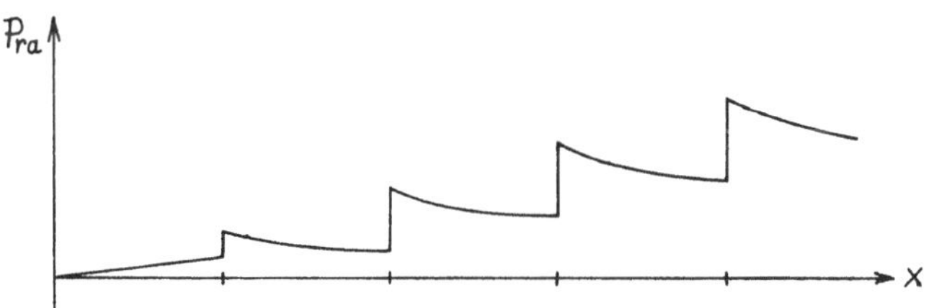

Bild 1.3   Geräuschleistung bei analoger
          Übertragung

P_{ra} in linearen Verstärkern jeweils um den gleichen Faktor
angehoben wie die Signalleistung, wobei sich die innerhalb
jedes Abschnittes hinzugekommenen Geräusche überlagern
(s. Bild 1.3). In Gegensatz dazu wird bei digitaler Übertragung mit Hilfe von regenerierenden Verstärkern das Signal von
der aufgelaufenen Geräuschleistung P_{rd} jeweils wieder weitgehend befreit (s. Bild 1.4). Das Geräusch verursacht ledig-

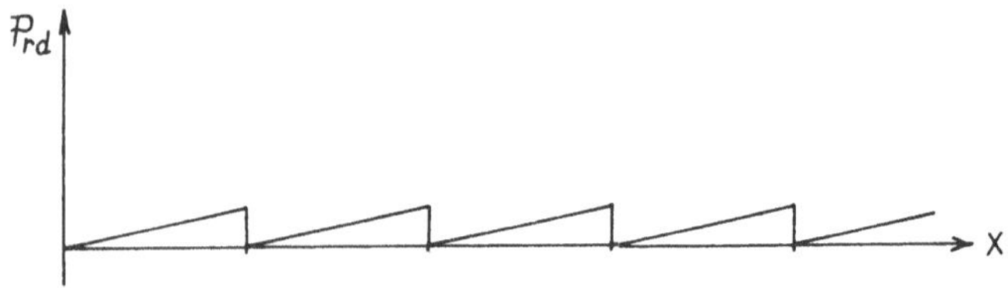

Bild 1.4   Geräuschleistung bei
digitaler Übertragung

lich die fehlerhafte Übertragung einzelner Zeichen und Phasenjitter, d. h. statistische Schwankungen der Pulsperiodizität.
Infolge der abschnittweisen Regenerierung addieren sich nur
die Fehler, nicht aber die Geräusche. Eine geringe Erhöhung
des Signal-Geräusch-Abstandes führt zu einer erheblichen Erniedrigung der Fehlerhäufigkeit. Damit ist die Übertragungsqualität weitgehend unabhängig von der Entfernung.

1.2.3 Genauigkeit

Bei Informationen zur Verarbeitung müssen besondere Anforderungen an die Genauigkeit gestellt werden. Im unteren Genauig-
keitsbereich bis zu einem relativen Fehler von etwa 10^{-2} sind
Anlagen mit Signalen der Klasse 1, d. h. mit analogen Signalen
preiswerter als Anlagen mit Signalen der Klasse 4, d. h. mit
digitalen Signalen, bei höheren Genauigkeiten kehrt sich das
Verhältnis jedoch um. Zur Verdeutlichung ist der Zusammenhang
zwischen Preis und relativem Fehler durch ein Diagramm in
Bild 1.5 dargestellt.

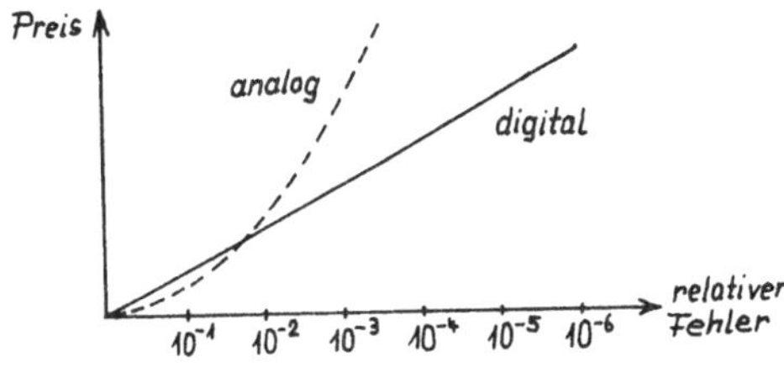

Bild 1.5   Zusammenhang zwischen Preis und Genauigkeit

2. Signalbeschreibung

Der Untersuchung, wie sich digitale Signale bei der Übertragung über ein System verhalten, muß eine mathematische Beschreibung der Signale vorausgehen. Viele Probleme der Nachrichtentechnik können mit deterministischen Signalen untersucht werden, d. h. mit Signalen, deren Verlauf für alle Zeiten bekannt ist. Charakteristisch für die digitale Übertragungstechnik ist nun, daß auf die Einführung statistischer
Methoden nicht verzichtet werden kann. Man muß der Tatsache
Rechnung tragen, daß ein Nachrichtensignal nur dann Information enthält, wenn sein Verlauf unbekannt ist.

2.1 Elementarsignale

Viele Elementarsignale lassen sich durch einen algebraischen
Ausdruck beschreiben. Mit der Frequenz f , dem Nullphasenwinkel ψ und dem Scheitelwert $\hat{u}$ lautet das <u>Sinussignal</u>

$$u(t) = \hat{u} \sin(2\pi f t + \psi) \tag{2.1}$$

Sein Verlauf ist in Bild 2.1 wiedergegeben. Ein weiteres wichtiges Elementarsignal ist der <u>Rechteckimpuls.</u> Zu seiner Be-

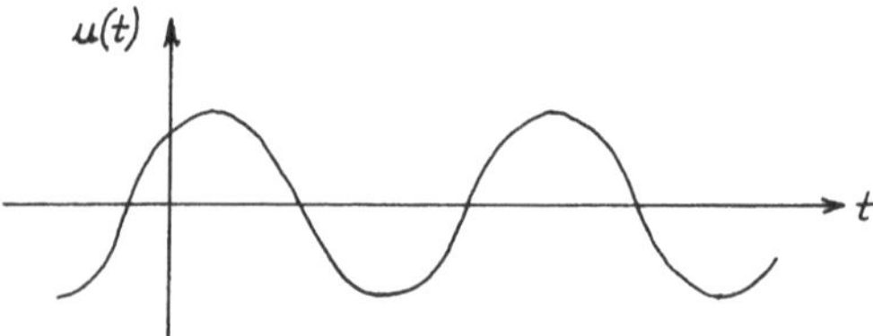

Bild 2.1 Sinussignal

schreibung wird mit der unabhängigen Variablen x die Funktion

$$rect(x) = \begin{cases} 1 \\ 0 \end{cases} \text{für} \quad \begin{matrix} |x| \leq \frac{1}{2} \\ |x| > \frac{1}{2} \end{matrix} \qquad (2.2)$$

vereinbart. Mit der Impulshöhe u_{sp} und der Breite des Impulses T_o gilt für den Rechteckimpuls

$$u(t) = u_{sp} \, rect\left(\frac{t}{T_o}\right) \qquad (2.3)$$

Sein Verlauf ist in Bild 2.2 wiedergegeben.

Zur Beschreibung der <u>Sprungfunktion</u> wird mit der Variablen x

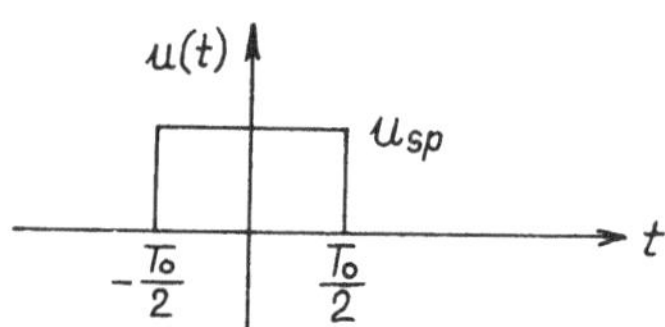

Bild 2.2   Rechteckimpuls

vereinbart

$$\varepsilon(x) = \begin{cases} 0 \\ 1 \end{cases} \text{für} \quad \begin{matrix} x < 0 \\ x \geq 0 \end{matrix} \qquad (2.4)$$

Mit der Sprunghöhe U_0 lautet die Sprungfunktion somit

$$u(t) = U_0\, \varepsilon(t) \qquad (2.5)$$

Ihr Verlauf ist in Bild 2.3 wiedergegeben.

Von großer Bedeutung ist

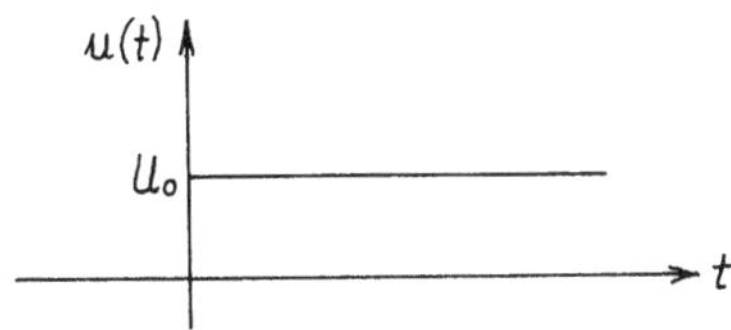

Bild 2.3   Sprungfunktion

der <u>Dirac-Impuls</u> $\delta(t)$. Zu seiner Einführung bildet man mit
der Zeitdifferenz Δt den Differenzenquotienten

$$\frac{\varepsilon(t) - \varepsilon(t-\Delta t)}{\Delta t}$$

der Sprungfunktion $\varepsilon(t)$. Er stellt einen Rechteckimpuls der
Breite Δt und der Höhe $1/\Delta t$ und somit der Fläche 1 dar. Als
Dirac-Impuls

$$\delta(t) = \lim_{\Delta t \to 0} \frac{\varepsilon(t) - \varepsilon(t-\Delta t)}{\Delta t} \qquad (2.6)$$

definiert man den Grenzwert des Differenzenquotienten für
$\Delta t \to 0$ bzw. den Differentialquotienten der Sprungfunktion
$\varepsilon(t)$. Der Dirac-Impuls ist somit ein unendlich hoher und
unendlich schmaler Impuls an der Stelle $t=0$. Es gelten

$$\delta(t) = \frac{d\,\varepsilon(t)}{dt}$$

$$\int_{-\infty}^{+\infty} \delta(t)\,dt = 1$$

$$\delta(t) = \begin{cases} \infty \\ 0 \end{cases} \text{für} \quad \begin{array}{l} t = 0 \\ t \neq 0 \end{array}$$

Der Dirac-Impuls $\delta(t)$ hat die Einheit s^{-1} . Ist der Dirac-Impuls eine Spannung, so kennzeichnet ihn die Spannungszeit-fläche, d. h. das Produkt der Spannung U_δ und der Impulszeit T_δ . Somit erhält man für den Dirac-Impuls einer Spannung

$$u(t) = U_\delta\, T_\delta\ \delta(t) \tag{2.8}$$

2.2 Deterministische Methoden

Bei der Analyse der Struktur von Signalen zerlegt man sie in Aufbauelemente, aus denen sie durch Summation bzw. Integration gebildet werden können. Als Aufbauelemente werden meist die Sinusschwingung und der Dirac-Impuls eingesetzt. Wenn das Über-tragungsverhalten eines linearen Systems für die Aufbauelemen-te bekannt ist, kann es für beliebige Signale durch Integra-tion bzw. Summation bestimmt werden.

2.2.1 Dirac-Impuls als Aufbauelement

Wird ein Dirac-Impuls $\delta(\tau)$ mit der unabhängigen Zeitvariablen τ um einen festen Zeitbetrag t verschoben, so erhält man die Funktion $\delta(t-\tau)$. Für sie gilt auch

$$\int\limits_{-\infty}^{+\infty} \delta(t-\tau)\, d\tau = 1 \qquad (2.9)$$

weil der Flächeninhalt eines Dirac-Impulses 1 beträgt. Multipliziert man Gl. (2.9) mit einer Funktion $u(t)$, so erhält man, weil die Variable t in bezug auf die Integrationsvariable τ eine Konstante ist und eine Konstante hinter das Integrationszeichen gezogen werden darf,

$$u(t) = \int\limits_{-\infty}^{+\infty} u(t)\,\delta(t-\tau)\, d\tau \qquad (2.10)$$

Der Integrand in diesem Ausdruck ist nur für $t=\tau$ von Null verschieden. Somit gilt

$$u(t) = \int\limits_{-\infty}^{+\infty} u(\tau)\,\delta(t-\tau)\, d\tau \qquad (2.11)$$

Man kann dieses Integral interpretieren als eine unendliche Summe von Dirac-Impulsen mit der Spannungszeitfläche $u(\tau)d\tau$.

Die Antwort eines linearen Systems auf einen Dirac-Impuls wird Gewichtsfunktion $g(t)$ genannt. Mit dieser das lineare System charakterisierenden Funktion kann die Systemantwort

$$u_a(t) = \int\limits_{-\infty}^{+\infty} u_e(\tau)\,g(t-\tau)\, d\tau \qquad (2.12)$$

für ein beliebiges Eingangssignal $u_e(t)$ berechnet werden. Gl. (2.12) entsteht, wenn man die Systemantworten auf die am Systemeingang liegenden Dirac-Impulse

$$u_e(\tau)\, d\tau\,\, \delta(t-\tau)$$

mit der Spannungszeitfläche $u(\tau)d\tau$ summiert. Integrale nach Gl. (2.12) nennt man Faltungsintegrale. Die Funktionen $u_e(t)$ und $g(t)$ werden miteinander gefaltet. Zur Abkürzung führt man das Faltungsprodukt

$$u_a(t) = u_e(t) * g(t) \qquad (2.13)$$

ein. Substituiert man in Gl. (2.12) die Integrationsvariable τ durch $(t-\Theta)$, so erhält man

$$u_a(t) = \int\limits_{+\infty}^{-\infty} u_e(t-\theta)\,g(\theta)\,(-d\theta) =$$

$$= \int\limits_{-\infty}^{+\infty} g(\theta)\,u_e(t-\theta)\,d\theta \qquad (2.14)$$

Somit ist das Faltungsprodukt kommutativ, d. h. es gilt

$$u_e(t) * g(t) = g(t) * u_e(t)$$

2.2.2 Sinusschwingung als Aufbauelement

Bildet man mit der komplexen Schwingung $e^{j2\pi ft}$ das Integral

$$\int\limits_{-f_g}^{+f_g} e^{j2\pi ft}\,df = 2f_g\,\frac{\sin(2\pi f_g t)}{2\pi f_g t} = f(t) \qquad (2.15)$$

so entsteht eine Zeitfunktion mit dem Verlauf einer Spaltfunk-

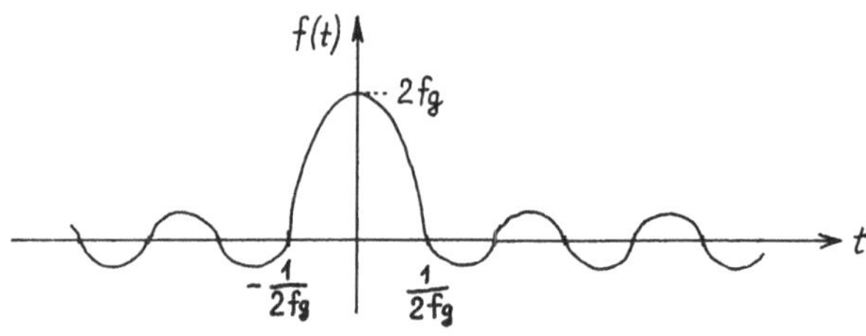

Bild 2.4 Verlauf der Funktion $f(t)$

tion $\mathrm{si}\,x = (\sin x)/x$, der in Bild 2.4 dargestellt ist. Es handelt sich somit um einen Impuls mit Vor- und Nachläufern. Die Berechnung des Flächeninhaltes ergibt

$$\int_{-\infty}^{+\infty} 2f_g\, \frac{\sin\left(2\pi f_g t\right)}{2\pi f_g t}\, dt = 1 \tag{2.16}$$

Daher wird mit dem Grenzübergang $f_g \to \infty$ aus der Funktion $f(t)$ ein Dirac-Impuls. Es gilt somit

$$\int_{-\infty}^{+\infty} e^{j2\pi ft}\, df = \delta(t) \tag{2.17}$$

Mit Gl. (2.17) läßt sich Gl. (2.11) umformen in

$$u(t) = \int_{-\infty}^{+\infty} u(\tau) \int_{-\infty}^{+\infty} e^{j2\pi f(t-\tau)}\, df\, d\tau \tag{2.18}$$

Nach dem Vertauschen der Integrationsvariablen wird daraus

$$u(t) = \int_{-\infty}^{+\infty} \left\{ \int_{-\infty}^{+\infty} u(\tau)\, e^{-j2\pi f\tau}\, d\tau \right\} e^{j2\pi ft}\, df \tag{2.19}$$

Das Integral

$$\underline{U}(f) = \int_{-\infty}^{+\infty} u(\tau)\, e^{-j2\pi f\tau}\, d\tau \tag{2.20}$$

ordnet einer <u>Zeitfunktion</u> $u(\tau)$ eine <u>Frequenzfunktion</u> $\underline{U}(f)$ zu. Man nennt die Rechenoperation in Gl. (2.20) <u>Fourier-Transformation</u> und $\underline{U}(f)$ Frequenzfunktion bzw. <u>Amplitudendichtespektrum</u> (Einheit hier V/Hz). Die <u>inverse Fourier-Transformation</u>

$$u(t) = \int_{-\infty}^{+\infty} \underline{U}(f)\, e^{j2\pi ft}\, df \tag{2.21}$$

ermöglicht die Berechnung der Zeitfunktion $u(t)$ aus dem Amplitudendichtespektrum $\underline{U}(f)$. Meßtechnisch wird der Betrag der

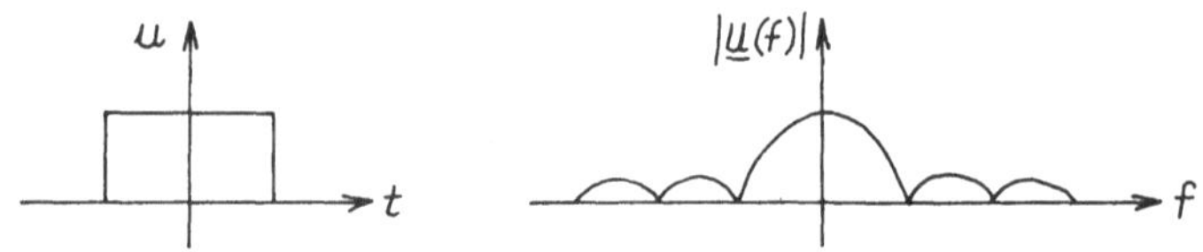

Bild 2.5   a) Zeitfunktion $u(t)$
           b) Betrag der Frequenzfunktion $\underline{U}(f)$

Frequenzfunktion $\underline{U}(f)$ erfaßt. Bild 2.5 zeigt die Darstellung eines Signals durch seine Zeitfunktion und den Betrag seiner Frequenzfunktion. Die inverse Fourier-Transformation nach Gl. (2.21) läßt sich als Darstellung der Zeitfunktion $u(t)$ durch eine unendliche Summe komplexer Schwingungen $\underline{U}(f)df\,e^{j2\pi ft}$ mit der komplexen Amplitude $\underline{U}(f)df$ und dem Zeitfaktor $e^{j2\pi ft}$ auffassen.

Legt man an den Eingang eines linearen Systems mit der Gewichtsfunktion $g(t)$ die komplexe Schwingung $\hat{u}\,e^{j2\pi ft}$, so erhält man mit Gl. (2.14) die Ausgangsspannung

$$u_a(t) = \hat{u}\int\limits_{-\infty}^{+\infty} g(\tau)\,e^{j2\pi f(t-\tau)}\,d\tau =$$

$$= \hat{u}\,e^{j2\pi ft}\int\limits_{-\infty}^{+\infty} g(\tau)\,e^{-j2\pi f\tau}\,d\tau \tag{2.22}$$

Sie ist also ebenfalls eine komplexe Schwingung, deren Amplitude aus derjenigen der Eingangsspannung durch Multiplikation mit dem komplexen Frequenzgang $\underline{G}(f)$ entsteht, wie die Fouriertransformierte der Gewichtsfunktion $g(t)$ auch genannt wird.

2.2.3 Periodische Signale

Solche Signale haben innerhalb der Periodendauer T_0 einen definierten Verlauf, der sich dann ständig wiederholt. Es gilt für ein periodisches Signal

$$u_{per}(t) = \sum_{n=-\infty}^{+\infty} u_E(t - nT_0) \tag{2.23}$$

wobei $u_E(t)$ den Verlauf innerhalb einer Periode beschreibt. Unterzieht man Gl. (2.23) der Fourier-Transformation nach Gl. (2.20)

$$\underline{U}_{per}(f) = \int_{-\infty}^{+\infty} \sum_{n=-\infty}^{+\infty} u_E(t - nT_0) e^{-j2\pi ft}\, dt \tag{2.24}$$

so wird mit der Substitution $t - nT_0 = \tau$

$$\underline{U}_{per}(f) = \left\{ \int_{-\infty}^{+\infty} u_E(\tau) e^{-j2\pi f\tau}\, d\tau \right\} \sum_{n=-\infty}^{+\infty} e^{-j2\pi fnT_0} \tag{2.25}$$

Mit der Beziehung

$$\sum_{n=-\infty}^{+\infty} e^{-j2\pi fnT_0} = \frac{1}{T_0} \sum_{n=-\infty}^{+\infty} \delta\left(f - n\frac{1}{T_0}\right) \tag{2.26}$$

die am Ende des Abschnitts bewiesen werden soll, erhält man

$$\underline{U}_{per}(f) = \sum_{n=-\infty}^{+\infty} \left\{ \frac{1}{T_0} \int_{-\frac{T_0}{2}}^{+\frac{T_0}{2}} u_E(\tau) e^{-j2\pi f\tau}\, d\tau \right\} \delta\left(f - n\frac{1}{T_0}\right) \tag{2.27}$$

Es entsteht ein Linienspektrum aus dem kontinuierlichen Spektrum

$$\underline{U}_E(f) = \int_{-\infty}^{+\infty} u_E(t) e^{-j2\pi ft}\, dt$$

von $u_E(t)$ durch Multiplikation mit einem

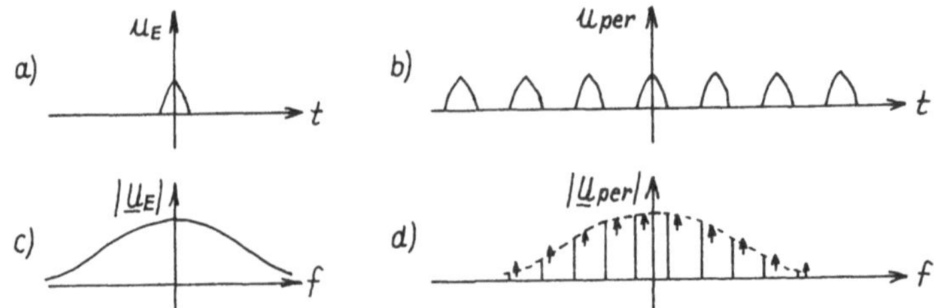

Bild 2.6   a) nichtperiodisches Signal $u_E(t)$
          b) periodische Wiederholung des Signals nach a)
          c) Betrag der Frequenzfunktion des Signals nach a)
          d) Betrag der Frequenzfunktion des Signals nach b)

Kamm von Dirac-Impulsen der Rasterbreite $1/T_0$. Die Gewichte
der einzelnen Spektrallinien haben bis auf den Faktor $1/T_0$
das Spektrum von $u_E(t)$ als Einhüllende (s. Bild 2.6). Mit der
Abkürzung

$$\underline{c}_n = \frac{1}{T_0} \int_{-\frac{T_0}{2}}^{+\frac{T_0}{2}} u_E(\tau)\, e^{-j2\pi\frac{n}{T_0}\tau}\, d\tau \tag{2.28}$$

gilt

$$\underline{U}_{per}(f) = \sum_{n=-\infty}^{+\infty} \underline{c}_n\, \delta\!\left(f - n\frac{1}{T_0}\right) \tag{2.29}$$

Wird diese Gleichung in den Zeitbereich zurücktransformiert,
so erhält man mit

$$\int_{-\infty}^{+\infty} \delta\!\left(f - n\frac{1}{T_0}\right) e^{j2\pi ft}\, df = e^{j2\pi\frac{n}{T_0}t} \tag{2.30}$$

das periodische Signal

$$u_{per}(t) = \sum_{n=-\infty}^{+\infty} \underline{c}_n \, e^{j2\pi\frac{n}{T_0}t} \tag{2.31}$$

Die Gl. (2.28) und (2.31) sind die Grundlage der Fourier-Analyse für periodische Funktionen.

Die periodische Wiederholung einer Dirac-Funktion $\delta(f)$ mit der Frequenz f als unabhängiger Variabler und der Periode $\frac{1}{T_0}$

$$\sum_{n=-\infty}^{+\infty} \delta(f - n\tfrac{1}{T_0})$$

läßt sich nach Gl. (2.31), wenn man die Zeit t durch die Frequenz f ersetzt, in eine Fourier-Reihe

$$\sum_{n=-\infty}^{+\infty} \delta(f - n\tfrac{1}{T_0}) = \sum_{n=-\infty}^{+\infty} \underline{c}_n \, e^{j2\pi n T_0 f}$$

entwickeln. Für die Fourierkoeffizienten erhält man nach Gl. (2.28) ebenfalls unter Vertauschung von Zeit und Frequenz

$$c_n = T_0 \int_{-\frac{1}{2T_0}}^{+\frac{1}{2T_0}} \sum_{n=-\infty}^{+\infty} \delta(f - n\tfrac{1}{T_0}) \, e^{-j2\pi n T_0 f} \, df = T_0$$

womit Gl. (2.26) bewiesen ist.

2.3 Statistische Methoden

Wenn auch die Spannungszeitfunktion eines stochastischen, d.h. regellosen Signals nicht angegeben werden kann, weil der Signalverlauf vom Zufall abhängt, also nicht bekannt ist, so zeigt doch die Wahrscheinlichkeitslehre [A1] , daß auch für zufällige Vorgänge Gesetzmäßigkeiten angegeben werden können.

Die wichtigsten Methoden [34] zur Kennzeichnung dieser Gesetz-
mäßigkeiten sind
- Wahrscheinlichkeitsfunktionen
- Mittelwerte
- Korrelationsfunktionen und
- Leistungsdichtespektren.

2.3.1 Wahrscheinlichkeitsfunktionen

Die Spannung einer stochastischen Signalquelle wird als eine
statistische Variable aufgefaßt. Hier müssen zwei Fälle unterschieden werden; entweder die statistische Variable ist kon-
tinuierlich veränderlich oder sie kann nur bestimmte diskrete
Werte annehmen.
Kontinuierliche statistische Variable. Als Beispiel wird eine
große Anzahl gleicher rauschender Widerstände betrachtet. Die
Spannung an diesen Widerständen ist stochastischer Natur; ihre
Augenblickswerte sind nicht vorhersehbar. Es gibt dann zwei
verschiedene Beschreibungsmöglichkeiten. Entweder man beobachtet zu verschiedenen Zeiten die Spannung an einem Widerstand
oder man beobachtet zum gleichen Zeitpunkt alle rauschenden
Widerstände, um Wahrscheinlichkeitsaussagen zu machen. Das
Ergodentheorem (griechisch: ergos-Arbeit, hodos-Weg) besagt
nun, daß beide Betrachtungsweisen gleichwertig sind. Es gilt,
wenn jedes System einer Schar im Laufe der Beobachtungszeit
alle Zustände annimmt, deren die Scharmitglieder fähig sind.
Dies ist für die meisten physikalischen Prozesse der Fall.

Bei einer Schar von N rauschenden Widerständen, die durch
eine Laufvariable k gekennzeichnet werden und eine Spannung
$u_k(t)$ haben, stellt man zu einem Zeitpunkt $t=t_0$ die Anzahl

$$N\left\{u_k(t_0) < u\right\}$$

der Widerstände fest, deren Spannung $u_k(t_0)$ unterhalb einer
Schranke u liegt. Die relative Häufigkeit dieser Widerstände
beträgt dann definitionsgemäß [A1]

$$H_N(u) = \frac{N\{u_k(t_o) < u\}}{N} \qquad (2.32)$$

Den Grenzwert der relativen Häufigkeit $H_N(u)$ für $N\to\infty$ nennt man Wahrscheinlichkeitsverteilungsfunktion $P(u)$. Ihr charakteristischer Verlauf ist in Bild 2.7 dargestellt.

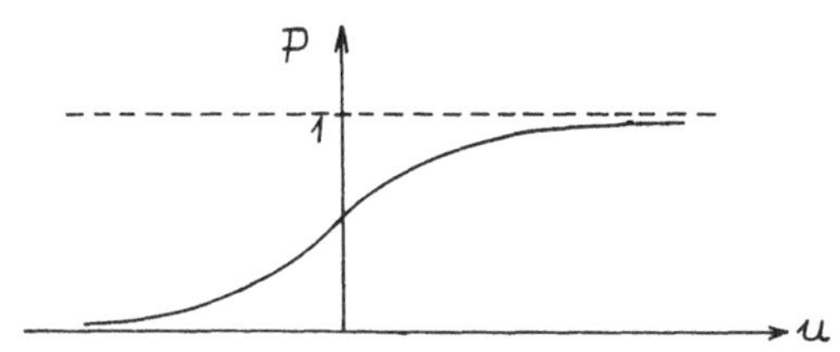

Bild 2.7   Verlauf der Wahrscheinlichkeitsverteilungsfunktion

Auf Grund der Definition muß gelten

$$\lim_{u\to\infty} P(u) = 1 \qquad (2.33)$$

und

$$\lim_{u\to-\infty} P(u) = 0 \qquad (2.34)$$

zu einer weiteren, die stochastische Rauschspannung kennzeichnenden Wahrscheinlichkeitsfunktion gelangt man, wenn die Anzahl

$$N\{u < u_k(t_o) < u + du\}$$

der Widerstände festgestellt wird, für deren Spannung $u_k(t_o)$ mit der Schranke u und der differentiell kleinen Spannung du zum Zeitpunkt $t=t_o$ gilt

$$u < u_k(t_o) < u + du$$

Die relative Häufigkeit dieser Widerstände hängt von der differentiell kleinen Spannung du ab und wird daher auf diese bezogen. Für diese bezogene relative Häufigkeit erhält man

$$h_N(u) = \frac{N\{u < u_k(t_o) < u + du\}}{N\,du} \qquad (2.35)$$

Den Grenzwert

$$\lim_{N \to \infty} h_N(u)$$

nennt man die Wahrscheinlichkeitsdichtefunktion $p(u)$, deren charakteristischer Verlauf in Bild 2.8 wiedergegeben ist.

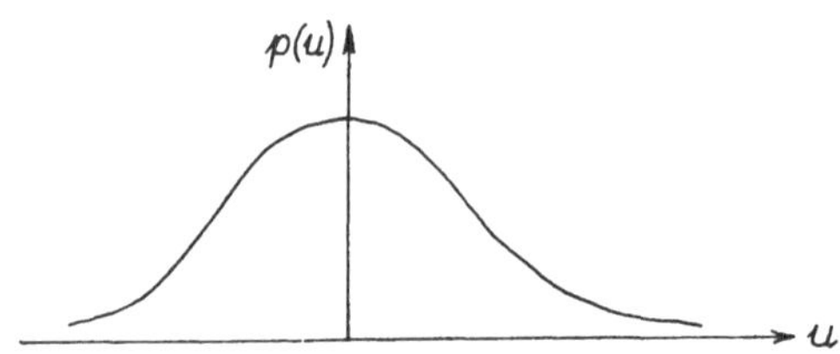

Bild 2.8   Wahrscheinlichkeitsdichtefunktion
eines stochastischen Signals

Die Umformung der Gl. (2.35) mit Hilfe der Gl. (2.32) ergibt

$$h_N(u) = \frac{N\left[H_N(u + du) - H_N(u)\right]}{N\,du} \qquad (2.36)$$

Auf Grund der Definition des Differentialquotienten gilt somit

$$h_N(u) = \frac{dH_N(u)}{du} \qquad (2.37)$$

und nach vollzogenem Grenzübergang $N \to \infty$

$$p(u) = \frac{dP(u)}{du} \qquad (2.38)$$

Nach diesen Definitionen der Wahrscheinlichkeitsverteilungs- und der Wahrscheinlichkeitsdichtefunktion ist die Wahrscheinlichkeit dafür, daß sich die Spannung eines Scharmitglieds zur Zeit $t = t_o$ zwischen den Spannungsschranken u_1 und u_2 befindet,

$$W\left\{u_1 < u_k(t_0) < u_2\right\} = \int\limits_{u_1}^{u_2} p(u)\,du = P(u_2) - P(u_1) \qquad (2.39)$$

<u>Diskrete statistische Variable.</u> Wie bei den kontinuierlichen statistischen Variablen lassen sich auch hier Wahrscheinlichkeitsfunktionen definieren. Man betrachtet eine Schar von N Signalgeneratoren, die durch eine Laufvariable k gekennzeichnet werden und deren Spannung $u_k(t)$ eine diskrete statistische Variable ist. Zu einem Zeitpunkt $t=t_0$ stellt man die Anzahl

$$N\left\{u_k(t_0) < u\right\}$$

der Scharmitglieder fest, deren Spannung $u_k(t_0)$ unterhalb einer Schranke u liegt. Ihre relative Häufigkeit beträgt

$$H_N(u) = \frac{N\left\{u_k(t_0) < u\right\}}{N} \qquad (2.40)$$

Der Grenzwert der relativen Häufigkeit $H_N(u)$ für $N\to\infty$ ist die Wahrscheinlichkeitsverteilungsfunktion $P(u)$. Sie hat einen treppenförmigen Verlauf nach Bild 2.9, weil die Variable

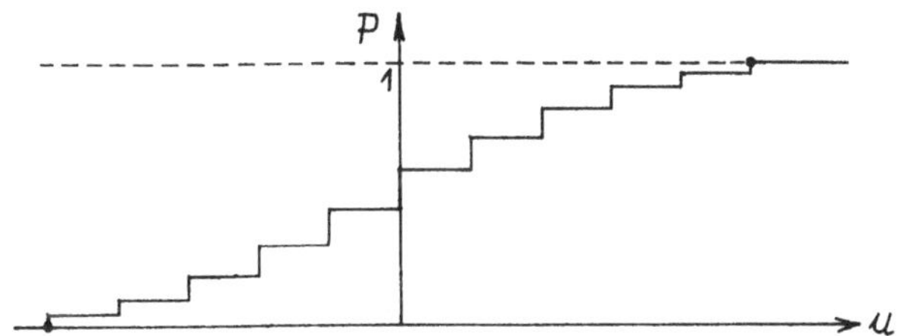

Bild 2.9 Verlauf der Wahrscheinlichkeitsverteilungs-
         funktion für eine diskrete statistische Variable

nur bestimmte feste Werte aus einem begrenzten Wertevorrat

annehmen kann. Wie für eine kontinuierliche Variable muß auch hier gelten

$$\lim_{u \to \infty} P(u) = 1 \qquad (2.41)$$

und

$$\lim_{u \to -\infty} P(u) = 0 \qquad (2.42)$$

Zur weiteren Kennzeichnung der Signalquelle gelangt man, wenn die Anzahl $N(u_m)$ der Scharmitglieder festgestellt wird, deren Spannungen $u_k(t_o)$ den Wert u_m angenommen haben. Die Spannung $u_k(t_o)$ soll M verschiedene Werte annehmen können, die durch eine Laufvariable m gekennzeichnet werden. Für die Wahrscheinlichkeit p_m dafür, daß die statistische Variable $u_k(t_o)$ den Wert u_m annimmt, erhält man

$$p_m = \lim_{N \to \infty} \frac{N(u_m)}{N} \qquad (2.43)$$

In Bild 2.10 ist die Wahrscheinlichkeit p_m als Funktion der Spannung u dargestellt. Der Funktionswert ist nur dann von

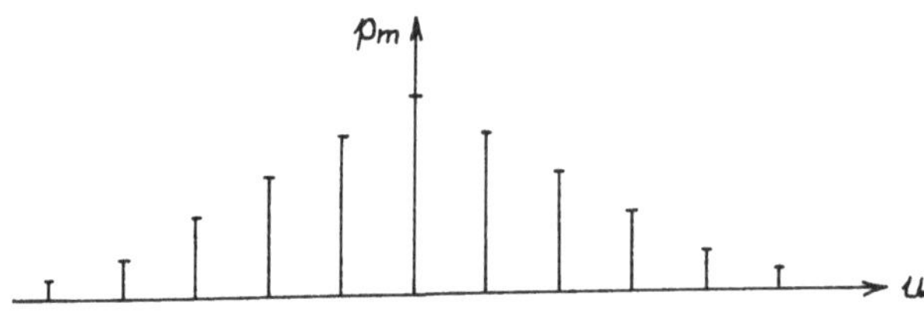

Bild 2.10   Wahrscheinlichkeit p als
Funktion der Spannung u

Null verschieden, wenn die unabhängige Variable u einen der möglichen Werte u_m der statistischen Variablen $u_k(t_o)$ annimmt. Da die statistische Variable mit Sicherheit einen der möglichen Werte u_m annehmen muß, gilt [A1]

$$\sum_{m=1}^{M} p_m = 1 \qquad (2.44)$$

2.3.2 Mittelwerte

Stochastische Signale können durch den linearen und den quadratischen Mittelwert gekennzeichnet werden. Es gibt zwei Möglichkeiten, einen Mittelwert zu bilden, nämlich eine Mittelung über die Schar und eine Mittelung über die Zeit. Auf Grund des Ergodentheorems (s. Abschn. 2.3.1) führen beide Mittelungsprozesse zum gleichen Ergebnis.

<u>Zeitmittelwert.</u> Von besonderer Bedeutung ist der quadratische Mittelwert. Wird er radiziert, so erhält man den Effektivwert U_{eff}. Mit der Spannung $u_{ko}(t)$ des Scharmitglieds mit der Nummer k_0 und der Integrationszeit T gilt

$$U_{eff}^2 = \lim_{T \to \infty} \frac{1}{T} \int_{-\frac{T}{2}}^{+\frac{T}{2}} u_{ko}^2(t)\, dt \qquad (2.45)$$

Der Grenzübergang ist wegen der stochastischen Natur des Signals notwendig; der Mittelwert wird erst für eine unendlich große Integrationszeit T zeitunabhängig. Gl. (2.45) ist zur Berechnung des Mittelwertes nicht geeignet, weil der Zeitverlauf $u_{ko}(t)$ unbekannt ist. Allerdings kann auf der Grundlage der Gl. (2.45) mit Hilfe eines elektronischen Quadrierers und Integrators ein Gerät zur Messung des quadratischen Mittelwerts entwickelt werden.

<u>Scharmittelwert.</u> Man bildet zum Zeitpunkt $t = t_0$ den Mittelwert der Quadrate der Spannungen der Scharmitglieder und erhält mit der Anzahl N der Scharmitglieder für den quadratischen Mittelwert

$$U_{eff}^2 = \lim_{N \to \infty} \frac{1}{N} \sum_{k=1}^{N} u_k^2(t_0) \qquad (2.46)$$

Der Scharmittelwert läßt sich mit Hilfe der Wahrscheinlichkeitsdichtefunktion berechnen. Man unterteilt den Bereich der möglichen Werte u der statistischen Variablen u_k in kleine äquidistante Abschnitte, die mit Hilfe einer Laufvariablen m

numeriert werden. Die Anzahl N der Scharmitglieder

$$N\left(u_m < u_k < u_m + \Delta u\right)$$

die im Abschnitt m mit der Breite Δu und den Abschnittsgrenzen u_m und u_{m+1} liegen, beträgt mit Gl. (2.35)

$$N h_N(u_m) \Delta u$$

Somit erhält man für den Scharmittelwert

$$U_{eff}^2 = \lim_{\substack{N \to \infty \\ \Delta u \to 0}} \frac{1}{N} \sum_{m=1}^{\infty} N h_N(u_m) \Delta u \, u_m^2 \qquad (2.47)$$

Bei dem Grenzübergang wird aus der Summe ein Integral, aus der Abschnittsbreite Δu das Differential du und aus der relativen Häufigkeit h_N die Wahrscheinlichkeitsdichtefunktion $p(u)$
Für den Scharmittelwert gilt dann

$$U_{eff}^2 = \int_{-\infty}^{+\infty} u^2 p(u) \, du \qquad (2.48)$$

2.3.3 Korrelationsfunktion

Sind $u_1(t)$ und $u_2(t)$ zwei stochastische Signale, so ist der Langzeitmittelwert

$$\lim_{T \to \infty} \frac{1}{T} \int_{-\frac{T}{2}}^{+\frac{T}{2}} u_1(t) \, u_2(t) \, dt \qquad (2.49)$$

ein Maß für deren Verwandtschaft. Wenn die beiden Signale voneinander statistisch unabhängig sind, kommen auf jeden Wert von u_1 gleich häufig positive und negative Werte von u_2 ; der Mittelwert ist Null. Bei maximaler Verwandtschaft, d. h. für $u_1 = u_2 = u$ ergibt sich der quadratische Mittelwert

$$\lim_{T \to \infty} \frac{1}{T} \int_{-\frac{T}{2}}^{+\frac{T}{2}} u^2(t)\, dt \qquad (2.50)$$

Zur Kennzeichnung eines stochastischen Signals $u(t)$ untersucht man die Verwandtschaft des gegenwärtigen Signalverlaufs
mit einem zeitlich zurückliegenden Signalverlauf und definiert
mit der Verschiebungszeit τ die <u>Autokorrelationsfunktion</u>

$$K(\tau) = \lim_{T \to \infty} \frac{1}{T} \int_{-\frac{T}{2}}^{+\frac{T}{2}} u(t)\, u(t+\tau)\, dt \qquad (2.51)$$

deren charakteristischer Verlauf für ein stochastisches Signal ohne Gleichanteil in Bild 2.11 wiedergegeben ist.

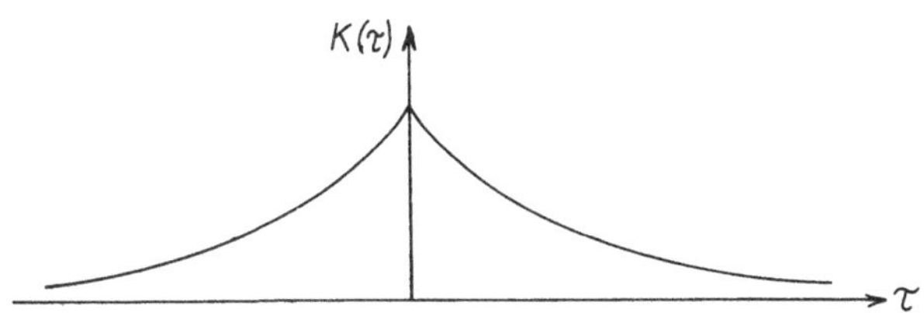

Bild 2.11   Verlauf der Autokorrelationsfunktion eines
stochastischen Signals ohne Gleichanteil

Entsprechend wird für zwei Signale $u_1(t)$ und $u_2(t)$ zur
Kennzeichnung ihrer Verwandtschaft die <u>Kreuzkorrelationsfunk-
tion</u>

$$K_{12}(\tau) = \lim_{T \to \infty} \frac{1}{T} \int_{-\frac{T}{2}}^{+\frac{T}{2}} u_1(t)\, u_2(t+\tau)\, dt \qquad (2.52)$$

definiert. Durch die Autokorrelationsfunktion wird einem stochastischen Signal $u(t)$ mit nicht vorhersehbarem Zeitverlauf
eine definierte Zeitfunktion $K(\tau)$ zugeordnet. Dabei ist die
Variable τ nicht die Echtzeit, sondern eine Apparatezeit, die

durch die künstliche zeitliche Verschiebung des Vorgangs gegenüber sich selbst entsteht.

Gl. (2.51) ist zur Berechnung der Autokorrelation nicht geeignet, weil die Zeitfunktion $u(t)$ eines stochastischen Vorgangs nicht bekannt ist. Sie kann aber als Grundlage für die Entwicklung eines Korrelators dienen. Die Berechnung der Autokorrelationsfunktion setzt die Kenntnis der statistischen Bindung eines stochastischen Vorgangs in die Vergangenheit voraus (s. Abschn. 2.4.1).

2.3.4 Wiener-Khintchine-Theorem

In Abschn. 2.2.2 wird gezeigt, daß die Sinusfunktion als Aufbauelement für beliebige deterministische Funktionen dienen kann und daß sich der Zeitfunktion $u(t)$ eine Frequenzfunktion $\underline{U}(f)$ zuordnen läßt. Diese Vorstellung von der Zerlegung eines Signals in seine spektralen Komponenten läßt sich in folgender Weise auf stochastische Signale übertragen.

Man betrachtet eine Funktion

$$u_T(t) = \begin{cases} u(t) \\ 0 \end{cases} \text{für} \quad \begin{aligned} |t| &< \tfrac{T}{2} \\ |t| &\geqslant \tfrac{T}{2} \end{aligned} \qquad (2.53)$$

Sie läßt sich mit Hilfe der inversen Fourier-Transformation

$$u_T(t) = \int_{-\infty}^{+\infty} \underline{U}_T(f)\, e^{j2\pi ft}\, df \qquad (2.54)$$

aus dem Spektrum $\underline{U}_T(f)$ berechnen.

Die Autokorrelationsfunktion $K_T(\tau)$ der Funktion $u_T(t)$ ist mit Gl. (2.51)

$$K_T(\tau) = \lim_{T \to \infty} \frac{1}{T} \int_{-\infty}^{+\infty} u_T(t)\, u_T(t+\tau)\, dt \qquad (2.55)$$

Setzt man die Funktion $u_T(t)$ nach Gl. (2.54) in Gl. (2.55) ein, so ergibt sich

$$K_T(\tau) = \lim_{T \to \infty} \frac{1}{T} \int\limits_{-\infty}^{+\infty} u_T(t) \int\limits_{-\infty}^{+\infty} \underline{U}_T(f) \, e^{j2\pi f(t+\tau)} \, df \, dt$$

$$(2.56)$$

Vertauscht man die Reihenfolge der Integrationen, so erhält man

$$K_T(\tau) = \int\limits_{-\infty}^{+\infty} \lim_{T \to \infty} \frac{\underline{U}_T(f) \int\limits_{-\infty}^{+\infty} u_T(t) \, e^{j2\pi ft} \, dt}{T} \, e^{j2\pi f\tau} \, df \qquad (2.57)$$

Für die Frequenzfunktion gilt

$$\underline{U}_T(f) = \int\limits_{-\infty}^{+\infty} u_T(t) \, e^{-j2\pi ft} \, dt \qquad (2.58)$$

Verändert man das Vorzeichen der Frequenzvariablen, so ergibt sich

$$\underline{U}_T(-f) = \int\limits_{-\infty}^{+\infty} u_T(t) \, e^{j2\pi ft} \, dt \qquad (2.59)$$

Mit der der Funktionentheorie entstammenden allgemeinen für Frequenzfunktionen gültigen Beziehung

$$\underline{U}_T(-f) = \underline{U}_T^{*}(f) \qquad (2.60)$$

erhält man

$$\underline{U}_T(f) \int\limits_{-\infty}^{+\infty} u_T(t) \, e^{j2\pi ft} \, dt = \left| \underline{U}_T(f) \right|^2 \qquad (2.61)$$

In Gl. (2.57) ist

$$\lim_{T \to \infty} \frac{\underline{U}_T(f) \int\limits_{-\infty}^{+\infty} u_T(t) \, e^{j2\pi ft} \, dt}{T} = S_T(f) \qquad (2.62)$$

eine Frequenzfunktion, die die Einheit V^2/Hz haben muß, weil die Autokorrelationsfunktion $K_T(\tau)$ die Einheit V^2 hat. Die Frequenzfunktion $S_T(f)$ wird Leistungsdichtespektrum genannt. Der Zusammenhang mit der Amplitudendichte $\underline{U}(f)$ ergibt sich aus Gl. (2.60), (2.61) und (2.62) zu

$$S_T(f) = \lim_{T \to \infty} \frac{|\underline{U}_T(f)|^2}{T} \tag{2.63}$$

Für den Grenzübergang $T \to \infty$ gilt

$$u_T(t) = u_T$$

und

$$S_T(f) = S(f)$$

Damit ist die Autokorrelationsfunktion die inverse Fourier-Transformierte des Leistungsdichtespektrums. Es gilt

$$K(\tau) = \int_{-\infty}^{+\infty} S(f)\, e^{j2\pi ft}\, df \tag{2.64}$$

Das Leistungsdichtespektrum wiederum ist die Fourier-Transformierte der Autokorrelationsfunktion

$$S(f) = \int_{-\infty}^{+\infty} K(\tau)\, e^{-j2\pi ft}\, dt \tag{2.65}$$

2.4 Digitales Übertragungssignal

Betrachtet werden sollen ausschließlich isochrone Signale. Man versteht darunter eine Folge von Signalelementen gleicher Dauer. In der digitalen Übertragungstechnik werden in einem festen Zeitraster Symbole aus einem begrenzten Symbolvorrat übertragen. Je nach dem Zeichenvorrat unterscheidet man binäre, ternäre, quaternäre, quinäre usw. Signale. Die binären Signale nehmen eine Sonderstellung ein, weil bei ihnen der Störabstand am größten ist (s. Abschn. 12).

Es gibt zwei Möglichkeiten zur Darstellung der verschiedenen Symbole: Die Signalelemente eines digitalen Übertragungssignals sind Impulse. Man kann die verschiedenen Zeichen entweder durch Impulse gleicher Form, aber unterschiedlichen Vorzeichens und unterschiedlicher Amplitude darstellen oder durch Impulse verschiedener Form. Wird das digitale Signal durch eine Spannungszeitfunktion beschrieben, so erhält man für den Fall eines festen Grundimpulses mit der Dauer T_0 eines Signalelementes, einer festen Spannung U_0 , der Zeitfunktion $g(t)$ des Grundimpulses mit der Fläche 1, der zufälligen Folge $a_m(n)$ reiner Zahlen aus einem abzählbaren Wertevorrat M , der Laufvariablen $m=1,2,\ldots M$ zur Unterscheidung der einzelnen Werte und der Laufvariablen n zur Numerierung der einzelnen Zahlen der Folge den Spannungsverlauf

$$u(t) = U_0 T_0 \sum_{n=-\infty}^{+\infty} a_m(n)\, g(t - nT_0) \qquad (2.66)$$

Häufig ist die Zeitfunktion $g(t)$ ein Rechteckimpuls. Ist der Wertevorrat $M=2$, so hat man ein binäres Signal. Wählt man $a_1 = +1$ und $a_2 = 0$, so spricht man von einem unipolaren Signal. Für $a_1 = +1$ und $a_2 = -1$ ergibt sich ein bipolares Signal.

Die andere Möglichkeit eines digitalen Übertragungssignals verwendet für jedes zu übertragende Zeichen eine andere Impulsform. Für die Spannungszeitfunktion eines binären Signals erhält man mit den Zeitfunktionen $g_1(t)$ und $g_2(t)$ zur Darstellung der beiden Zeichen, der zufälligen Folge $a_m(n)$, der Laufvariablen $m=1,2$ und mit $a_1 = 1$, $a_2 = 0$ den Spannungsverlauf

$$u(t) = U_0 T_0 \sum_{n=-\infty}^{+\infty} \left[a_m(n) g_1(t - nT_0) + (1 - a_m(n)) g_2(t - nT_0) \right] \qquad (2.67)$$

Der Kehrwert der Dauer T_0 eines Signalelementes $f_0 = 1/T_0$ wird Schritt- oder Taktfrequenz genannt.

2.4.1 Markoff-Prozeß

Ein isochrones digitales Signal ist nach Gl. (2.66) und (2.67) eine unendliche Summe von Produkten, deren 1. Faktor stochastischer und deren 2. Faktor deterministischer Natur ist. Während die Impulsform als deterministischer Anteil des Signals einfach zu beschreiben ist, muß für die zufällige Folge $a_m(n)$ ein komplizierteres Verfahren angewendet werden.

Die zufällige Folge $a_m(n)$ läßt sich als Markoff-Prozeß 1. Ordnung auffassen und beschreiben. Ein Markoff-Prozeß [60] liegt immer vor, wenn ein System nacheinander in regelloser Weise aus einer abzählbaren Menge von Zuständen bestimmte annimmt und die Wahrscheinlichkeit für das Eintreffen eines Zustandes von dem vorhergehenden Zustand abhängt. Die Ordnungszahl eines Markoff-Prozesses gibt an, wieviel Schritte die statistische Bindung in die Vergangenheit hineinreicht. Bei der Beschreibung der Wahrscheinlichkeitsstruktur ist es notwendig, nicht nur die absoluten Wahrscheinlichkeiten für das Eintreten der einzelnen Zustände zu kennen, sondern auch den Einfluß der statistischen Vorgeschichte.

Markoff-Prozesse werden durch Übergangswahrscheinlichkeiten

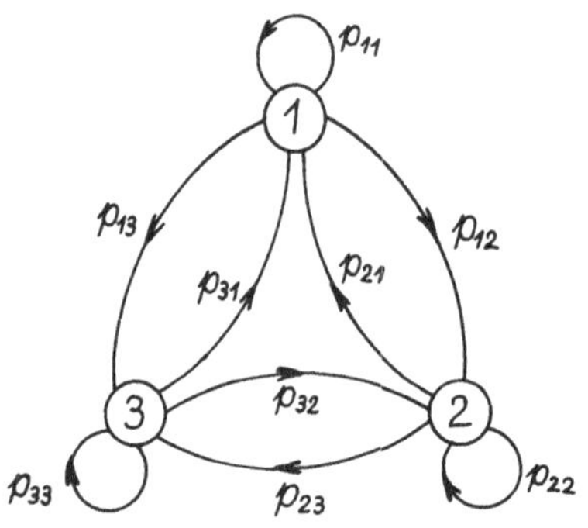

Bild 2.12 Markoff-Diagramm

$p_{mn}^{(k)}$ gekennzeichnet. Man versteht darunter die Wahrscheinlichkeit dafür, daß das System nach k Schritten von Zustand
m in den Zustand n gelangt. Die Wahrscheinlichkeit in k
Schritten läßt sich aus der Wahrscheinlichkeit $p_{mn}^{(1)} = p_{mn}$ in
einem Schritt berechnen.

Für ein System mit 3 Zuständen lassen sich entsprechend Bild
2.12 9 Übergangswahrscheinlichkeiten definieren, die als
Übergangsmatrix in einem Schritt

$$\underline{P}_1 = \begin{pmatrix} p_{11} & p_{12} & p_{13} \\ p_{21} & p_{22} & p_{23} \\ p_{31} & p_{32} & p_{33} \end{pmatrix} \tag{2.68}$$

dargestellt werden.

Befindet sich das System im Zustand 1, so ist der Verbleib im
Zustand 1 oder der Übergang auf einen der Zustände 2 oder 3
ein sicheres Ereignis. Somit muß gelten [A1]

$$p_{11} + p_{12} + p_{13} = 1 \tag{2.69}$$

oder allgemein für ein System mit n Zuständen.

$$\sum_{j=1}^{n} p_{ij} = 1 \tag{2.70}$$

Matrizen mit dieser Eigenschaft nennt man stochastische Matrizen.

Für ein System mit zwei Zuständen soll die Übergangswahrscheinlichkeit $p_{12}^{(2)}$ vom Zustand 1 nach Zustand 2 in 2 Schritten berechnet werden. Entweder das System bleibt nach dem 1. Schritt
im Zustand 1, um dann in den Zustand 2 zu gelangen, oder das
System gelangt im 1. Schritt in den Zustand 2, um im nächsten
Schritt im Zustand 2 zu bleiben. Nach dem Additions- und Multiplikationsgesetz der Wahrscheinlichkeitslehre [A1] gilt somit für die Übergangswahrscheinlichkeit

$$p_{12}^{(2)} = p_{11} p_{12} + p_{21} p_{22} \tag{2.71}$$

Ermittelt man auf die gleiche Weise die übrigen Wahrscheinlichkeiten der Übergangsmatrix in 2 Schritten, so zeigt sich,
daß sie durch Quadrierung der Übergangsmatrix in einem Schritt
entsteht. Es gilt

$$\underline{P}_2 = \begin{pmatrix} p_{11}^{(2)} & p_{12}^{(2)} \\ p_{21}^{(2)} & p_{22}^{(2)} \end{pmatrix} = \begin{pmatrix} p_{11} & p_{12} \\ p_{21} & p_{22} \end{pmatrix}\begin{pmatrix} p_{11} & p_{12} \\ p_{21} & p_{22} \end{pmatrix} \tag{2.72}$$

Allgemein gilt somit

$$\underline{P}_k = \begin{pmatrix} p_{11}^{(k)} & p_{12}^{(k)} \\ p_{21}^{(k)} & p_{22}^{(k)} \end{pmatrix} = \begin{pmatrix} p_{11} & p_{12} \\ p_{21} & p_{22} \end{pmatrix}^k = \underline{P}^k \tag{2.73}$$

Die Übergangswahrscheinlichkeit $p_{mn}^{(k)}$ ist die Wahrscheinlichkeit für das Eintreten des Zustandes n , wenn vor k Schritten der Zustand m bestand. Da mit zunehmender Schrittzahl der
Einfluß des Ausgangszustandes auf die Wahrscheinlichkeit des
betrachteten Zustandes abnimmt, gilt mit der absoluten Wahrscheinlichkeit p_n für das Auftreten des Zustandes n

$$\lim_{k \to \infty} p_{mn}^{(k)} = p_n \tag{2.74}$$

2.4.2 Potenzen einer stochastischen Matrix

Zur Berechnung der Potenzen der Übergangsmatrix wird eine Mo-
dalmatrix $\underline{X}$ und eine Eigenwertmatrix $\underline{\Lambda}$ ermittelt und die
Übergangsmatrix $\underline{P}$ in der Form

$$\underline{P} = \underline{X}\,\underline{\Lambda}\,\underline{X}^{-1} \tag{2.75}$$

dargestellt. Für das Quadrat der Übergangsmatrix gilt

$$\underline{P}^2 = \underline{P}\,\underline{P} = \underline{X}\underline{\Lambda}\underline{X}^{-1}\underline{X}\underline{\Lambda}\underline{X}^{-1} \tag{2.76}$$

Die Multiplikation einer Matrix mit der inversen Matrix ergibt
die Einheitsmatrix. Daher wird aus Gl. (2.76)

$$\underline{P}^2 = \underline{X}\,\underline{\Lambda}^2\underline{X}^{-1} \tag{2.77}$$

Allgemein gilt somit für die Potenzen der Übergangsmatrix

$$\underline{P}^{k} = \underline{X}\,\underline{\Lambda}^{k}\,\underline{X}^{-1} \tag{2.78}$$

Die <u>Eigenwertmatrix</u> $\underline{\Lambda}$ ist eine Diagonalmatrix, in deren Diagonale die Eigenwerte der Übergangsmatrix stehen.
Quadriert man die zweireihige Diagonalmatrix

$$\begin{pmatrix} \lambda_1 & 0 \\ 0 & \lambda_2 \end{pmatrix}$$

so erhält man

$$\begin{pmatrix} \lambda_1 & 0 \\ 0 & \lambda_2 \end{pmatrix} \begin{pmatrix} \lambda_1 & 0 \\ 0 & \lambda_2 \end{pmatrix} = \begin{pmatrix} \lambda_1^2 & 0 \\ 0 & \lambda_2^2 \end{pmatrix} \tag{2.79}$$

Für die Potenzen der zweireihigen Diagonalmatrix gilt dann mit dem ganzzahligen Exponenten k

$$\begin{pmatrix} \lambda_1 & 0 \\ 0 & \lambda_2 \end{pmatrix}^{k} = \begin{pmatrix} \lambda_1^k & 0 \\ 0 & \lambda_2^k \end{pmatrix} \tag{2.80}$$

Allgemein wird also eine Diagonalmatrix dadurch potenziert, daß man ihre Elemente potenziert.
Ein Spaltenvektor $\underline{x}$ kann durch Multiplikation mit einer Matrix $\underline{P}$ in einen anderen Vektor transformiert werden. Ist dieser dem ursprünglichen Vektor proportional, so erhält man mit der Proportionalitätskonstanten λ

$$\underline{P}\,\underline{X} = \lambda\,\underline{X} \tag{2.81}$$

Gl. (2.81) ist nur für bestimmte Werte der Proportionalitätskonstanten λ, die man die <u>Eigenwerte</u> der Matrix $\underline{P}$ nennt, erfüllt. Für eine zweireihige Matrix lautet das zu Gl. (2.81) gehörige Gleichungssystem mit den Elementen des Spaltenvektors x_1 und x_2

$$\begin{aligned}
p_{11}\,x_1 + p_{12}\,x_2 &= \lambda\,x_1 \\
p_{21}\,x_1 + p_{22}\,x_2 &= \lambda\,x_2
\end{aligned} \tag{2.82}$$

bzw.

$$\begin{aligned}
(p_{11}-\lambda)\,x_1 + p_{12}\,x_2 &= 0 \\
p_{21}\,x_1 + (p_{22}-\lambda)\,x_2 &= 0
\end{aligned} \tag{2.83}$$

Damit dieses Gleichungssystem nichttriviale Lösungen hat, muß die Hauptdeterminante Null sein. Es gilt

$$\begin{vmatrix} p_{11}-\lambda & p_{12} \\ p_{21} & p_{22}-\lambda \end{vmatrix} = 0 \qquad (2.84)$$

Dies ist die charakteristische Gleichung der Matrix $\underline{P}$, deren Lösung die Eigenwerte ergeben. Für die zweireihige Matrix erhält man die quadratische Gleichung

$$\lambda^2 + \lambda(p_{11} + p_{22}) + (p_{11} p_{22} - p_{12} p_{21}) = 0 \qquad (2.85)$$

Nach dem Viëta'schen Wurzelsatz gilt für die beiden Lösungen λ_1 und λ_2

$$\begin{aligned} \lambda_1 + \lambda_2 &= p_{11} + p_{22} \\ \lambda_1 \lambda_2 &= p_{11} p_{22} - p_{12} p_{21} \end{aligned} \qquad (2.86)$$

Da die Matrix $\underline{P}$ eine zweireihige Übergangsmatrix ist, gilt für ihre Elemente

$$\begin{aligned} p_{11} + p_{12} &= 1 \\ p_{21} + p_{22} &= 1 \end{aligned} \qquad (2.87)$$

Setzt man Gl. (2.87) in Gl. (2.86) ein, so erhält man

$$\begin{aligned} \lambda_1 + \lambda_2 &= p_{11} + p_{22} \\ \lambda_1 \lambda_2 &= p_{11} + p_{22} - 1 \end{aligned} \qquad (2.88)$$

Daraus folgt

$$\begin{aligned} \lambda_1 &= 1 \\ \lambda_2 &= p_{11} + p_{22} - 1 \end{aligned} \qquad (2.89)$$

Die Lösungen von Gl. (2.85) werden für den Eigenwert λ_1 durch einen zusätzlichen Index 1 gekennzeichnet. Durch Einsetzen der Eigenwerte λ_1 und λ_2 in Gl. (2.83) erhält man

$$\begin{aligned} (p_{11} - \lambda_1) x_{11} + p_{12} \quad x_{21} &= 0 \\ p_{21} \quad x_{11} + (p_{22} - \lambda_1) x_{21} &= 0 \\ (p_{11} - \lambda_2) x_{12} + p_{12} \quad x_{22} &= 0 \\ p_{21} \quad x_{12} + (p_{22} - \lambda_2) x_{22} &= 0 \end{aligned} \qquad (2.90)$$

Werden die beiden Lösungspaare x_{11}, x_{21} und x_{12}, x_{22} in einer
Matrix zusammengefaßt, so erhält man die <u>Modalmatrix</u>

$$\underline{X} = \begin{pmatrix} x_{11} & x_{12} \\ x_{21} & x_{22} \end{pmatrix} \tag{2.91}$$

Dann läßt sich Gl. (2.90) mit der Eigenwertmatrix Λ in der
Form

$$\underline{P}\,\underline{X} = \underline{X}\Lambda$$

bzw. $$\tag{2.92}$$

$$\underline{P} = \underline{X}\Lambda\underline{X}^{-1}$$

schreiben. Gl. (2.90) ist ein unbestimmtes Gleichungssystem
mit 4 Unbekannten, von denen 2 frei gewählt werden können.
Setzt man

$$x_{11} = 1$$
$$x_{12} = p_{12}$$

so erhält aus Gl. (2.90) die Modalmatrix

$$\underline{X} = \begin{pmatrix} 1 & p_{12} \\ 1 & -p_{21} \end{pmatrix} \tag{2.93}$$

Die Potenzen der Übergangsmatrix können über Gl. (2.78) ermittelt werden. Es gilt

$$\underline{P}^k = \frac{1}{p_{21}+p_{12}} \begin{pmatrix} p_{21}+p_{12}^{\,k} & p_{12}(1-\lambda^k) \\ p_{21}(1-\lambda^k) & p_{12}+p_{21}^{\,k} \end{pmatrix} \tag{2.94}$$

Läßt man den Exponenten unendlich groß werden, so erhält man
die <u>Totalwahrscheinlichkeiten.</u>

$$\lim_{k \to \infty} \underline{P}^k = \begin{pmatrix} p_1 & p_2 \\ p_1 & p_2 \end{pmatrix} \tag{2.95}$$

mit

$$p_1 = \frac{p_{21}}{p_{12}+p_{21}} \quad , \quad p_2 = \frac{p_{12}}{p_{12}+p_{21}} \tag{2.96}$$

2.5 Leistungsdichtespektrum

Man gewinnt das Leistungsdichtespektrum durch Fourier-Transformation der Autokorrelationsfunktion. Die Berechnung wird für ein digitales Signal mit festem Grundimpuls (s.Abschn. 2.4) durchgeführt.

2.5.1 Autokorrelationsfunktion

Setzt man das digitale Signal nach Gl. (2.66) in die Definition nach Gl. (2.51) ein, so erhält man unter Verwendung der Grenze N für die Laufvariable n_1 mit der Substitution

$$T = T_0\,(2N+1) \tag{2.97}$$

die Autokorrelationsfunktion

$$K(\tau) = \lim_{N \to \infty} \frac{U_0^2\,T_0}{2N+1} \int\limits_{-\infty}^{+\infty} \sum_{n_1=-N}^{+N} a_m(n_1)\,g(t-n_1 T_0) \sum_{n_2=-\infty}^{+\infty} a_m(n_2)\,g(t-n_2 T_0 + \tau)\,dt \tag{2.98}$$

Dabei wird davon Gebrauch gemacht, daß es gleichwertig ist, statt wie in Gl. (2.51) von $-T/2$ bis $+T/2$ zu integrieren, die Grenzen der Summe bei einem der beiden Faktoren des Integranden $+N$ und $-N$ statt $+\infty$ und $-\infty$ zu setzen und dafür von $-\infty$ bis $+\infty$ zu integrieren. Zur Durchführung der Integration und Summation in Gl. (2.98) sind einige Umformungen erforderlich. Mit den Substitutionen

$$t - n_1 T_0 = t' \quad und \quad n_2 - n_1 = k \tag{2.99}$$

wird Gl. (2.98) in

$$K(\tau) = \lim_{N \to \infty} \frac{U_0^2\,T_0}{2N+1} \int\limits_{-\infty}^{+\infty} \sum_{n_1=-N}^{+N} a_m(n_1)\,g(t') \sum_{k=-\infty}^{+\infty} a_m(k+n_1)\,g(t'-k T_0 + \tau)\,dt' \tag{2.100}$$

umgewandelt. Ändert man die Reihenfolge von Summen-, Integral- und Limeszeichen so ergibt sich mit der Autokorrelationsfolge

$$R(k) = \lim_{N \to \infty} \frac{1}{2N+1} \sum_{n_1=-N}^{+N} a_m(n_1)\, a_m(n_1+k) \qquad (2.101)$$

und der Autokorrelationsfunktion der Zeitfunktion des Grundimpulses $g(t)$ mit der Verschiebungszeit $\tau - kT_0$

$$Y(\tau - kT_0) = \int_{-\infty}^{+\infty} g(t')\, g(t' + \tau - kT_0)\, dt' \qquad (2.102)$$

die Autokorrelationsfunktion des digitalen Signals

$$K(\tau) = U_0^2 T_0 \sum_{k=-\infty}^{+\infty} R(k)\, Y(\tau - kT_0) \qquad (2.103)$$

Die Autokorrelationsfolge nach Gl. (2.101) läßt sich aus der
Übergangsmatrix $\underline{P}$ des Signals ermitteln. Kann die Zufallszahl
$a_m(n)$ die Werte a_1 und a_2 annehmen und betrachtet man die
Elemente der Folge mit dem Wert a_1 , so wird, wenn man von
jedem dieser Elemente um k Schritte weitergeht, bei einigen
ein Element mit dem Wert a_1 und bei den übrigen ein Element
mit dem Wert a_2 angetroffen. Für große N ist $(2N+1)p_1$ die
Anzahl der Elemente mit dem Wert a_1 . Die Anzahl derjenigen
dieser Elemente, von denen aus nach k Schritten der Wert a_2
auftritt, beträgt

$$(2N+1)\, p_1\, p_{12}^{(k)}$$

In Fortführung dieser Überlegung erhält man die Autokorrelationsfolge

$$R(k) = a_1 a_2\, p_1\, p_{12}^{(k)} + a_1 a_2\, p_2\, p_{21}^{(k)} + a_1 a_2\, p_1\, p_{11}^{(k)} + a_1 a_2\, p_2\, p_{22}^{(k)} \qquad (2.104)$$

Kann die Zufallszahl M verschiedene Werte annehmen, so gilt

$$R(k) = \sum_{m_1=1}^{M} \sum_{m_2=1}^{M} a_{m_1}\, a_{m_2}\, p_{m_1}\, p_{m_1 m_2}^{(k)} \qquad (2.105)$$

Setzt man in Gl. (2.104) die Elemente der potenzierten Übergangsmatrix nach Gl. (2.94) ein, so erhält man die Autokorrelationsfolge für ein binäres Signal

$$R(k) = (a_1 p_1 + a_2 p_2)^2 (1 - \lambda^{|k|}) + (a_1^2 p_1 + a_2^2 p_2) \lambda^{|k|} \tag{2.106}$$

Für Berechnungen sind als Grenzwerte von Bedeutung

$$R(\infty) = \lim_{k \to \infty} R(k) = (a_1 p_1 + a_2 p_2)^2 \tag{2.107}$$

und

$$R(0) = \lim_{k \to 0} R(k) = a_1^2 p_1 + a_2^2 p_2 \tag{2.108}$$

2.5.2 Fourier-Transformation

Bildet man die Fourier-Transformierte der Autokorrelationsfunktion, so erhält man das Leistungsdichtespektrum

$$S(f) = U_0^2 T_0 \int_{-\infty}^{+\infty} \sum_{k=-\infty}^{+\infty} R(k) \, Y(\tau - k T_0) \, e^{-j2\pi f \tau} \, d\tau \tag{2.109}$$

Zur Berechnung von Gl. (2.109) macht man die Substitution

$$\tau - k T_0 = t$$

Das Leistungsdichtespektrum erhält unter Berücksichtigung von Gl. (2.102) die Form

$$S(f) = U_0^2 T_0 \left\{ \int_{-\infty}^{+\infty} \int_{-\infty}^{+\infty} g(t) g(t'+t) e^{j2\pi f t} \, dt \, dt' \right\} \left\{ \sum_{k=-\infty}^{+\infty} R(k) e^{-jk2\pi f T_0} \right\} \tag{2.110}$$

Das Doppelintegral läßt sich mit der Substitution $t'+t=\vartheta$ umformen in

$$\int_{-\infty}^{+\infty} g(t') e^{j2\pi f t'} dt' \int_{-\infty}^{+\infty} g(\vartheta) e^{-j2\pi f \vartheta} d\vartheta \tag{2.111}$$

und erweist sich somit als Produkt der Fourier-Transformierten $\underline{G}(f)$ der Zeitfunktion des Grundimpulses $g(t)$ und ihres konjugiert komplexen Wertes und somit als Quadrat ihres Betrages.

Das Leistungsdichtespektrum erhält also die Form

$$S(f) = U_o^2 T_o \, |G(f)|^2 \sum_{k=-\infty}^{+\infty} R(k) e^{-j2\pi f k T_o} \qquad (2.112)$$

Durch Umformung in

$$S(f) = U_o^2 T_o |G(f)|^2 \left\{ R(\infty) \sum_{k=-\infty}^{+\infty} e^{-j2\pi f k T_o} + \sum_{k=-\infty}^{+\infty} \left[R(k) - R(\infty) \right] e^{-j2\pi f k T_o} \right\} \qquad (2.113)$$

und Anwendung von Gl. (2.26) sowie mit Gl. (2.107), (2.108) und (2.106) für die Autokorrelationsfolge entsteht

$$S(f) = U_o^2 T_o |G(f)|^2 \left\{ \frac{R(\infty)}{T_o} \sum_{k=-\infty}^{+\infty} \delta\left(f - k \frac{1}{T_o}\right) + \left[R(0) - R(\infty) \right] \sum_{k=-\infty}^{+\infty} \lambda^{|k|} e^{j2\pi f k T_o} \right\} \qquad (2.114)$$

Das gesamte Spektrum enthält also einen kontinuierlichen und einen diskreten Anteil. Die unendliche Summe des kontinuierlichen Anteils berechnet sich mit Hilfe der Summenformel für die unendliche geometrische Reihe

$$\sum_{k=-\infty}^{+\infty} \lambda^{|k|} e^{j2\pi f k T_o} = \frac{1 - \lambda^2}{1 - 2\lambda \cos 2\pi f T_o + \lambda^2} \qquad (2.115)$$

2.5.3 Linienspektrum

Die diskrete Komponente des Leistungsdichtespektrums stellt ein Linienspektrum dar. Es entsteht, weil das Signal trotz seines stochastischen Charakters einen periodischen, durch eine Fourier-Reihe nach Gl. (2.31) darstellbaren Anteil

$$u_{per}(t) = \sum_{k=-\infty}^{+\infty} \underline{C}_k \, e^{jk2\pi \frac{t}{T_o}} \qquad (2.116)$$

enthält. Durch Fourier-Transformation enthält man die entsprechende <u>Amplitudendichte</u>

$$\underline{U}_{per}(f) = \int\limits_{-\infty}^{+\infty} \sum_{k=-\infty}^{+\infty} \underline{C}_k \, e^{jk2\pi\frac{t}{T_0}} \, e^{-j2\pi ft} \, dt = \sum_{k=-\infty}^{+\infty} \underline{C}_k \int\limits_{-\infty}^{+\infty} e^{-j2\pi(f-k\frac{1}{T_0})t} \, dt \qquad (2.117)$$

Mit Gl. (2.17) wird daraus

$$\underline{U}_{per}(f) = \sum_{k=-\infty}^{+\infty} \underline{C}_k \, \delta\left(f - k\frac{1}{T_0}\right) \qquad (2.118)$$

Durch Multiplikation mit dem konjugiert komplexen Wert entsteht das <u>Leistungsdichtespektrum</u> des periodischen Anteils

$$S_{per}(f) = \sum_{k=-\infty}^{+\infty} |\underline{C}_k|^2 \, \delta\left(f - k\frac{1}{T_0}\right) \qquad (2.119)$$

Durch Vergleich mit dem diskreten Anteil des gesamten Leistungsdichtespektrums nach Gl. (2.114) erhält man das Quadrat des Betrages des Fourier-Koeffizienten

$$|\underline{C}_k|^2 = U_0^2 \, |\underline{G}(f)|^2 \, (a_1 \, p_1 + a_2 \, p_2)^2 \qquad (2.120)$$

Der Scheitelwert der Sinusspannung einer Spektrallinie ist daher mit $\hat{u}_k = 2\,|\underline{C}_k|$

$$\hat{u}_k = 2\,U_0\,|G(f)|\,(a_1\,p_1 + a_2\,p_2) \qquad (2.121)$$

2.5.4 Diskussion

Das Leistungsdichtespektrum $S(f)$ wird von zwei Faktoren bestimmt:
- dem Spektrum $\underline{G}(f)$ des Grundimpulses $g(t)$ und
- der Funktion

$$\varepsilon(f) = \frac{1 - \lambda^2}{1 - 2\lambda \cos 2\pi f T_0 + \lambda^2}$$

die den Einfluß der Wahrscheinlichkeitsstruktur des Signals
auf das Leistungsdichtespektrum beschreibt.
Da die Zeilensummen der Übergangsmatrix 1 ergeben, sind zur
Beschreibung der Wahrscheinlichkeitsstruktur eines binären
isochronen Signals zwei Parameter erforderlich, geeigneter-
weise
- die Totalwahrscheinlichkeit p_1 und
- der Eigenwert λ der Übergangsmatrix $\underline{P}$, der den Einfluß
  der Wahrscheinlichkeitsstruktur auf das Leistungsdichtespektrum beschreibt.
Drückt man die Übergangsmatrix $\underline{P}$ durch die Totalwahrscheinlichkeit p_1 und den Eigenwert λ aus, so erhält man

$$\underline{P} = \begin{pmatrix} \lambda + p_1(1-\lambda) & (1-p_1)(1-\lambda) \\ p_1(1-\lambda) & 1-p_1(1-\lambda) \end{pmatrix} \tag{2.122}$$

Der Wertebereich des Eigenwertes λ

$$-1 \leq \lambda \leq +1 \tag{2.123}$$

ergibt sich aus Gl. (2.89). Die Bedeutung der verschiedenen
Eigenwerte λ wird deutlich, wenn drei verschiedene Sonderfälle der Übergangsmatrix betrachtet werden:
<u>Fall 1</u>: Für die Elemente der Übergangsmatrix gilt

$$\begin{aligned} p_{11} &= p_{21} \\ p_{12} &= p_{22} \end{aligned} \tag{2.124}$$

Damit ist mit Gl. (2.122) der Eigenwert $\lambda = 0$. Die Übergangsmatrix ist

$$\underline{P} = \begin{pmatrix} p_1 & 1-p_1 \\ p_1 & 1-p_1 \end{pmatrix} \tag{2.125}$$

Somit ist die Wahrscheinlichkeit für das Eintreten eines Zu-
standes unabhängig vom vorhergehenden Zustand; es liegt keine
Bindung in die Vergangenheit vor. Der Faktor $\varepsilon(f)$ ist eine
Konstante.
<u>Fall 2</u>: Die Übergangsmatrix sei

$$\underline{P} = \begin{pmatrix} 1 & 0 \\ 0 & 1 \end{pmatrix} \tag{2.126}$$

Mit Gl. (2.122) erhält man dann den Eigenwert $\lambda = +1$. Es tritt keine Änderung des Zustandes auf. Der Faktor $\mathcal{E}(f)$ des kontinuierlichen Anteils des Spektrums ist Null.

Fall 3: Die Übergangsmatrix sei

$$\underline{P} = \begin{pmatrix} 0 & 1 \\ 1 & 0 \end{pmatrix} \tag{2.127}$$

Es liegt eine periodische Schwingung vor; denn bei jedem Zustand tritt mit Sicherheit eine Änderung des Zustandes ein. Aus Gl. (2.122) erhält man den Eigenwert $\lambda = -1$. Der Faktor $\mathcal{E}(f)$ ist Null.

2.6 Beispiele

Die beschriebenen Methoden werden hier an einigen Beispielen erläutert.

Fourier-Transformation

Die Berechnung der Spektralfunktion des Rechteckimpulses der Breite τ (s. Bild 2.2)

$$g(t) = \frac{1}{\tau} \, rect \, \frac{t}{\tau} \tag{2.128}$$

erfolgt nach Gl. (2.20) mit dem Integral

$$\underline{G}(f) = \int_{-\infty}^{+\infty} g(t) \, e^{-j2\pi ft} \, dt \tag{2.129}$$

Berücksichtigt man, daß der Integrand nur innerhalb der Impulsbreite τ von Null verschieden ist, so ist

$$\underline{G}(f) = \int\limits_{-\tau/2}^{\tau/2} \frac{1}{\tau}\, e^{-j2\pi ft}\, dt = \frac{\sin \pi f\tau}{\pi f\tau} \qquad (2.130)$$

Die Spektralfunktion ist also eine Spaltfunktion der Frequenz f (s. Bild 2.4). Mit der Signumfunktion einer unabhängigen Variablen x

$$\mathrm{sgn}\, x = \begin{cases} 1 & x > 0 \\ 0 & \text{für} \quad x = 0 \\ -1 & x < 0 \end{cases} \qquad (2.131)$$

läßt sich die Spektralfunktion in Polarform darstellen. Man erhält

$$\underline{G}(f) = \left| \frac{\sin \pi f\tau}{\pi f\tau} \right| e^{-j\frac{\pi}{2}\left[1 - \mathrm{sgn}(\sin \pi f\tau)\right]} \qquad (2.132)$$

Für gerade Zeitfunktionen $g(t)$ läßt sich das Fourier-Integral mit Hilfe der Eulerschen Formel umformen. Es gilt

$$\int\limits_{-\infty}^{+\infty} g(t)\, e^{-j2\pi ft}\, dt = \int\limits_{-\infty}^{+\infty} \left\{ g(t)\cos 2\pi ft - jg(t)\sin 2\pi ft \right\} dt \qquad (2.133)$$

Da die Integration des Imaginärteils Null ergibt und der Realteil des Integranden eine gerade Funktion ist, erhält man für die Fourier-Transformierte der Zeitfunktion $g(t)$

$$\underline{G}(f) = 2 \int\limits_{0}^{\infty} g(t)\, \cos 2\pi ft\ dt \qquad (2.134)$$

Von Bedeutung ist neben dem leicht zu erzeugenden Rechteckimpuls der <u>Kosinusquadratimpuls</u>

$$g(t) = \frac{2}{\tau}\, \cos^2\!\left(\pi\, \frac{t}{\tau}\right) \mathrm{rect}\!\left(\frac{t}{\tau}\right) \qquad (2.135)$$

Weil er im Zeitbereich keine Ecken aufweist, ist seine spektrale Energie mehr bei tiefen Frequenzen konzentriert, als dies beim Rechteckimpuls der Fall ist. Die Spektralfunktion des

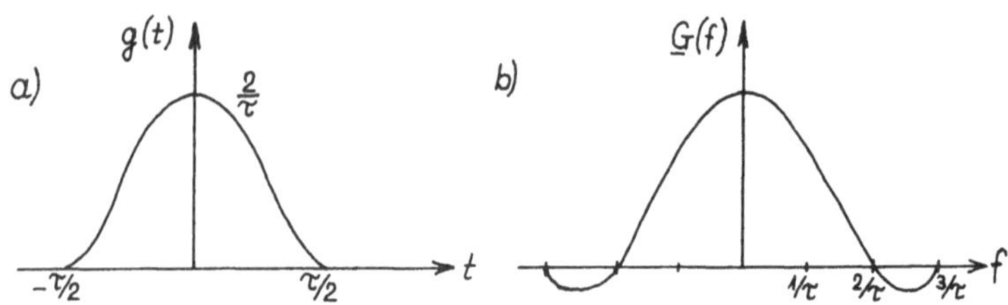

Bild 2.13 Kosinusquadratimpuls
a) als Zeitfunktion b) als Frequenzfunktion

Kosinusquadratimpulses erhält man nach Gl. (2.134) aus dem Integral

$$\underline{G}(f) = 2 \int\limits_{0}^{\tau/2} \frac{2}{\tau} \, \cos^2\!\left(\pi \, \frac{t}{\tau}\right) \cos\left(2\pi f t\right) dt = \frac{\sin \pi f \tau}{\pi f \tau \left(1 - f^2 \tau^2\right)} \qquad (2.136)$$

Wahrscheinlichkeitsdichtefunktion

Diese Funktion ist zur Beschreibung sowohl stochastischer als auch deterministischer Signale geeignet. Man kann sie daher auch für eine Sinusspannung nach Gl. (2.1)

$$u = \hat{u} \sin\left(2\pi f t\right) \qquad (2.137)$$

bestimmen. Das Signal wird innerhalb seiner Periodendauer $T = 1/f$ im Bereich $0 \leq t \leq T$ zu N verschiedenen, diskreten, über die Laufvariable n numerierten Zeitpunkten

$$t_n = n \frac{T}{N} \qquad (2.138)$$

betrachtet. Die entsprechenden Spannungen zu diesen Zeitpunkten sind

$$u_n = \hat{u}\, sin\left(2\pi\, \frac{n}{N}\right)$$ (2.139)

Zur Berechnung der Wahrscheinlichkeitsverteilungsfunktion benötigt man die Anzahl n_1 der Zeitpunkte, für die die Spannung u_n unterhalb einer Schwelle u_x liegt. Für große N erhält man die n_1' dieser Zeitpunkte bis zum erstmaligen Überschreiten der Schwelle aus

$$u_x = \hat{u}\, sin\left(2\pi\, \frac{n_1'}{N}\right)$$ (2.140)

Löst man nach n_1' auf, so ergibt sich

$$n_1' = \frac{N}{2\pi}\, arcsin\left(\frac{u_x}{\hat{u}}\right)$$ (2.141)

Für einen positiven Wert der Schwelle u_x tritt innerhalb der ersten Hälfte der Periodendauer die Anzahl n_1' zweimal auf, während innerhalb der zweiten Hälfte der Periodendauer zu allen Zeitpunkten die Schwelle unterschritten wird. Somit gilt

$$n_1 = \frac{N}{2} + \frac{N}{\pi}\, arcsin\left(\frac{u_x}{\hat{u}}\right)$$ (2.142)

Die Wahrscheinlichkeitsverteilungsfunktion ergibt sich als Grenzwert der Häufigkeit n_1/N für $N \to \infty$. Es gilt

$$P(u_x) = \frac{1}{2} + \frac{1}{\pi}\, arcsin\left(\frac{u_x}{\hat{u}}\right)$$ (2.143)

Durch Bildung des Differentialquotienten erhält man nach Gl. (2.38) die Wahrscheinlichkeitsdichtefunktion

$$p(u_x) = \frac{dP(u_x)}{du_x} = \frac{1}{\pi\, \hat{u}}\, \frac{1}{\left|\sqrt{1 - \left(\frac{u_x}{\hat{u}}\right)^2}\right|}$$ (2.144)

einer Sinusspannung.

<u>Quadratischer Mittelwert</u>

Er soll für eine Sinusspannung nach Gl. (2.137) mit der Wahrscheinlichkeitsdichtefunktion bestimmt werden. Es gilt

58

$$\int\limits_{-\infty}^{+\infty} u^2 p(u)\, du = U_{eff}^2 \qquad (2.145)$$

Mit der Wahrscheinlichkeitsdichtefunktion nach Gl. (2.144) erhält man

$$U_{eff}^2 = \frac{1}{\pi\,\hat{u}} \int\limits_{-\hat{u}}^{+\hat{u}} \frac{u^2}{\left|\sqrt{1-\left(\frac{u}{\hat{u}}\right)^2}\right|}\, du = \frac{\hat{u}^2}{2} \qquad (2.146)$$

Leistungsdichtespektrum

Bei der Berechnung des Leistungsdichtespektrums eines digitalen Signals nach Gl. (2.66)

$$u(t) = u_0 T_0 \sum_{n=-\infty}^{+\infty} a_m(n)\, g(t - nT_0) \qquad (2.147)$$

muß zunächst das Spektrum des Grundimpulses $g(t)$ ermittelt werden. Man erhält für einen Rechteckimpuls der Breite τ

$$g(t) = \frac{1}{\tau}\, rect\left(\frac{t}{\tau}\right) \qquad (2.148)$$

nach Gl. (2.130) das Spektrum

$$\underline{G}(f) = \frac{sin\left(\pi f \tau\right)}{\pi f \tau} \qquad (2.149)$$

Macht man die Impulsdauer τ gleich der Schrittdauer T_0 , so erhält man an den Stellen

$$f = k\,\frac{1}{T_0} \quad , \quad k = 1, 2, 3, \ldots \qquad (2.150)$$

Nullstellen des Spektrums $\underline{G}(f)$. Nach Gl. (2.114) sind dies jedoch die Stellen auf der Frequenzachse, an denen Spektrallinien vorhanden sein können. Somit hat das digitale Signal trotz des isochronen Charakters kein Linienspektrum. Dieser Anteil des Spektrums ist wichtig für die Rückgewinnung der

Schrittfrequenz $f_o = 1/T_o$ (s. Abschn. 10). Der kontinuierliche Anteil des Leistungsdichtespektrums wird außer durch das Spektrum des Grundimpulses durch die Funktion

$$\mathcal{E}(f) = \frac{1 - \lambda^2}{1 - 2\lambda \cos 2\pi f T_o + \lambda^2}$$

beeinflußt. Bild 2.14 zeigt den Einfluß des Eigenwertes λ auf die Funktion $\mathcal{E}(t)$

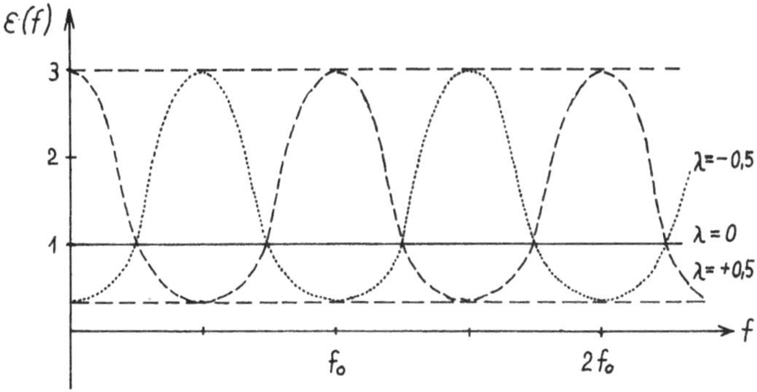

Bild 2.14 Verlauf der Funktion

Für den Eigenwert $\lambda = 0$ ist der Faktor $\mathcal{E}(t) = 1$. Es liegt keine statistische Bindung in die Vergangenheit vor und auch keine durch die Wahrscheinlichkeitsstruktur bedingte Verformung des Leistungsdichtespektrums. Offenbar wird das Leistungsdichtespektrum um so stärker verformt, je deterministischer das Signal wird. Dieser Sachverhalt wird bei der korrelativen Kanalcodierung (s. Abschn. 7.2.12) ausgenutzt, indem durch Codierung die Wahrscheinlichkeit für das Auftreten eines bestimmten Zeichens abhängig gemacht wird von den vorhergehenden Zeichen. Bewegt sich der Eigenwert z. B. in Richtung $\lambda = +1$, so wird die spektrale Energie immer mehr bei der Schrittfrequenz und ihren Vielfachen zusammengedrängt.

3. Zeitquantisierung

In Abschn. 2. wird gezeigt, daß die harmonische Schwingung als Aufbauelement für beliebige Zeitfunktionen dienen kann. Es ist dafür eine unendliche Summe unendlich dicht liegender Frequenzen erforderlich. So wird der Zeitfunktion eine Spektrum genannte Funktion zugeordnet, welche die Amplitudendichte der harmonischen Schwingungen als Funktion der Frequenz darstellt. Hat nun eine Zeitfunktion oberhalb einer bestimmten Grenzfrequenz f_g keine spektralen Anteile, so spricht man von einer bandbegrenzten Funktion. Für diese wichtige Klasse von Funktionen gilt das Abtasttheorem, das besagt, daß eine bandbegrenzte Funktion durch ihre Werte zu periodisch sich wiederholenden Abtastzeipunkten vollständig beschrieben ist. Es ist dann durch Interpolation möglich, aus den diskreten Funktionswerten die ursprüngliche Funktion wiederzugewinnen. Ersetzt man eine kontinuierliche Funktion durch diskrete Funktionswerte, so spricht man auch von Zeitquantisierung. Sie ist die Grundlage für eine besondere Form der Mehrfachausnutzung von Leitungen, die Zeitmultiplex genannt wird (s. Abschn. 13).

3.1 Abtastvorgang

Abtasten heißt, ein kontinuierliches Signal $u(t)$ durch eine Folge von äquidistanten Impulsen zu den Zeiten $t=nT_A$ mit $n = 0, \pm 1, \pm 2, \ldots$ darstellen. Die Impulsflächen müssen dem je-

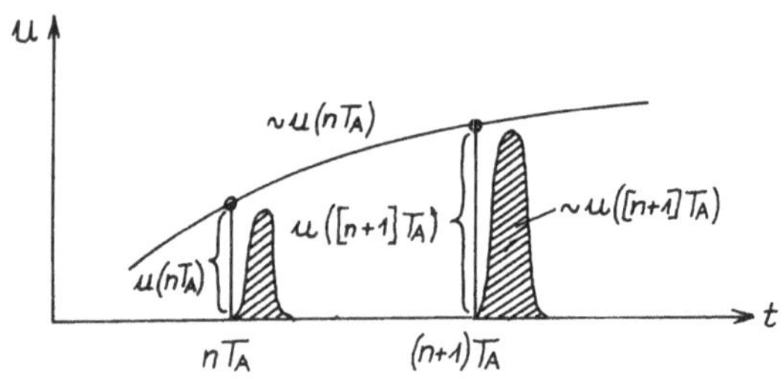

Bild 3.1   Abtastvorgang

weiligen Wert $u(nT_A)$ proportional sein (s. Bild 3.1). Der Abstand zwischen den Abtastzeitpunkten wird Abtastperiode T_A genannt, der Kehrwert $f_A = 1/T_A$ Abtastfrequenz. Zur Darstellung der abgetasteten Funktionswerte werden die folgenden Impulse verwendet, die auf den Flächeninhalt 1 normiert sind und somit die Einheit s^{-1} haben.

Dirac-Impuls

$$g(t) = \delta(t) \tag{3.1}$$

Rechteckimpuls

Mit der Impulsbreite τ gilt

$$g(t) = \frac{\varepsilon(t) - \varepsilon(t-\tau)}{\tau} \tag{3.2}$$

Sinusimpuls

Mit der Impulsbreite τ gilt

$$g(t) = \begin{cases} \frac{\pi}{2\tau} \sin\left(\pi \frac{t}{\tau}\right) & \text{für } 0 \leq t \leq \tau \\ 0 & \text{für } t < 0,\, t > \tau \end{cases} \tag{3.3}$$

Sinusquadratimpuls

Mit der Impulsbreite τ gilt

$$g(t) = \begin{cases} \frac{2}{\tau} \sin^2\left(\pi \frac{t}{\tau}\right) & \text{für } 0 \leq t \leq \tau \\ 0 & \text{für } t < 0,\, t > \tau \end{cases} \tag{3.4}$$

3.2 Theoretisches Modell

Die Beschreibung des Abtasters soll anhand eines theoretischen Modells erfolgen. Als Impulsform des Abtastsignals wird der Dirac-Impuls gewählt. Dann ist ein Multiplikator ein einfaches Modell dieses idealen Abtasters (s. Bild 3.2). Gilt für die Ausgangsspannung des Multiplikators mit der Multiplikatorkonstanten u_M und den Eingangsspannungen u_{e1} und u_{e2}

$$u_a = \frac{u_{e1}\, u_{e2}}{u_M} \tag{3.5}$$

und legt man an den Eingang 1 das abzutastende Signal $u_{e1}=u(t)$ und den Eingang 2 eine periodische Folge von Dirac-Impulsen, d. h. einen Dirac-Puls mit der Spannungszeitfläche $u_\delta T_\delta$

$$u_{e2} = u_\delta T_\delta \sum_{n=-\infty}^{+\infty} \delta(t-nT_A) \qquad (3.6)$$

so erhält man für das Abtastsignal

$$u_a = \frac{u_\delta T_\delta}{u_M} \, u(t) \sum_{n=-\infty}^{+\infty} \delta(t-nT_A) \qquad (3.7)$$

Da $u(t)$ bezüglich der Laufvariablen n eine Konstante ist und daher hinter das Summenzeichen gesetzt werden darf und $\delta(t-nT_A)$ für $t \neq nT_A$ Null ist, läßt sich für das Abtastsignal auch

$$u_a(t) = \frac{u_\delta T_\delta}{u_M} \sum_{n=-\infty}^{+\infty} u(nT_A)\, \delta(t-nT_A) \qquad (3.8)$$

schreiben. Der Dirac-Impuls spielt bei theoretischen Betrachtungen eine wichtige Rolle. In praktischen Schaltungen werden jedoch der Rechteckimpuls, der Sinus- oder der Sinusquadratimpuls verwendet. Daher schließt sich im theoretischen Modell des Abtasters an den Multiplikator ein Formfilter an, das den Dirac-Impuls in Rechteck-, Sinus- oder Sinusquadratimpulse verwandelt. So erhält man das in Bild 3.2 dargestellte Modell

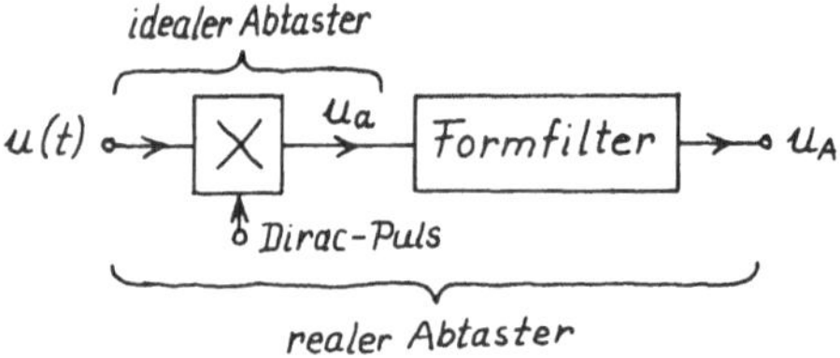

Bild 3.2 Modell des Abtasters

des Abtasters. Dirac-Impulse kann man mit einem linearen Filter formen, wobei sich die Impulsfläche nicht verändert. Für Rechteckimpulse der Breite τ ist somit das Abtastsignal des realen Abtasters

$$u_A = \frac{u_\delta T_\delta}{u_M \tau} \sum_{n=-\infty}^{+\infty} u(nT_A)\left\{\varepsilon(t-nT_A)-\varepsilon(t-\tau-nT_A)\right\} \qquad (3.9)$$

Die Höhe u_{on} eines Impulses an der Stelle $t=nT_A$ beträgt

$$u_{on} = \frac{u_\delta T_\delta}{u_M \tau}\, u(nT_A) \qquad (3.10)$$

Somit gibt die Konstante

$$K_A = \frac{u_\delta T_\delta}{u_M \tau} \qquad (3.11)$$

des Abtasters das Verhältnis der Impulshöhe zum Funktionswert an.

3.3 Formfilter

Ein lineares Filter wird im Zeitbereich durch seine Gewichtsfunktion $g(t)$ und im Frequenzbereich durch den komplexen Frequenzgang $\underline{G}(f)$ gekennzeichnet. Da die Gewichtsfunktion als Systemantwort auf einen Dirac-Impuls definiert ist, sind die Spannungszeitfunktionen der am Ausgang des Abtasters gewünschten Impulse bereits die Gewichtsfunktionen zur Kennzeichnung des Formfilters.
Die Zeitfunktion des Abtastsignals, z. B. nach Gl. (3.9), charakterisiert den Abtaster im Zeitbereich. Zur Kennzeichnung im Frequenzbereich muß das Spektrum des Abtastsignals berechnet werden. Dies ist auf einfache Weise möglich durch Multiplikation des Spektrums des idealen Abtasters mit dem Frequenzgang des Formfilters.
Nach Abschn. 2 ist der Frequenzgang $\underline{G}(f)$ die Fourier-Transformierte der Gewichtsfunktion $g(t)$. Mit der Fourier-Transformierten der Sprungfunktion

$$\int_{-\infty}^{+\infty} \varepsilon(t)\, e^{-j2\pi ft}\, dt = \frac{1}{j2\pi f} \tag{3.12}$$

gilt für die Fourier-Transformierte des Rechteckimpulses nach Gl. (3.2)

$$\int_{-\infty}^{+\infty} \frac{\varepsilon(t) - \varepsilon(t-\tau)}{\tau}\, e^{-j2\pi ft}\, dt = \frac{1 - e^{-j2\pi f\tau}}{j2\pi f\tau} \tag{3.13}$$

Für den in Polarform dargestellten komplexen Frequenzgang erhält man somit

$$\underline{G}(f) = \left| \frac{\sin \pi f\tau}{\pi f\tau} \right|\, e^{-j\pi\left[f\tau + \frac{1}{2}\left(1 - sgn(\sin(\pi f\tau))\right)\right]} \tag{3.14}$$

3.4 Spektrum

Zunächst soll das Spektrum des Abtastsignals des <u>idealen Abtasters</u> berechnet werden. Der Dirac-Puls

$$\delta_{per}(t) = \sum_{n=-\infty}^{+\infty} \delta(t - nT_A) \tag{3.15}$$

ist eine periodische Funktion und kann daher mit Gl. (2.28) und (2.31) in die Fourier-Reihe

$$\sum_{n=-\infty}^{+\infty} \delta(t - nT_A) = \sum_{n=-\infty}^{+\infty} \frac{1}{T_A}\, e^{j2\pi n f_A t} \tag{3.16}$$

entwickelt werden. Aus Gl. (3.7) erhält man für das Abtastsignal mit Gl. (3.16), wenn die abzutastende Funktion $u(t)$ hinter das Summenzeichen gezogen wird,

$$u_a(t) = \frac{u_\delta T_\delta}{u_M T_A} \sum_{n=-\infty}^{+\infty} u(t)\, e^{j2\pi n f_A t} \tag{3.17}$$

Gl. (3.17) wird einer Fourier-Transformation

$$\underline{U}_a(f) = \int\limits_{-\infty}^{+\infty} \frac{u_\delta T_\delta}{u_M T_A} \sum\limits_{n=-\infty}^{+\infty} u(t)\, e^{j2\pi n f_A t}\, e^{-j2\pi f t}\, dt \qquad (3.18)$$

unterzogen. Ist $\underline{U}(f)$ die Fourier-Transformierte von $u(t)$, so wird daraus

$$\underline{U}_a(f) = \frac{u_\delta T_\delta}{u_M T_A} \sum\limits_{n=-\infty}^{+\infty} \underline{U}(f - n f_A) \qquad (3.19)$$

Dieses Ergebnis bedeutet, daß durch die Abtastung eine periodische Wiederholung des Spektrums des abzutastenden Signals bewirkt wird. In Bild 3.3 wird das Spektrum vor und nach der

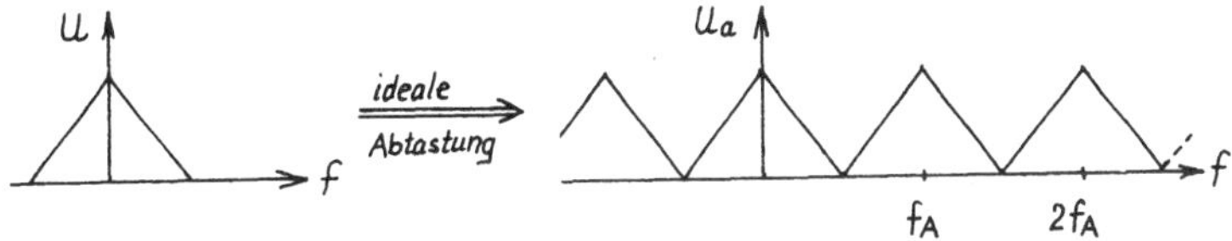

Bild 3.3   Vervielfachung des Spektrums
durch Abtastung

Abtastung mit einem idealen Abtaster gezeigt.
Für Berechnungen ist es nützlich, nicht eine beliebige bandbegrenzte Funktion $u(t)$ zu betrachten, sondern eine spektrale Komponente $u(t) = \hat{u}\cos(2\pi f_0 t)$. Die Ausgangsspannung des idealen Abtasters ist dann mit Gl. (3.17)

$$u_a(t) = \hat{u}\,\frac{u_\delta T_\delta}{u_M T_A} \sum\limits_{n=-\infty}^{+\infty} \cos 2\pi f_0 t\; e^{j2\pi n f_A t} \qquad (3.20)$$

Faßt man unter dem Summenzeichen die Glieder mit positiven und negativen Werten der Laufvariablen n zusammen, so erhält man mit der Eulerschen Formel die Beziehung

66

$$\sum_{n=-\infty}^{+\infty} e^{j2\pi n f_A t} = 1 + 2\cos 2\pi n f_A t \qquad (3.21)$$

Für das Abtastsignal findet man dann mit Gl. (3.20) und dem Additionstheorem für Kosinusfunktionen

$$u_a(t) = \hat{u}\,\frac{u_\delta T_\delta}{u_M T_A}\left\{\cos 2\pi f_0 t + \sum_{n=1}^{\infty}\left[\cos 2\pi(n f_A - f_0)t + \cos 2\pi(n f_A + f_0)t\right]\right\} \qquad (3.22)$$

Das Abtastsignal besteht nach Gl. (3.22) aus einer Summe von Kosinusschwingungen mit gleichen Scheitelwerten. Somit haben die Spektrallinien gleiche Höhe.

Zur Berechnung des Spektrums des Abtastsignals $u_A(t)$ des <u>realen Abtasters</u> muß das Spektrum des idealen Abtasters mit dem Frequenzgang des Formfilters $\underline{G}(f)$ multipliziert werden. Für eine beliebige, bandbegrenzte Funktion $u(t)$ gilt dann mit Gl. (3.14) und (3.19), wenn der Abtaster Rechteckimpulse erzeugt,

$$\underline{U}_A(f) = \frac{u_\delta T_\delta}{u_M T_A}\sum_{n=-\infty}^{+\infty}\underline{U}(f - n f_A)\left|\frac{\sin \pi(f - n f_A)\tau}{\pi(f - n f_A)\tau}\right|e^{-j\pi\left[(f - n f_A)\tau + \frac{1}{2}(1 - \mathrm{sgn}(\sin(\pi(f - n f_A)\tau)))\right]} \qquad (3.23)$$

und für ein Sinussignal $u(t) = \hat{u}\cos(2\pi f_0 t)$ mit Gl. (3.22)

$$u_A(t) = \hat{u}\,\frac{u_\delta T_\delta}{u_M \tau}\,\frac{\tau}{T_A}\left\{\left|\frac{\sin \pi f_0 \tau}{\pi f_0 \tau}\right|\cos\left(2\pi f_0 t - \pi\left[f_0\tau + \tfrac{1}{2}\left(1 - \mathrm{sgn}(\sin(\pi f_0 \tau))\right)\right]\right)\right. +$$

$$+ \sum_{n=1}^{\infty}\left[\left|\frac{\sin \pi(n f_A - f_0)\tau}{\pi(n f_A - f_0)\tau}\right|\cos\left[2\pi(n f_A - f_0)t - \pi\left[(n f_A - f_0)\tau + \tfrac{1}{2}\left(1 - \mathrm{sgn}(\sin(\pi(n f_A - f_0)\tau))\right)\right]\right]\right. +$$

$$\left. \left. + \left|\frac{\sin \pi(n f_A - f_0)\tau}{\pi(n f_A - f_0)\tau}\right|\cos\left[2\pi(n f_A - f_0)t - \pi\left[(n f_A - f_0)\tau + \tfrac{1}{2}\left(1 - \mathrm{sgn}(\sin(\pi(n f_A - f_0)\tau))\right)\right]\right]\right]\right\}$$

$$(3.24)$$

3.5 Abtasttheorem

Dieses Theorem besagt, daß eine bandbegrenzte Funktion durch
ihre Werte bei den Abtastzeitpunkten vollständig beschrieben
ist. Dann ist es auch möglich, durch Signalinterpolation die
abgetastete Funktion aus dem Abtastsignal wiederzugewinnen.
Voraussetzung dafür ist aber, wie unmittelbar aus Bild 3.3
hervorgeht, daß zwischen Grenzfrequenz f_g des abgetasteten
Signals $u(t)$ und der Abtastfrequenz

$$f_A \geq 2 f_g \tag{3.25}$$

eingehalten wird; sonst tritt eine Überlappung bei der periodischen Wiederholung des Spektrums von $u(t)$ auf, die eine
Wiedergewinnung des abgetasteten Signals verhindert. Die Signalinterpolation zur Wiedergewinnung des Signals $u(t)$ kann
mit einem Tiefpaß erfolgen, der aus dem Spektrum des Abtastsignals das Spektrum des Originalsignals herausfiltert. Im
Idealfall hat dieser Tiefpaß einen Frequenzgang

$$\underline{G}(f) = rect\left(\frac{f}{f_A}\right) \tag{3.26}$$

Die Gewichtsfunktion $g(t)$ dieses idealen Tiefpasses gewinnt
man durch eine inverse Fourier-Transformation

$$g(t) = \int_{-\infty}^{+\infty} rect\left(\frac{f}{f_A}\right) e^{j2\pi ft} df = \int_{-f_A/2}^{+f_A/2} e^{j2\pi ft} df = f_A \frac{sin(\pi f_A t)}{\pi f_A t} \tag{3.27}$$

Schließt sich an den Ausgang eines idealen Abtasters ein Interpolationstiefpaß nach Gl. (3.26) an, so erhält man für dessen
Ausgangssignal mit Gl. (3.27) und (3.8)

$$u_a'(t) = \frac{u_\delta T_\delta}{u_M T_A} \sum_{n=-\infty}^{+\infty} u(nT_A) \frac{sin\left(\pi \frac{t-nT_A}{T_A}\right)}{\pi \frac{t-nT_A}{T_A}} \tag{3.28}$$

Aus Gl. (3.22) folgt

$$u_a'(t) = u(t) \quad \text{für} \quad \frac{u_\delta\, T_\delta}{u_M\, T_A} = 1 \tag{3.29}$$

So entsteht die wichtige Beziehung

$$u(t) = \sum_{n=-\infty}^{+\infty} u\left(nT_A\right) \frac{\sin\left(\pi\, \frac{t-nT_A}{T_A}\right)}{\pi\, \frac{t-nT_A}{T_A}} \tag{3.30}$$

Man kann also eine bandbegrenzte Funktion durch eine unendliche Summe von gegeneinanderverschobenen si-Funktionen darstellen.

Ist $u(t)$ eine bandbegrenzte Funktion mit der Grenzfrequenz f_g , so läßt sich das Abtasttheorem durch das Blockschaltbild nach Bild 3.4 erläutern.

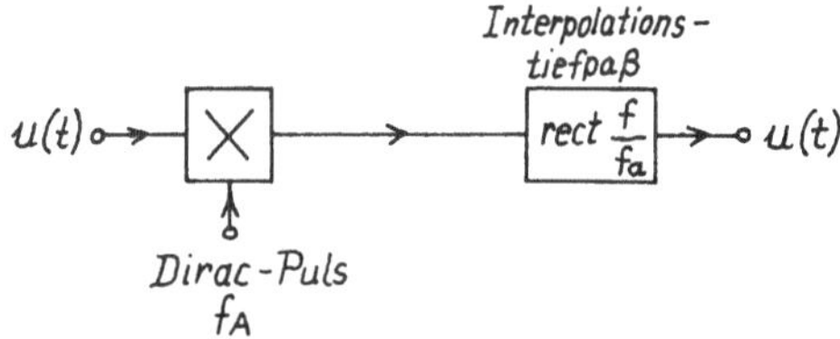

Bild 3.4   Blockschaltbild zum Abtasttheorem

Voraussetzungen für die Gültigkeit des Blockschaltbildes sind

$$f_g < \frac{f_A}{2} \quad \text{und} \quad \frac{T_\delta\, u_\delta}{T_A\, u_M} = 1 \tag{3.31}$$

Der Übergang zum realen Abtaster wird vollzogen, indem sich an den idealen Abtaster ein Formfilter mit dem Frequenzgang $\underline{G}(f)$ anschließt und vor oder nach dem Interpolationstiefpaß ein Entzerrerfilter mit dem Frequenzgang $\underline{G}^{-1}(f)$ gesetzt wird. Man erhält dann das Blockschaltbild nach Bild 3.5. Auf der Strecke zwischen dem Formfilter und dem Entzerrerfilter gibt es also eine Folge von realen Impulsen. Eine Verzerrung der Impulse

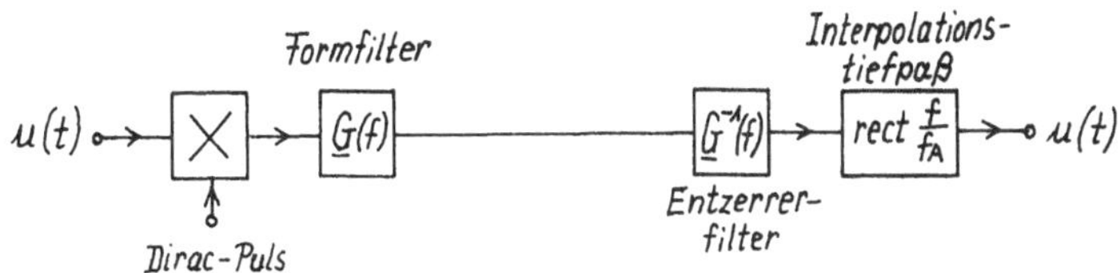

Bild 3.5 Übertragungsstrecke mit Zeitquantisierung
und realen Impulsen

darf nicht stattfinden. Dies wird dadurch erreicht, daß sich
die Strecke zwischen Formfilter und Entzerrungsfilter aus einem verzerrenden Kanal und einem nachfolgenden Regenerativverstärker (s. Abschn. 4.6, 9 und 10), der die ursprüngliche
Form der Impulse am Kanaleingang wiederherstellt, zusammensetzt.
Ein bandbegrenztes Signal ist durch die Signalwerte zu periodisch sich wiederholenden Abtastzeitpunkten vollständig beschrieben. Dies kann zur Mehrfachausnutzung von Kanälen verwendet werden. Die Signalwerte zu den Abtastzeitpunkten werden
durch die Flächeninhalte schmaler Impulse dargestellt. Zwischen den einzelnen Impulsen kann der Kanal daher zur Übertragung anderer zeitdiskreter Signale verwendet werden. Diese
Form der Mehrfachausnutzung wird Zeitmultiplex (s.Abschn. 13)
genannt.

3.6 Signalinterpolation

Im Abschn. 3.5 werden zwei Bedingungen für die Wiedergewinnung
des Originalsignals nach der Abtastung genannt:
a. Für die Abtastfrequenz muß gelten

$$f_g \leq \frac{f_A}{2} \tag{3.32}$$

b. Der Interpolationstiefpaß hat den Frequenzgang

$$\underline{G}(f) = rect\left(\frac{f}{f_A}\right) \tag{3.33}$$

Gelingt es, diesen idealen Frequenzgang zu verwirklichen, so darf die Grenzfrequenz des abzutastenden Signals der halben Abtastfrequenz beliebig nahe kommen. Realisierbare Tiefpässe bewirken immer eine nacheilende Phasenverschiebung der einzelnen spektralen Komponenten und somit eine Verzögerung. Wird dem Interpolationstiefpaß nach Gl. (3.33) eine Verzögerungsleitung mit der Laufzeit τ nachgeschaltet, so erhält man den Frequenzgang

$$\underline{G}'(f) = rect\left(\frac{f}{f_A}\right) e^{-j2\pi f\tau} \tag{3.34}$$

der noch als ideal zu bezeichnen ist.
Realisierbar ist z. B. der Butterworth-Frequenzgang $\underline{E}(f)$.
Mit der Ordnungszahl n und der 3dB-Grenzfrequenz $f_{g\,3dB}$ gilt für den Amplitudengang

$$\left|\underline{E}(f)\right| = \frac{1}{\sqrt{1+\left(f/f_{g\,3dB}\right)^{2n}}} \tag{3.35}$$

Die Flankensteilheit im Amplitudendiagramm nach Bode ist

$$S = n\,20\frac{dB}{Dekade} \tag{3.36}$$

Sie ist der Ordnungszahl n des Butterworth-Filters [58] proportional. Die Grenzfrequenz f_g des abgetasteten Signals darf der halben Abtastfrequenz um so näher kommen, je steiler die Flanke des Tiefpasses ist. Da der ideale Amplitudengang des Interpolationstiefpasses nach Gl. (3.34) nur angenähert werden kann, enthält das durch Interpolation wiedergewonnene Signal grundsätzlich immer unerwünschte, durch den Abtastvorgang her-

vorgerufene Signalanteile, die durch Steigerung der Ordnungszahl des Filters beliebig klein gemacht werden können.
Neben dem Amplitudengang zeigt auch der Phasengang eines But-
terworth-Tiefpasses erhebliche Abweichungen vom Idealfall nach
Gl. (3.34). Sie können durch nachgeschaltete Allpässe korrigiert werden. In vielen Fällen kann jedoch darauf verzichtet
werden, da Veränderungen des Nullphasenwinkels der komplexen
Frequenzfunktion $\underline{U}(f)$ nach Gl. (2.20) eines Signals $u(t)$
häufig zulässig sind.

3.7 Entzerrung

In Bild 3.5 aus Abschn. 3.5 wird gezeigt, daß auf der Empfängerseite neben dem Interpolationstiefpaß ein Entzerrerfilter
erforderlich ist, dessen Frequenzgang der Kehrwert des Frequenzganges des Formfilters sein muß. Das Formfilter im theoretischen Modell des Abtasters verwandelt die Dirac-Impulse
in tatsächlich verwendete Impulse. Somit hängt der erforderliche Frequenzgang ab von der Form der verwendeten Impulse.
Besonders häufig sind Rechteckimpulse, weil sie leicht zu erzeugen sind. Mit der Impulsdauer τ ist dann nach Gl. (3.14)
der erforderliche Frequenzgang des Entzerrerfilters

$$\underline{E}_E(f) = \underline{G}^{-1}(f) = \frac{\pi f \tau}{\sin(\pi f \tau)}\; e^{j\pi f \tau} \qquad (3.37)$$

Während sich für den Frequenzgang $\underline{G}(f)$ des Formfilters ein
Realisierungsproblem nicht ergibt, weil das Formfilter nur in
der theoretischen Beschreibung, nicht aber in der praktischen
Schaltungstechnik vorhanden ist, muß der Entzerrungsfrequenz-
gang in dem Bereich, in dem die Frequenzfunktion $\underline{U}(f)$ nach
Gl. (2.20) des abgetasteten Signals $u(t)$ von Null verschieden
ist, d. h. bis zur halben Abtastfrequenz, möglichst genau verwirklicht werden.Dies ist möglich mit einer Schaltung nach
Bild 3.6

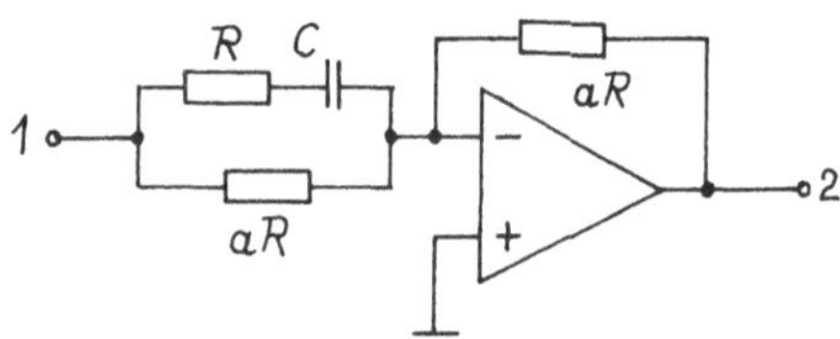

Bild 3.6   Entzerrerschaltung

3.8 Schaltungen

Abtasten heißt, einem analogen Signal zum Abtastzeitpunkt
einen Funktionswert zu entnehmen und einen Impuls zu erzeugen,
dessen Fläche dem Funktionswert proportional ist. Schaltungstechnisch ist ein Rechteckimpuls am einfachsten zu verwirklichen. Soll eine andere Impulsform verwendet werden, so bildet
man sie aus dem Rechteckimpuls durch ein lineares Formfilter.
Häufig wird die Impulsdauer τ gleich der Abtastperiode T_A
gemacht. Die Schaltung stellt in diesem Fall ein Abtast-Halte-
Glied (engl.: Sample and Hold) dar, bei dem der abgetastete
Funktionswert bis zum nächsten Abtastzeitpunkt gehalten wird.
Bild 3.7 zeigt ein zu einer Sinusspannung gehörendes Abtast-

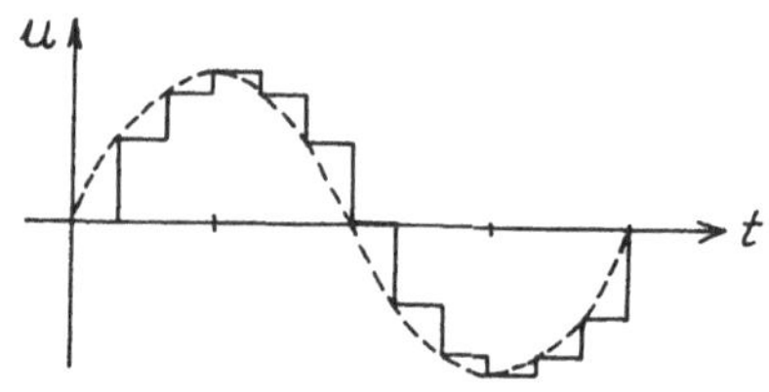

Bild 3.7   Sinussignal und zugehöriges
Abtast-Halte-Signal

Halte-Signal.

Die Zeitquantisierung ist der erste Schritt auf dem Wege zu einem digitalen Signal. Es folgen die Amplitudenquantisierung (s. Abschn. 5) und die Codierung (s. Abschn. 6). Beide Vorgänge benötigen jedoch Zeit; daher ist eine Abtast-Halte-Schaltung in diesem Fall erforderlich. Wird eine Amplitudenquantisierung nicht durchgeführt, so gelangt das zeitquantisierte Signal in der Regel zur Mehrfachausnutzung eines Kanals auf einen Multiplexer(s. Abschn. 13), der das Abtast-Halte-Signal nur für einen kurzen Zeitabschnitt auf den Kanal schaltet und so einen kurzen Rechteckimpuls erzeugt.

Das Prinzip der Abtast-Halte-Schaltung verdeutlicht Bild 3.8. Der Schalter S wird jeweils zu den Abtastzeitpunkten für eine

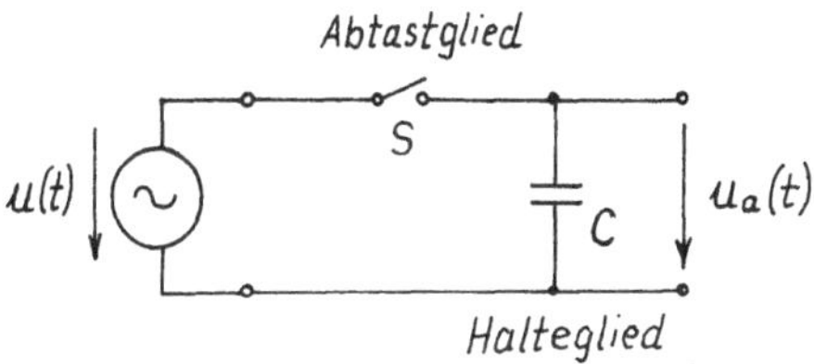

Bild 3.8 Prinzip der Abtast-Halte-Schaltung

sehr kurze Zeit τ_A geschlossen, um den Kondensator C auf den Zeitwert $u(t_A)$ der Spannung $u(t)$ zum Abtastzeitpunkt t_A aufzuladen.

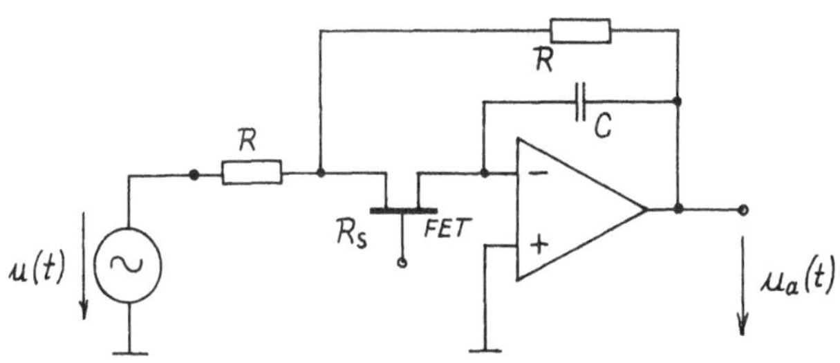

Bild 3.9 Schaltung eines Abtast-Haltegliedes

Eine praktische Realisierung des Prinzips der Abtast-Halte-
Schaltung zeigt Bild 3.9. Der Haltekondensator C befindet
sich im Gegenkopplungszweig eines Operationsverstärkers, und
der Schalter wird durch einen Feldeffekttransistor verwirk-
licht, an dessen Gate zu den Abtastzeitpunkten ein schmaler
Rechteckimpuls der Dauer τ_A gelegt wird. Mit dem Drain-
Source-Widerstand R_S des Feldeffekttransistors läßt sich die
Differentialgleichung

$$\frac{du_a}{dt} + \frac{1}{(R+2R_S)C}\, u_a = -\frac{1}{(R+2R_S)C}\, u \qquad (3.38)$$

aufstellen. Der Grenzübergang $R_S \to \infty$ ergibt $du_a/dt = 0$, d.h.
die Ausgangsspannung ändert sich nicht. Bei hochohmigem Feldeffekttransistor liegt also der Haltezustand vor. Ist der Tran-
sistor niederohmig, so lädt sich der Kondensator C auf den
Zeitwert der abzutastenden Spannung $u(t)$ auf. Die Abtastzeit-
spanne τ_A muß so klein gewählt werden, daß die Spannung
$u(t)$ innerhalb dieser Zeit als konstant angesehen werden
kann.
Eine andere praktische Realisierung zeigt Bild 3.10. Die

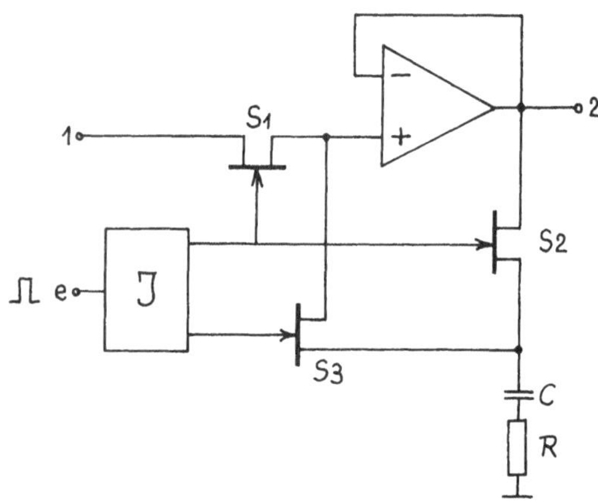

Bild 3.10 Schaltung eines Abtast-Haltegliedes

Schaltung enthält einen gegengekoppelten Operationsverstärker
mit niederohmigem Ausgang und hochohmigem Eingang. Drei durch
Feldeffekttransistoren verwirklichte Schalter S_1 , S_2 und
S_3 werden über eine Impulsaufbereitung J angesteuert. Er-
scheint am Eingang e der Impulsaufbereitung ein positiver
Rechteckimpuls, so sind für die Dauer des Impulses die Schalter S_1 und S_2 geschlossen und der Schalter S_3 geöffnet.
Der Kondensator C wird über den niederohmigen Ausgang des
Operationsverstärkers auf den Augenblickswert der Spannung am
Eingang 1 aufgeladen. Dabei bewirkt der Widerstand R eine
Strombegrenzung. Nach dem Verschwinden des Impulses am Eingang
e sind die Schalter S_1 und S_2 geöffnet und der Schalter
S_3 geschlossen. Somit kann die Spannung des Kondensators
C , der jetzt am hochohmigen Eingang des Operationsverstärkers liegt, am Ausgang 2 niederohmig abgenommen werden.

3.9 Beispiele

Für die Dimensionierung des <u>Interpolationstiefpasses</u> können
folgende Aufgabenstellungen unterschieden werden:

a) Die höchste in einem bandbegrenzten Signal vorkommende
   Frequenz sei f_g . Das Signal wird mit einer Frequenz f_A
   abgetastet, die um p Prozent oberhalb der mindestens erforderlichen Abtastfrequenz liegt. Die 3dB-Grenzfrequenz
   $f_{g\,3dB}$ und die Ordnungszahl n eines <u>Butterworth-Tiefpasses</u>
   sind so zu bestimmen, daß die maximale Signalfrequenz höchstens um $a_1\,dB$ und die nächste oberhalb des Signalbandes gelegene Frequenz um mindestens $a_2\,dB$ gedämpft wird. Für die
   <u>Abtastfrequenz</u> gilt

$$f_A = 2 f_g \, (1 + p) \tag{3.39}$$

Aus Gl. (3.35) erhält man für die Dämpfung eines Butter-
Tiefpasses

76

$$a = 10 \, lg \left[1 + \left(\frac{f}{f_{g\,3dB}} \right)^{2n} \right] \tag{3.40}$$

Die nächste oberhalb des Signalbandes gelegene <u>Störfrequenz</u> ist nach G. (3.22)

$$f_{St\ddot{o}r} = 2 f_g \left(1 + p\right) - f_g \tag{3.41}$$

Für die Dämpfung dieser Frequenz gilt mit Gl. (3.40)

$$10^{\frac{a_2}{10}} - 1 = \left(\frac{f_g \left[2(1+p) - 1 \right]}{f_{g\,3dB}} \right)^{2n} \tag{3.42}$$

und für die Dämpfung der höchsten Signalfrequenz f_g

$$10^{\frac{a_1}{10}} - 1 = \left(\frac{f_g}{f_{g\,3dB}} \right)^{2n} \tag{3.43}$$

Bildet man den Quotienten aus Gl. (3.42) und Gl. (3.43), so erhält man

$$\frac{10^{\frac{a_2}{10}} - 1}{10^{\frac{a_1}{10}} - 1} = \left(2p + 1 \right)^{2n} \tag{3.44}$$

Dieser Ausdruck wird nach der Ordnungszahl n aufgelöst. Da diese immer ganzzahlig sein muß, wird jeweils der nächsthöhere ganzzahlige Wert gewählt. Man erhält

$$n = 1 + Int \left\{ \frac{1}{2} \, \frac{ln \frac{10^{\frac{a_2}{10}} - 1}{10^{\frac{a_1}{10}} - 1}}{ln \left(2p + 1 \right)} \right\} \tag{3.45}$$

Die erforderliche 3dB-Grenzfrequenz

$$f_{g\,3dB} = f_g \, \frac{1}{\left(10^{\frac{a_1}{10}} - 1 \right)^{\frac{1}{2n}}} \tag{3.46}$$

des Tiefpasses ergibt sich aus Gl. (3.43)

b) Ein bandbegrenztes Signal mit der höchsten Frequenz f_g wird abgetastet. Die Interpolation wird mit einem Butterworth-Tiefpaß der Ordnung n durchgeführt. Die Abtastfrequenz

f_A und die 3dB-Grenzfrequenz $f_{g\,3dB}$ des Tiefpasses sind so zu bestimmen, daß die maximale Signalfrequenz um höchstens $a_1\,dB$ und die nächste oberhalb des Signalbandes gelegene Frequenz um mindestens $a_2\,dB$ gedämpft wird. Für die maximale Signalfrequenz gilt

$$10^{\frac{a_1}{10}} - 1 = \left(\frac{f_g}{f_{g3dB}}\right)^{2n} \tag{3.47}$$

und für die nächste oberhalb des Bandes gelegene Frequenz $f_A - f_g$

$$10^{\frac{a_2}{10}} - 1 = \left(\frac{f_A - f_g}{f_{g\,3dB}}\right)^{2n} \tag{3.48}$$

Der Quotient aus Gl. (3.48) und Gl. (3.47) ergibt

$$\frac{10^{\frac{a_2}{10}} - 1}{10^{\frac{a_1}{10}} - 1} = \left(\frac{f_A}{f_g} - 1\right)^{2n} \tag{3.49}$$

Für die Abtastfrequenz erhält man somit aus Gl. (3.49)

$$f_A = f_g \left[1 + \left(\frac{10^{\frac{a_2}{10}} - 1}{10^{\frac{a_1}{10}} - 1}\right)^{\frac{1}{2n}} \right] \tag{3.50}$$

Aus Gl. (3.47) ergibt sich die 3dB-Grenzfrequenz

$$f_{g\,3dB} = f_g \frac{1}{\left(10^{\frac{a_1}{10}} - 1\right)^{\frac{1}{2n}}} \tag{3.51}$$

Zusätzlich zum Interpolationstiefpaß wird auf der Empfangsseite noch ein <u>Entzerrerfilter</u> benötigt, dessen Frequenzgang von der Form der verwendeten Impulse abhängt. Es soll der Frequenzgang für einen Sinusimpuls der Dauer τ

$$g(t) = \begin{cases} \frac{\pi}{2\tau} \cos\left(\pi \frac{t}{\tau}\right) & \\ & \text{für} \quad \begin{array}{l} |t| \leq \frac{\tau}{2} \\ |t| > \frac{\tau}{2} \end{array} \\ 0 & \end{cases} \tag{3.52}$$

ermittelt werden. Dieser Impuls wird im theoretischen Modell des Abtasters durch lineare Filterung aus einem Dirac-Impuls gewonnen. Der Frequenzgang $F_F(f)$ dieses Formfilters ist also die Fourier-Transformierte des Impulses $g(t)$. Es gilt somit für den kompletten Frequenzgang

$$\underline{F}_F(f) = \int\limits_{-\infty}^{+\infty} g(t)\, e^{-j2\pi ft}\, dt \qquad (3.53)$$

Durch Einsetzen wird daraus mit Gl. (3.52) und Gl. (2.135)

$$\underline{F}_F(f) = 2 \int\limits_0^{\tau/2} \frac{\pi}{2\tau}\, \cos\left(\pi\, \frac{t}{\tau}\right) \cos\left(2\pi ft\right) dt \qquad (3.54)$$

Mit dem Additionstheorem für das Produkt zweier Kosinusfunktionen ergibt die Integration

$$\underline{F}_F(f) = \pi\, \frac{\cos(\pi f \tau)}{1 - 4\tau^2 f^2} \qquad (3.55)$$

Der erforderliche Frequenzgang des Entzerrerfilters ist somit

$$\underline{F}_E(f) = \underline{F}_F^{-1}(f) = \frac{1 - 4\tau^2 f^2}{\cos(\pi f \tau)} \qquad (3.56)$$

Er muß in dem Bereich, in dem das abgetastete Signal spektrale Komponenten hat, möglichst gut angenähert werden.

4. Verzerrungsfreie Übertragung

Elektrische Signale werden über Nachrichtenkanäle übertragen. Man unterscheidet dabei die
- Basisbandübertragung und die
- trägerfrequente Übertragung, bei der die Basisbandsignale einem Sinusträger in Amplituden-, Phasen- oder Frequenzmodulation (s. Abschn. 14) aufgebürdet werden.

Die Überlegungen dieses Abschnitts beziehen sich auf die Basisbandsignale. Eine gewisse Veränderung der Signale bei der Übertragung ist unvermeidlich. Es gibt keine idealen Kanäle. Die
Ursachen für die Signalveränderungen sind
- die linearen und nichtlinearen Verzerrungen des Kanals und
- die von außen in den Kanal eindringenden Störungen.
Im Vordergrund der folgenden Betrachtung sollen die im komplexen Frequenzgang zum Ausdruck kommenden linearen Verzerrungen
stehen, insbesondere die erforderliche Bandbreite der für die
Basisbandsignale benötigten Tiefpaßkanäle. Es werden zeitkon-
tinuierliche und zeitdiskrete Übertragungssysteme einander
gegenübergestellt.

4.1 Analoge Übertragungssysteme

Hier stecken die zu übertragenden Informationen im zeitlichen
Verlauf $u_e(t)$ der Eingangsspannung eines Übertragungskanals.
Die an den Kanal zu stellenden Bedingungen für eine verzerrungsfreie Übertragung werden zunächst im Zeitbereich formuliert. Dabei muß angegeben werden, welche Signalveränderungen
zulässig sind, ohne daß ein Informationsverlust vorliegt. Bei
analogen Signalen sind in der Regel zulässig
- eine zeitliche Verzögerung τ und
- eine Multiplikation des Signals mit einem konstanten Faktor
  v .
In mathematischer Formulierung muß für die Ausgangsspannung
des Kanals gelten

$$u_a(t) = v\,u_e(t - \tau)$$

(4.1)

Für nachrichtentechnische Überlegungen und Planungen muß diese
Gleichung in den Frequenzbereich transponiert werden, d. h. es
ist der komplexe Frequenzgang des Kanals zu bestimmen. Nach
Abschn. 2 findet man den komplexen Frequenzgang als Quotient
der Fourier-Transformierten am Ausgang und am Eingang. Unterzieht man Gl. (4.1) der Fourier-Transformation, so erhält man

$$\int_{-\infty}^{+\infty} u_a(t)\, e^{-2\pi ft}\, dt = v \int_{-\infty}^{+\infty} u_e(t-\tau)\, e^{-j2\pi ft}\, dt \qquad (4.2)$$

Substituiert man auf der rechten Seite $\Theta = t - \tau$, so wird daraus

$$\int_{-\infty}^{+\infty} u_a(t)\, e^{-j2\pi ft}\, dt = v\, e^{-j2\pi f\tau} \int_{-\infty}^{+\infty} u_e(\Theta)\, e^{-j2\pi f\Theta}\, d\Theta \qquad (4.3)$$

Somit ist der komplexe Frequenzgang des Kanals

$$\underline{F}(f) = v\, e^{-j2\pi f\tau} \qquad (4.4)$$

Es genügt, wenn dieser Frequenzgang in dem Bereich, in dem das zu übertragende Signal spektrale Komponenten hat, gewährleistet werden kann.

4.2 Zeitdiskretes Übertragungssystem

Hier werden Signale der Klassen 2 und 4 übertragen, d. h. isochrone Signale, die charakterisiert werden durch
- einen Grundimpuls $g(t)$ mit der Fläche 1
- einen Amplitudenfaktor $a(n)$ und
- ein festes Zeitraster der Breite T_0

Mit der Spannungszeitfläche eines Impulses $U_0 T_0$ und der Folge reiner Zahlen $a(n)$ lautet die mathematische Formulierung der isochronen Signale

$$u(t) = u_0 T_0 \sum_{n=-\infty}^{+\infty} a(n)\, g(t - nT_0) \qquad (4.5)$$

Wird für den Grundimpuls die Rechteckform gewählt, so hat das Signal ein Aussehen nach Bild 4.1. Rechteckige Impulse haben nach Abschn. 2 ein Spektrum, das unendlich ausgedehnt ist. Die Bandbreite aller Übertragunskanäle ist aber begrenzt. Somit ist eine Veränderung der Impulsform bei der Übertragung unvermeidlich.

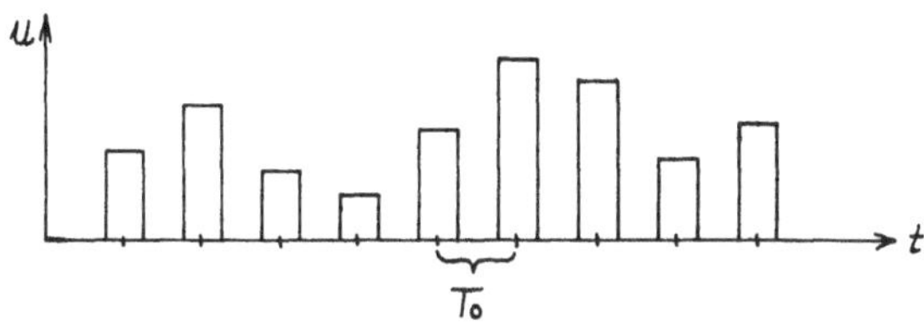

Bild 4.1 Zeitdiskretes Signal

Da die Form der gesendeten Impulse gleichbleibt, enthält sie
auch keine Information. <u>Somit muß eine Veränderung der Impulsform keinen Informationsverlust bedeuten.</u> Die Information
steckt bei den zeitdiskreten Signalen in der Höhe der Impulse.
Stimmt also bis auf einen konstanten Faktor das Empfangssignal
zu den Zeitpunkten $t_n = nT_0$ mit dem Sendesignal überein, so
liegt eine Übertragung ohne Informationsverlust vor, obwohl am
Empfangsort nicht erkennbar ist, daß ein zeitdiskretes Signal
gesendet wurde.

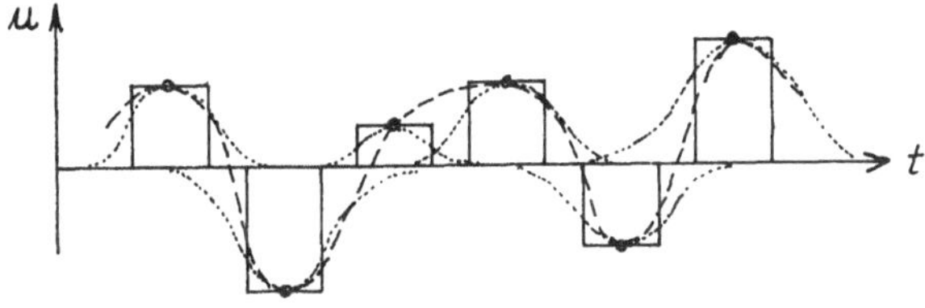

Bild 4.2 Veränderung eines zeitdiskreten Signals bei der
          Übertragung. ——— Sendesignal, ·········· Einzelimpulse
          am Empfangsort, ————— Empfangsfunktion

In Bild 4.2 ist ausgezogen ein zeitdiskretes Sendesignal mit
Rechteckimpulsen, punktiert die Einzelimpulse am Empfangsort
und gestrichelt die Empfangsfunktion gezeichnet. Wegen der begrenzten Bandbreite des Kanals werden die Impulse abgeflacht
und verbreitert. Somit überlagern sich einem Impuls die Ausläufer der vorhergehenden Impulse. Man spricht von <u>Intersym-
bolinterferenz</u> oder <u>Nachbarzeichenbeeinflussung</u>.
Man kann ein zeitdiskretes Übertragungssystem durch das in
Bild 4.3 wiedergegebene Blockschaltbild beschreiben. Die zu

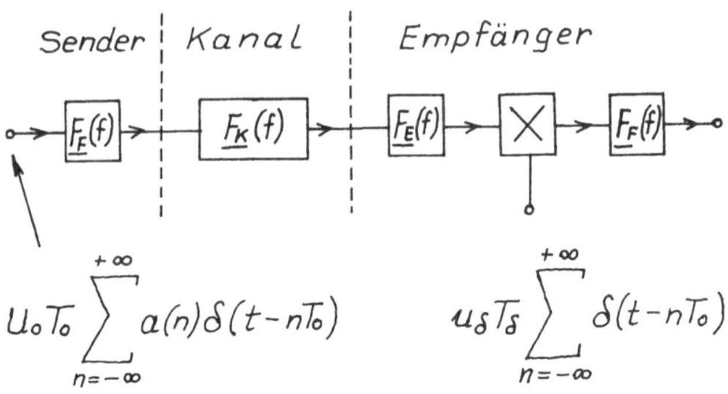

Bild 4.3   Zeitdiskretes Übertragungssystem

sendende Information liegt zunächst in der Spannungszeitfläche
von Dirac-Impulsen

$$u_S = u_o T_o \sum_{n=-\infty}^{+\infty} a(n)\,\delta(t-nT_o) \tag{4.6}$$

die durch das Formfilter mit dem Frequenzgang $\underline{F_F}(f)$ in Rechteckimpulse verwandelt werden. Diese Impulse gelangen als Sendeimpulse in den Kanal und werden von diesem verzerrt. Auf der
Empfängerseite folgt zunächst ein Entzerrerfilter, das dafür
sorgen soll, daß die Funktionswerte an seinem Ausgang zu den
Zeitpunkten $t_n = nT_o$ bis auf einen konstanten Faktor mit den
Funktionswerten des Sendersignals am Kanaleingang übereinstimmen. Auf das Entzerrerfilter folgt ein idealer Abtaster und

ein Formfilter mit dem Frequenzgang $\underline{F}_F(f)$. Bei idealer Entzerrung stimmt das Signal am Empfängerausgang mit dem Signal am Kanaleingang bis auf einen konstanten Faktor und eine evtl. Verzögerung überein. Daher nennt man diesen Empfänger auch einen Regenerativverstärker (s. Abschn. 9 und 10).
Die Bedingungen für eine verzerrungsfreie Übertragung einer zeitdiskreten Übertragungsstrecke werden im ersten Nyquist-Kriterium formuliert. Wichtig ist, daß im Empfänger das Zeitraster bekannt sein muß. Die Rückgewinnung der Impulsfolge- bzw. Taktfrequenz $f_0 = 1/T_0$ ist Gegenstand des zweiten Nyquist-Kriteriums (s. Abschn. 10)

4.3 Erstes Nyquist-Kriterium

Obwohl bereits seit über 100 Jahren zeitdiskrete elektrische Nachrichtenübertragungen durchgeführt wurden, sind erst im Jahre 1928 von Nyquist [45] die Bedingungen für eine verzerrungsfreie Übertragung von Impulsen formuliert worden. Eine wesentliche Verallgemeinerung dieser Bedingungen wurde 1965 von Gibby und Smith [16] angegeben. Sie wird im Anhang A2 erläutert.

4.3.1 Zeitbereich

Zur Formulierung des ersten Nyquist-Kriteriums im Zeitbereich werde von Bild 4.3 ausgegangen. Ist die Eingangsspannung des Formfilters im Sender

$$u_S(t) = U_0 T_0 \sum_{n=-\infty}^{+\infty} a(n)\, \delta(t - nT_0) \qquad (4.7)$$

und $h(t)$ die Gewichtsfunktion der Kettenschaltung aus Formfilter, Kanal und Entzerrerfilter, so erhält man für die Ausgangsspannung des Entzerrerfilters

$$u_E(t) = U_0 T_0 \sum_{n=-\infty}^{+\infty} a(n)\, h(t - nT_0) \qquad (4.8)$$

Bei dem Sendesignal nach Gl. (4.7) liegt die Information in den Spannungszeitflächen der Dirac-Impulse, die man durch Integration erhält. Mit dem Kronecker-Symbol

$$\delta_{nk} = \begin{cases} 1 \\ 0 \end{cases} \quad \text{für} \quad \begin{matrix} n = k \\ n \neq k \end{matrix} \qquad (4.9)$$

gilt für die Spannungszeitflächen der Dirac-Impulse an den Stellen $t = kT_o$ mit dem Integrationsintervall 2Θ

$$u_t(kT_o) = \int\limits_{kT_o - \Theta}^{kT_o + \Theta} u_s(t)\,dt = U_o T_o \sum_{n=-\infty}^{+\infty} a(nT_o)\,\delta_{nk} \qquad (4.10)$$

Eine verzerrungsfreie Übertragung ist gegeben, wenn auf der Strecke die Ausgangsspannung des Entzerrerfilters $u_E(t)$ zu den Zeiten $t = kT_o$ den Spannungszeitflächen der Dirac-Impulse des Sendesignals zu den Zeiten $t = kT_o$ proportional ist, d.h. wenn

$$u_t(kT_o) = K\,u_E(kT_o) \qquad (4.11)$$

gilt. Setzt man in Gl. (4.8) $t = kT_o$, so erhält man

$$u_E(kT_o) = U_o T_o \sum_{n=-\infty}^{+\infty} a(n)\,h\big([k-n]T_o\big) \qquad (4.12)$$

Aus Gl. (4.11) für die verzerrungsfreie Übertragung erhält man mit Gl. (4.10) und (4.12) die mathematische Formulierung des 1. Nyquist-Kriteriums im Zeitbereich

$$\delta_{nk} = K\,h\big([k-n]T_o\big) \qquad (4.13)$$

Die Antwort des Übertragungssystems auf einen senderseitigen Dirac-Impuls zur Zeit $t = kT_o$ muß zu den Zeiten $t = (k-n)T_o$ für $k = n$ einen von Null verschiedenen Wert haben und für $k \neq n$ verschwinden.

4.3.2 Frequenzbereich

Den komplexen Frequenzgang $\underline{F}(f)$ der gesamten Übertragungsstrecke erhält man als Fourier-Transformierte der Gl. (4.13) erfüllenden Gewichtsfunktion $h(t)$. Von dieser sind die Funktionswerte zu den Zeiten $t = nT_o$ bekannt. Zur Berechnung des vollständigen Zeitverlaufs kann die in Abschn. 3 hergeleitete Darstellung einer bandbegrenzten Funktion

$$h(t) = \sum_{n=-\infty}^{+\infty} h(nT_0) \, \frac{\sin\left(\pi \frac{t-nT_0}{T_0}\right)}{\pi \frac{t-nT_0}{T_0}} \tag{4.14}$$

herangezogen werden, die die Berechnung einer Zeitfunktion aus diskreten Funktionswerten zu den Zeiten $t = nT_0$ gestattet, wenn die Zeitfunktion oberhalb einer Grenzfrequenz $f_g = \frac{1}{2T_0}$ keine spektralen Komponenten hat und somit bandbegrenzt ist. Mit den Funktionswerten der Gewichtsfunktion

$$h(nT_0) = \begin{cases} h_0 & n=0 \\ 0 & n \neq 0 \end{cases} \quad \text{für} \tag{4.15}$$

erhält man

$$h(t) = h_0 \, \frac{\sin\left(\frac{\pi t}{T_0}\right)}{\frac{\pi t}{T_0}} \tag{4.16}$$

Dies ist dann eine für Impulse am Ausgang des Entzerrerfilters der Übertragungsstrecke zulässige Impulsform. Die Fourier-Transformation des Impulses nach Gl. (4.16) ergibt

$$\underline{F}(f) = \int_{-\infty}^{+\infty} h_0 \, \frac{\sin\left(\pi \frac{t}{T_0}\right)}{\pi \frac{t}{T_0}} \, e^{-j2\pi ft} dt = h_0 T_0 \, \text{rect}\left(\frac{f}{2f_g}\right) \tag{4.17}$$

Damit ist ein Gesamtfrequenzgang $\underline{F}(f)$ gefunden, der eine verzerrungsfreie Übertragung zeitdiskreter Signale ermöglicht. Allerdings ist die Steilheit der Nulldurchgänge der Funktion $h(t)$ so groß, daß bereits geringe Abweichungen von den Abtastzeitpunkten eine erhebliche Intersymbolinterferenz zur Folge haben. Daher finden in der Praxis modifizierte Frequenzgänge Anwendung.

Transformiert man Gl. (4.14) in den Frequenzbereich, so erhält man

$$\underline{F}(f) = T_0 \, \text{rect}\left(\frac{f}{2f_g}\right) \sum_{n=-\infty}^{+\infty} h(nT_0) \, e^{-j2\pi fnT_0} \tag{4.18}$$

Werden die Funktionswerte für die Gewichtsfunktion nach Gl. (4.15) durch weitere Werte ergänzt, so bleibt das 1. Nyquist-Kriterium erfüllt. Man legt jeweils in der Mitte zwischen zwei Funktionswerten nach Gl. (4.15) einen weiteren Wert fest. Für die Funktionswerte der Gewichtsfunktion $h(t)$ erhält man somit

$$h\left(n\,\tfrac{T_0}{2}\right) = h_0 \begin{cases} 1 & n=0 \\ \tfrac{1}{2} & \text{für} \quad n = \pm 1 \\ 0 & n = \pm 2, \pm 3, \dots \end{cases} \tag{4.19}$$

Der Frequenzgang ist dann mit Gl. (4.18)

$$\underline{F}(f) = \frac{1}{2}T_0 h_0\,\operatorname{rect}\frac{f}{1/T_0}\left(1+\frac{1}{2}e^{j2\pi f\frac{T_0}{2}}+\frac{1}{2}e^{-j2\pi f\frac{T_0}{2}}\right)=\frac{1}{2}T_0 h_0\,\operatorname{rect}\frac{f}{1/T_0}\left[1+\cos\left(2\pi f\,\frac{T_0}{2}\right)\right] \tag{4.20}$$

In Bild 4.4 ist der Betrag dieses Frequenzganges

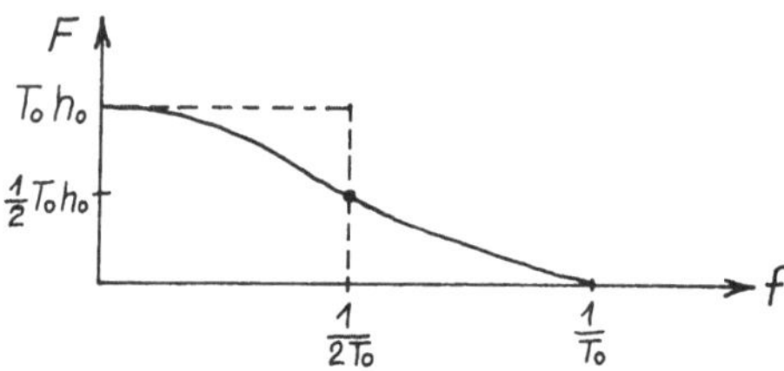

Bild 4.4   Modifizierter Gesamtfrequenzgang

dargestellt. Gestrichelt ist der Frequenzgang nach Gl. (4.17) eingezeichnet. Man hat bei dem modifizierten Frequenzgang eine kosinusförmige Abflachung der Flanke und den doppelten Bandbreitenbedarf. Die zusätzlichen Nullstellen zwischen den Abtastzeitpunkten bewirken eine wesentlich geringere Steilheit der Nulldurchgänge bei den Abtastzeitpunkten. Die modifizierte Gewichtsfunktion

$$h(t) = h_0\,\frac{\sin \pi\frac{t}{T_0}}{\pi\frac{t}{T_0}}\,\frac{\cos \pi\frac{t}{T_0}}{1-4\left(\frac{t}{T_0}\right)^2} \tag{4.21}$$

erhält man durch inverse Fourier-Transformation aus Gl.(2.21).
Häufig wird zwischen dem Frequenzgang nach Gl. (4.17) mit der
mindestens erforderlichen Bandbreite $\frac{1}{2T_0}$ und dem Frequenzgang nach Gl. (4.20) mit der doppelt so großen Bandbreite ein
Kompromiß gewählt. Dabei bezieht sich die kosinusförmige Abflachung nur auf einen durch den Roff-Off-Faktor r gekennzeichneten Teilbereich. Man setzt

$$\underline{F}(f) = T_0\, h_0 \begin{cases} 1 & 0 \le f \le \frac{1}{2T_0}(1-r) \\[2mm] \frac{1}{2}\left[1 - \sin\left(2\pi\,\frac{f - \frac{1}{2T_0}}{\frac{2}{T_0}\, r}\right)\right] & \text{für}\quad \frac{1}{2T_0}(1-r) < f < \frac{1}{2T_0}(1+r) \\[2mm] 0 & \frac{1}{2T_0}(1+r) \le f < \infty \end{cases} \qquad (4.22)$$

Der Betrag dieses Frequenzgangs ist in Bild 4.5 dargestellt.

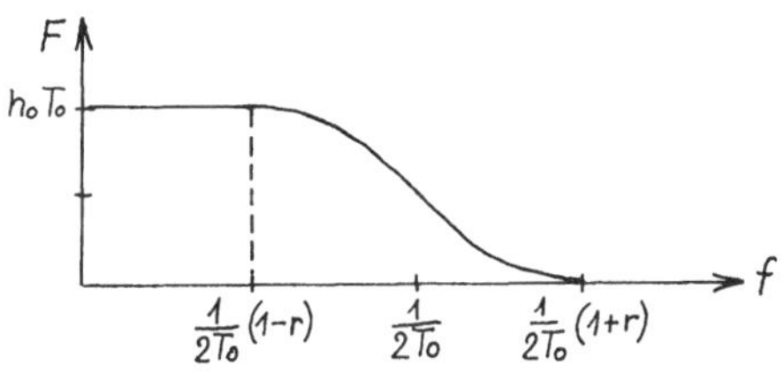

Bild 4.5   Betrag des Gesamtfrequenzganges mit
teilweiser kosinusförmiger Abflachung

Unterzieht man den Gesamtfrequenzgang nach Gl. (4.22) der
inversen Fourier-Transformation nach Gl. (2.21), so erhält
man die Gewichtsfunktion

$$h(t) = h_0\, \frac{\cos\left(r\,\frac{\pi}{T_0}\,t\right)}{1 - 4r^2\,\frac{t^2}{T_0^2}}\; \frac{\sin\left(\pi\,\frac{t}{T_0}\right)}{\pi\,\frac{t}{T_0}} \qquad (4.23)$$

Sie stellt einen Impuls dar, der dem 1. Kriterium im Zeitbereich genügen muß. Dies ist der Fall, weil Gl. (4.23) die Gewichtsfunktion nach Gl. (4.16) als Faktor enthält. Zusätzlich

treten noch Nullstellen auf zu den Zeitpunkten

$$t_k = \frac{2k+1}{2r}\,T_0 \quad , \quad k = 1,2,3\ldots \qquad (4.24)$$

Der Wert des Roll-Off-Faktors liegt im Bereich $0 \leq r \leq 1$. Für $r=1$ hat man den Frequenzgang nach Gl. (4.26) mit abgeflachter Flanke und für $r=0$ den Frequenzgang nach Gl. (4.17) mit unendlich steiler Flanke.

4.4 Abtasttheorem und Nyquist-Kriterium

Zur Verdeutlichung sollen diese beiden Gesetzmäßigkeiten einander gegenübergestellt werden.

Das 1. Nyquist-Kriterium gibt die Bedingungen an, die zwischen der Schrittfrequenz und der Tiefpaßcharakteristik eines Kanals erfüllt sein müssen, damit eine verzerrungsfreie Übertragung von Impulsen, die mit dem zeitlichen Abstand T_0 aufeinander folgen, möglich ist. Mit der Schrittfrequenz $f_T = \frac{1}{T_0}$ und dem Roll-Off-Faktor r gilt für die Grenzfrequenz des Kanals

$$f_g = \frac{f_T}{2}\,(1+r) \qquad (4.25)$$

Bezieht man die Schrittfrequenz auf die Grenzfrequenz, so erhält man

$$\frac{f_T}{f_g} = \frac{2}{1+r} \qquad (4.26)$$

Im Grenzfall für $r=0$ können also höchstens 2 Impulse pro s je Hz Bandbreite übertragen werden.

Gl. (4.26) sagt aus, daß für $r=0$ die Schrittfrequenz f_T genau gleich der doppelten Kanalbandbreite sein muß. Nur dann ist auf der Empfängerseite eine exakte Rekonstruktion der gesendeten Impulse möglich. Das Abtasttheorem gibt an, wie häufig ein bandbegrenztes Signal abgetastet werden muß, damit es im Empfänger fehlerfrei zurückgewonnen werden kann. Die Abtastfrequenz muß im Grenzfall doppelt so groß sein, wie die

Grenzfrequenz des Signals. Beim Nyquist-Kriterium muß im Grenzfall die Schrittfrequenz doppelt so groß sein wie die Grenzfrequenz des Kanals. Trotz der formalen Ähnlichkeit der beiden Aussagen beschreiben die beiden Gesetze unterschiedliche
Sachverhalte.

4.5 Kontrollierte Nachbarzeichenbeeinflussung

Bei der Übertragung von Impulsen über bandbegrenzte Kanäle ist
mit einer Verbreiterung der Impulse und mit Ausschwingen zu

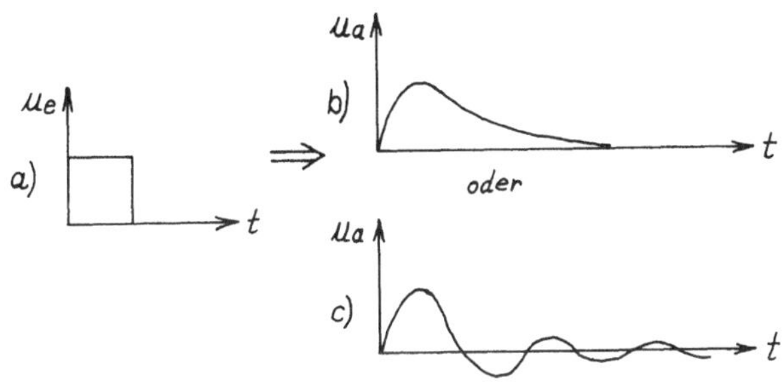

Bild 4.6   Veränderung eines Impulses durch den Kanal
a) Sendeimpuls
b) Kanalantwort bei flacher Flanke des
Kanalamplitudengangs
c) bei steiler Flanke

rechnen. Bild 4.6 zeigt die Umwandlung eines Rechteckimpulses
$u_e(t)$ durch den Kanalfrequenzgang in eine verzerrte Impulsform $u_a(t)$. Durch die Einhaltung des 1. Nyquist-Kriteriums
ist es möglich, die durch die Ausläufer der Impulse hervorgerufene Nachbarzeichenbeeinflussung zu vermeiden. Die maximale
Übertragungsgeschwindigkeit beträgt dann 2 Impulse pro s je
Hz Bandbreite.
Es ist möglich, den Grenzfall der Nyquist-Geschwindigkeit zu
erreichen und sogar zu überschreiten, wenn man eine kontrollierte Nachbarzeichenbeeinflussung zuläßt. Bei binären Sende-

impulsen entstehen dann auf der Empfangsseite ternäre, quaternäre oder höherwertige Impulse (s. Abschn. 2.4 und 6.3)
durch Überlagerung gegenwärtiger binärer Impulse mit den Nachläufern vergangener Impulse.
Kontrollierbar ist die Nachbarzeichenbeeinflussung allerdings
nur dann, wenn ein vollständig definierter Gesamtfrequenzgang
nach Gl. (4.18)

$$\underline{F}(f) = T_0\, rect\left(\frac{f}{2f_g}\right) \sum_{n=-\infty}^{+\infty} h(nT_0)\, e^{-j2\pi f n T_0} \tag{4.27}$$

vorliegt. Dieser kann berechnet werden, wenn die Gewichtsfunktion $h(t)$ des Gesamtfrequenzganges zu den Zeiten $t = nT_0$
gegeben ist und oberhalb der Grenzfrequenz $f_g = \frac{1}{2T_0}$ keine spektralen Komponenten hat. Man kann die Nachbarzeichenbeeinflussung so auffassen, daß ein Sendeimpuls durch mehrere Empfangs-
impulse dargestellt wird. In Bild 4.7 wird ein Beispiel für
eine kontrollierte Nachbarzeichenbeeinflussung gezeigt. Mit den

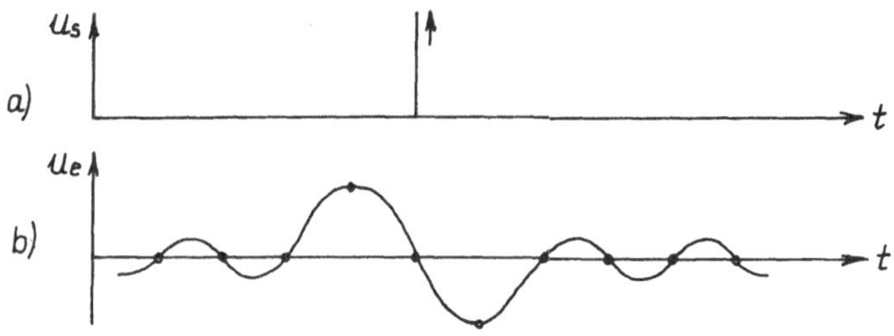

Bild 4.7 Kontrollierte Nachbarzeichenbeeinflussung
a) Sendeimpuls $u_s(t)$
b) Empfangsimpuls $u_e(t)$

Funktionswerten der Gewichtsfunktion

$$h(nT_0) = \frac{1}{2} \begin{cases} h_0 & n=1 \\ 0 & \text{für} \quad n=0, \pm 2, \pm 3, \dots \\ -h_0 & n=-1 \end{cases} \qquad (4.28)$$

erhält man aus Gl. (4.27) den Gesamtfrequenzgang

$$\underline{F}(f) = T_0 \, rect\left(\frac{f}{2f_g}\right) h_0 \, \frac{e^{-j2\pi f T_0} - e^{j2\pi f T_0}}{2} = -j \, T_0 \, h_0 \, rect\left(\frac{f}{2f_g}\right) \sin(2\pi f T_0) \qquad (4.29)$$

dessen Betrag in Bild 4.8 dargestellt ist. Er enthält eine

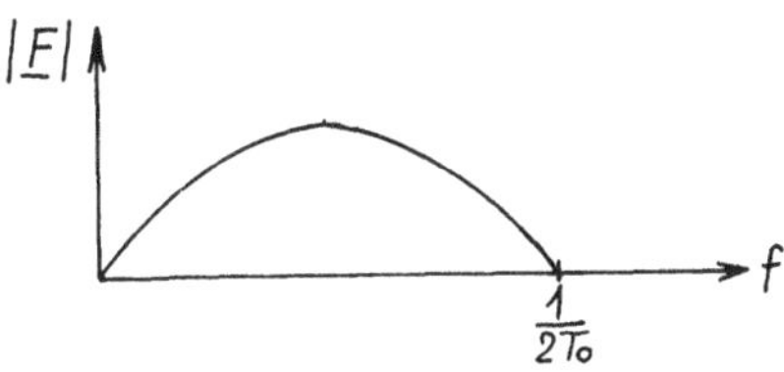

Bild 4.8   Betrag des Gesamtfrequenzganges für
kontrollierte Nachbarzeichenbeeinflussung
nach Bild 4.7

abgeflachte Flanke und eine Nullstelle bei $f=0$ und ist leich-
ter zu realisieren als der das 1. Nyquist-Kriterium erfüllen-
de Frequenzgang nach Gl. (4.17). Der Gesamtfrequenzgang nach
Gl. (4.29) läßt sich in zwei Frequenzgänge aufteilen. Es gilt

$$\underline{F}(f) = \underline{F}_1(f) \underline{F}_2(f) \qquad (4.30)$$

mit

$$\underline{F}_1(f) = -\frac{h_0 T_0}{2} \, rect\left(\frac{f}{2f_g}\right) e^{+j2\pi f T_0}$$

$$\qquad (4.31)$$

$$\underline{F}_2(f) = 1 - e^{-j2\pi f 2T_0}$$

Die Übertragungsstrecke wird nun so konzipiert, daß auf der
Sendeseite neben dem Formfilterfrequenzgang $\underline{F}_F$, der aus den
Dirac-Impulsen Rechteckimpulse macht, ein Sendefilter mit dem
Frequenzgang $\underline{F}_2(f)$ vorgesehen wird (s. Bild 4.9). Für das

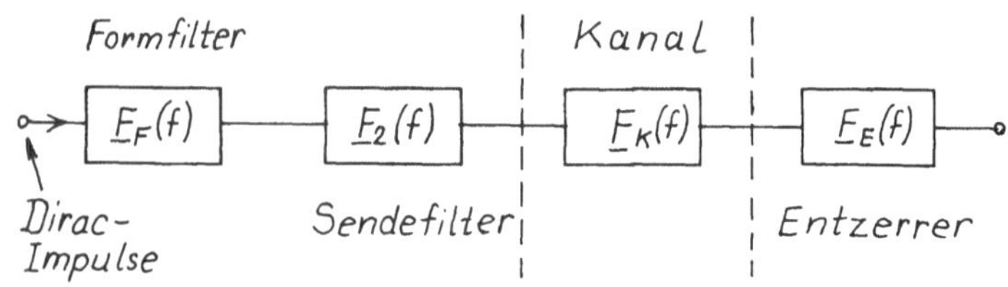

Bild 4.9   Übertragungsstrecke bei kontrollierter
Nachbarzeichenbeeinflussung

Entzerrerfilter muß dann gelten

$$\underline{F}_E(f) = \underline{F}_1(f)\, \underline{F}_F^{-1}(f)\, \underline{F}_K^{-1}(f) \tag{4.32}$$

Die Verwirklichung des Sendefilters erfordert im allgemeinen
Fall Verzögerungs- und Proportionsglieder. Da am Eingang des
Sendefilters Rechteckimpulse liegen, kann die Verzögerung mit
einem Schieberegister vorgenommen werden. Für ein Sendefilter
nach Gl. (4.31) erhält man somit die Konfiguration nach Bild
4.10. Am Ausgang des Entzerrerfilters ergibt sich ein Impuls

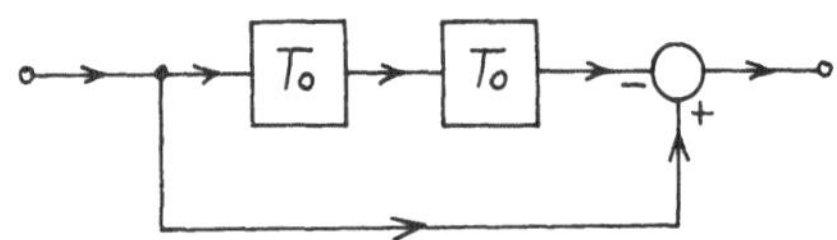

Bild 4.10   Sendefilter mit dem Frequenzgang $\underline{F}_2(f)$

der mit den Funktionswerten nach Gl. (4.28) aus Gl. (4.14) berechnet werden kann. Er erstreckt sich über 3 Taktperioden.
Die Ermittlung des Originalimpulses, der sich über höchstens

eine Taktperiode erstreckt, erfordert eine Decodiereinrich-
tung, die in Abschn. 7.2.1.2 behandelt wird.

4.6 Regenerativverstärker

In dem in Abschn. 4.2 entwickelten und in Bild 4.3 dargestellten zeitdiskreten Übertragungssystem rekonstruiert der Empfänger aus dem verzerrten Empfängersignal das ursprüngliche Sendesignal. Man nennt ihn daher auch einen Regenerativverstärker. Er ist für die Übertragung von Signalen der Klasse 2 und
der Klasse 4 wichtig.
Nach Bild 4.3 wird das Empfangssignal, nachdem es das Entzerrerfilter durchlaufen hat, abgetastet. Durch diesen Abtastvorgang wird dem Empfangssignal die Information entnommen. Allerdings müssen dem Empfänger die Abtastzeitpunkte bekannt
sein. Dazu wird aus dem Empfangssignal ein periodisches Sig-
gnal gewonnen, dessen Grundfrequenz gleich der Schrittfrequenz
des zeitdiskreten Übertragungssignals ist. Diese Gewinnung der
Schritt- oder Taktfrequenz wird auch Zeitregeneration genannt
und in Abschn. 10 behandelt. Nach der Abtastung, durch die
dem Empfangssignal die gesendete Information entnommen wurde,
wird diese wieder in der Form des ursprünglichen Sendeimpulses dargestellt. Abtastung und Erzeugung des ursprünglichen
Sendeimpulses werden unter der Bezeichnung Signalregeneration
zusammengefaßt. So entsteht das allgemeine Blockschaltbild
eines Regenerativverstärkers, das in Bild 4.11 dargestellt

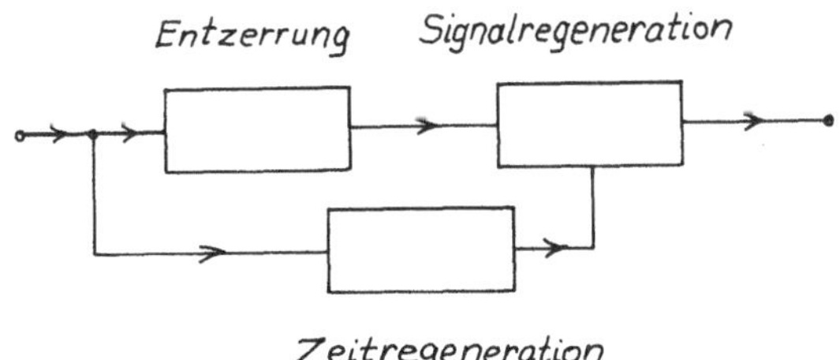

Bild 4.11   Blockschaltbild eines Regenerativverstärkers

ist. Bei dem Konzept der Signalregeneration muß unterschieden werden zwischen nur zeitquantisierten und zusätzlich amplitudenquantisierten, d. h. digitalen Signalen. Während im ersten Fall in der Regel rechteckige Sendeimpulse erzeugt werden, deren Höhe dem Abtastwert proportional ist, wird im zweiten Fall mit Hilfe von Komparatoren festgestellt, in welchem Quantisierungsintervall (s. Abschn. 5) sich der Abtastwert befindet. Die Signalregeneration der digitalen Signale wird in Abschn. 9 behandelt.

4.7 Beispiel

Das zentrale Problem bei der verzerrungsfreien Übertragung von Impulsen ist die Beseitigung der Intersymbolinterferenz.
Mit der Gewichtsfunktion $h(t)$ des Gesamtfrequenzgangs erhält man nach Gl. (4.8) die Spannung am Ausgang des Entzerrerfilters

$$u_E(t) = U_0 T_0 \sum_{n=-\infty}^{+\infty} a(n)\, h(t - n T_0) \tag{4.33}$$

Dieses Signal soll zu den Zeiten $t_k = k T_0$ abgetastet werden. Tatsächlich muß jedoch immer eine Abweichung Δt vom exakten Abtastzeitpunkt angenommen werden. Die wirklichen Abtastzeitpunkte sind also

$$t_k = k T_0 + \Delta t \tag{4.34}$$

Zur Untersuchung der Intersymbolinterferenz wird der Abtastwert für $k = 0$ betrachtet. Es gilt

$$u_E(t_0) = U_0 T_0 \sum_{n=-\infty}^{+\infty} a(n T_0)\, h(\Delta t - n T_0) \tag{4.35}$$

Der Abtastwert enthält als Folge der Zeitabweichung Δt einen durch Intersymbolinterferenz hervorgerufenen Fehler. Daher wird Gl. (4.35) in zwei Summanden zerlegt.

$$u_E(t_0) = U_0 T_0 \, a(0) \, h(\Delta t) + U_0 T_0 \sum_{n=\pm 1}^{\infty} a(nT_0) \, h(\Delta t - nT_0) \qquad (4.36)$$

In diesem Ausdruck stellt der zweite Summand den Fehler dar, der für $\Delta t = 0$ verschwinden würde. Entscheidend ist, daß diese unendliche Summe einen endlichen, möglichst kleinen Wert hat. In der Umgebung ihrer Nullstellen soll die Gewichtsfunktion $h(t)$ durch ihre Tangenten ersetzt werden. Der Beitrag der Intersymbolinterferenz zum Abtastwert ist somit

$$u_I(t_0) = U_0 T_0 \Delta t \sum_{n=\pm 1}^{\infty} a(nT_0) \, \frac{dh}{dt}(nT_0) \qquad (4.37)$$

Die Berechnung des Differentialquotienten der Gewichtsfunktion nach Gl. (4.23) zu den Zeiten $t_n = nT_0$ ergibt

$$\frac{dh(t)}{dt}(nT_0) = \frac{h_0}{T_0^2} \, \frac{(-1)^n \cos r\pi n}{n(1-4r^2n^2)} \qquad (4.38)$$

Die auf den Faktor h_0/T_0^2 bezogene Steigung S der Gewichtsfunktion als Funkton des Roll-Off-Faktors r ist für $n=1$ in Bild 4.12 dargestellt. Man erkennt, daß die Steigung

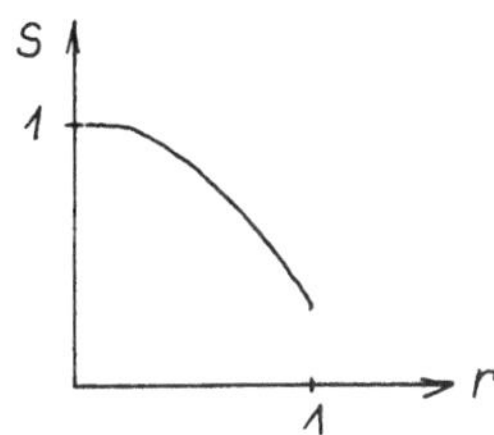

Bild 4.12   Steigung S im Nulldurchgang als Funktion
des Roll-Off-Faktors r

mit zunehmendem Roll-Off-Faktor kleiner wird.

Der Gesamtfrequenzgang nach Gl. (4.17) hat bei gegebener Schrittgeschwindigkeit die kleinstmögliche Bandbreite. Ohne Nachbarzeichenbeeinflussung lassen sich die Nachteile dieses Frequenzganges nur durch Erhöhung der Bandbreite überwinden. Durch Einführung einer kontrollierten Nachbarzeichenbeeinflussung ist dies jedoch auch bei gleicher Bandbreite möglich. Der Gesamtfrequenzgang

$$\underline{E}(f) = \frac{1}{2}\left[1 + \cos\left(\pi\frac{f}{f_g}\right)\right] rect\left(\frac{f}{2f_g}\right) \tag{4.39}$$

dessen Betrag in Bild 4.13 dargestellt ist, benötigt die gleiche Bandbreite wie der Gesamtfrequenzgang nach Gl. (4.17) und hat dabei den gleichen Verlauf wie der Frequenzgang nach

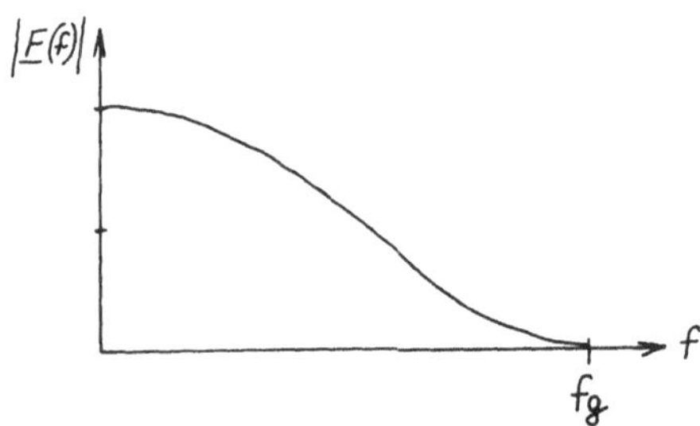

Bild 4.13   Gesamtfrequenzgang für kontrollierte
Nachbarzeichenbeeinflussung

Gl. (4.20). Durch inverse Fourier-Transformation gewinnt man die Gewichtsfunktion

$$h(t) = \frac{1}{2T_0}\left[\frac{\sin\left(\pi\frac{t}{T_0}\right)}{\pi\frac{t}{T_0}} + \frac{1}{2}\frac{\sin\left(\pi\frac{t+T_0}{T_0}\right)}{\pi\frac{t+T_0}{T_0}} + \frac{1}{2}\frac{\sin\left(\pi\frac{t-T_0}{T_0}\right)}{\pi\frac{t-T_0}{T_0}}\right] \tag{4.40}$$

mit der Schrittdauer $T_0 = \frac{1}{2f_g}$. Sie besteht aus 3 um die Schrittdauer T_0 gegeneinander verschobenen si-Funktionen nach Gl. (4.16). Somit wird jeder Sendeimpuls bei der Übertragung durch 3 Einzelimpulse dargestellt, die jeder für sich das 1. Nyquist-Kriterium erfüllen.

5. Amplitudenquantisierung

Neben der Zeitquantisierung ist die Amplitudenquantisierung
der zweite Schritt auf dem Wege vom analogen zum digitalen
Signal. Dabei wird die kontinuierliche Signalkoordinate in eine diskrete Koordinate mit einem unendlichen Wertevorrat überführt. Jeder Wert kann durch eine Zahl dargestellt werden, so
daß die Übertragung des analogen Signals zurückgeführt wird
auf die Übermittlung einer Folge von Zahlen.

5.1 Quantisierungskennlinie

Der Wertebereich eines Signals $u(t)$ wird in Abschnitte Δu_i
unterteilt, die mit einer Laufvariablen i numeriert werden.
Die obere Abschnittsgrenze ist u_i , die untere u_{i-1} . Alle

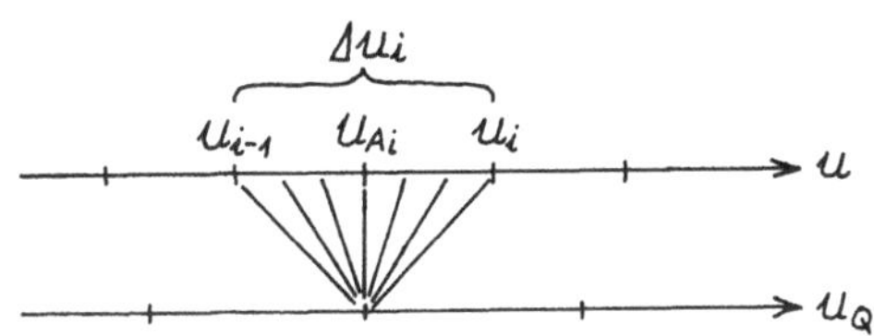

Bild 5.1 Aufteilung in Intervalle und
Zuordnung zu quantisierten Werten

innerhalb des Intervalls

$$\Delta u_i = u_i - u_{i-1} \qquad (5.1)$$

liegenden Werte des Signals $u(t)$ werden dem quantisierten
Wert

$$u_{Ai} = \frac{u_i + u_{i-1}}{2} \qquad (5.2)$$

als dem Wert in der Intervallmitte zugeordnet, wie es im Bild
5.1 dargestellt ist. Da die Quantisierungsschaltung einen begrenzten Aussteuerbereich hat, kann sie nur einen begrenzten
Wertebereich der Signalkoordinate, der symmetrisch zur Null-
linie angenommen wird, verarbeiten. Hat die obere Aussteuer-
grenze den Wert u_{max} , so wird der Aussteuerbereich durch

$$-u_{max} < u < u_{max} \qquad (5.3)$$

gekennzeichnet. Zwischen der Intervallzahl q , der Intervall-
größe Δu_i und dem Aussteuerbereich gilt folgender Zusammenhang:

$$\sum_{i=1}^{q} \Delta u_i = 2 u_{max} \qquad (5.4)$$

Sind die Intervalle gleich groß, so erhält man für die Inter-
vallgröße

$$\Delta u = \frac{2\, u_{max}}{q} \qquad (5.5)$$

Die Quantisierung des Signals kann man sich durch ein nichtlineares Quantisierungszweitor mit einer treppenförmigen Kenn-

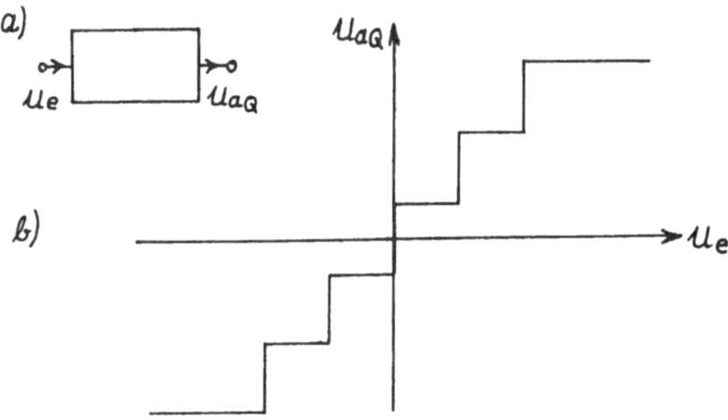

Bild 5.2   a) Quantisierungszweitor

b) Quantisierungskennlinie

linie nach Bild 5.2, die die quantisierte Ausgangsspannung u_{aQ} des Zweitors in Abhängigkeit von der analogen Eingangsspannung u_e darstellt, zustandegekommen denken. Wenn auch bei der schaltungstechnischen Verwirklichung der Quantisierung (s. Abschn. 6) andere Lösungen angewendet werden, ist bei der Beschreibung der übertragungstechnischen Eigenschaften eines quantisierten Kanals die Kennliniendarstellung sehr einleuchtend. Beim Durchgang eines Signals durch das Quantisierungszweitor entstehen Signalverzerrungen, die auf zwei Ursachen zurückgeführt werden können:

a) Quantisierung. Die Quantisierungsverzerrung ist eine komplizierte nichtlineare Verzerrung. Sie wird subjektiv als ein dem Signal überlagertes Quantisierungsgeräusch wahrgenommen.

b) Begrenzung. Alle elektronischen Schaltungen haben einen begrenzten Aussteuerbereich. Wird z. B. ein Sprachsignal, dessen Wahrscheinlichkeitsdichtefunktion mit dem Effektivwert U_{eff} durch

$$p(u) = \frac{1}{\sqrt{2}\, U_{eff}}\, e^{-\frac{\sqrt{2}}{U_{eff}}|u|} \tag{5.6}$$

angenähert werden kann, durch elektronische Einrichtungen übertragen, so kommen nach Gl. (5.6) auch beliebige hohe Zeitwerte vor, so daß eine Begrenzung unvermeidlich ist. Die Begrenzungsverzerrungen werden ebenfalls subjektiv als ein dem Signal überlagertes Geräusch wahrgenommen.

Zur Berechnung des Quantisierungs-und Begrenzungsgeräusches wird die Quantisierungskennlinie in drei Einzelkennlinien zerlegt. Die einzelnen Kennlinien werden in Bild 5.3 wiedergegeben. Die gestrichelt gezeichnete Kennlinie

$$u_{aI} = f_I(u_e)$$

stellt den Idealfall dar.

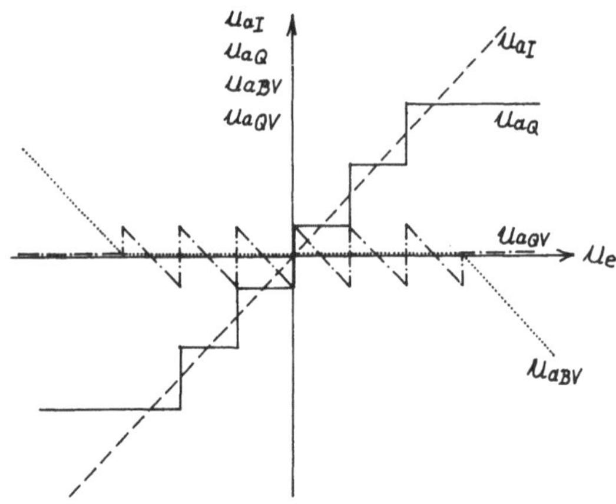

Bild 5.3   Zerlegung der Quantisierungskennlinie

---- ideale Kennlinie

——— Quantisierungskennlinie

············ Kennlinie der Begrenzungsverzerrung

—·—·— Kennlinie der Quantisierungsverzerrung

Bei ihrer Aussteuerung entstehen keine Verzerrungen. Die Quantisierungskennlinie $u_{aQ}(u_e)$ entsteht nun, indem man zur idealen Kennlinie hinzuaddiert die punktiert gezeichnete Kennlinie

$$u_{aBV} = f_{BV}(u_e)$$

bei deren Aussteuerung die Begrenzungsverzerrungen entstehen, sowie die strichpunktiert gezeichnete Kennlinie

$$u_{aQV} = f_{QV}(u_e)$$

bei deren Aussteuerung die Quantisierungsverzerrungen entstehen. Somit gilt für die Quantisierungskennlinie

$$u_{aQ} = u_{aI} + u_{aQV} + u_{aBV} \qquad (5.7)$$

Der Zerlegung der Quantisierungskennlinie entspricht eine Zerlegung des Quantisierungszweitors in Teilvierpole (s. Bild 5.4)
Dabei liegt die Vorstellung zugrunde, daß das Zweitor das

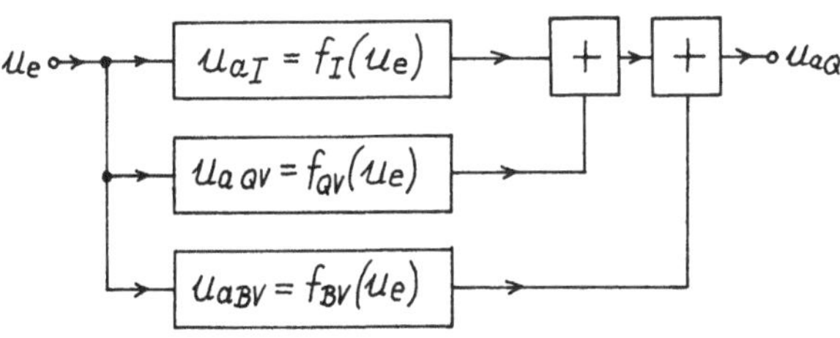

Bild 5.4   Zerlegung des Quantisierungsvierpols

Eingangssignal zwar zunächst unverzerrt überträgt, ihm jedoch
ein Quantisierungs- und ein Begrenzungsgeräusch überlagert.

5.2 Wahrscheinlichkeitsdichtefunktion

Die Berechnung der in einem quantisierten Kanal entstehenden
Geräusche ist nur praxisnah, wenn tatsächliche Signale zugrun-
degelegt werden. Solche Signale sind immer stochastischer Natur und werden durch ihre Wahrscheinlichkeitsdichtefunktion
$p_e(u_e)$ gekennzeichnet. Daher muß untersucht werden, wie sich
die Wahrscheinlichkeitsdichtefunktion beim Durchgang durch ein
nichtlineares Zweitor mit der Kennlinie

$$u_a = f(u_e) \tag{5.8}$$

verändert. Die Wahrscheinlichkeitsverteilungsfunktion am Eingang sei $P_e(u_e)$ und am Ausgang $P_a(u_a)$. Immer dann, wenn das
stochastische Eingangssignal eine Schranke u_e unterschreitet,
liegt auch das Ausgangssignal unterhalb einer Schranke
$u_a = f(u_e)$. Daher gilt für die Verteilungsfunktionen

$$P_e(u_e) = P_a(f(u_e)) \tag{5.9}$$

Durch Differentiation nach der Schranke u_e und Anwendung der Kettenregel wird aus Gl. (5.9) mit Gl. (5.8)

$$\frac{d\,P_e(u_e)}{du_e} = \frac{d\,P_a(u_a)}{du_a}\,\frac{du_a}{du_e} \tag{5.10}$$

Da sich die Wahrscheinlichkeitsdichtefunktion als Differentialquotient der Wahrscheinlichkeitsverteilungsfunktion ergibt, erhält man für den Zusammenhang der Wahrscheinlichkeitsdichten am Eingang und am Ausgang

$$p_a(u_a) = p_e(u_e)\,\frac{du_e}{du_a} \tag{5.11}$$

Die Wahrscheinlichkeitsdichte am Ausgang ergibt sich also durch Multiplikation der Wahrscheinlichkeitsdichte am Eingang mit dem Differentialquotienten der Umkehrfunktion der Kennlinie.

5.3 Quantisierungsverzerrungen

Das Quantisierungsgeräusch kann man sich entstanden denken durch die Aussteuerung eines Zweitors mit der Kennlinie

$$u_{aQV} = f_{QV}(u_e) \tag{5.12}$$

nach Bild 5.2. Gekennzeichnet werden soll dieses Geräusch durch seinen Effektivwert bzw. seinen quadratischen Mittelwert. Ist die Wahrscheinlichkeitsdichtefunktion des Geräusches gegeben, so erhält man den quadratischen Mittelwert entsprechend Gl. (2.48)

$$U_{eff_{aQV}}^2 = \int\limits_{-\infty}^{+\infty} u_{aQV}^2\,p_{aQV}(u_{aQV})\,du_{aQV} \tag{5.13}$$

Die Wahrscheinlichkeitsdichtefunktion des Geräusches

$$p_{aQV}(u_{aQV}) = p_e(u_e)\,\frac{du_e}{du_{aQV}} \tag{5.14}$$

läßt sich nach Gl. (5.11) aus der Wahrscheinlichkeitsdichte des Signals berechnen. Mit Gl. (5.12), (5.13) und (5.14) ergibt sich somit für den quadratischen Mittelwert des Quantisierungsgeräusches

$$U^2_{eff_{aQV}} = \int\limits_{-\infty}^{+\infty} f^2_{QV}(u_e)\, p_e(u_e)\, du_e \qquad (5.15)$$

Eine Kennlinie der Quantisierungsverzerrungen ist für ungleichmäßige Quantisierung in Bild 5.5 dargestellt. Einen allgemeinen analytischen Ausdruck

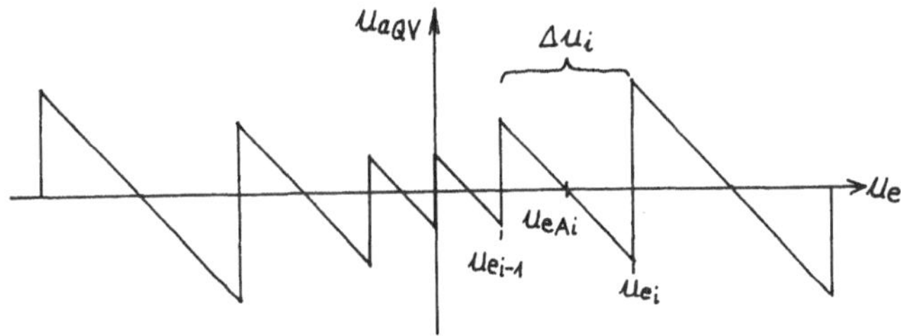

Bild 5.5   Kennlinie der Quantisierungsverzerrungen

nen analytischen Ausdruck

$$f_{QV}(u_e) = \sum_{i=1}^{q} f_{QV_i}(u_e) \qquad (5.16)$$

erhält man, indem man die Funktion $f_{QV}(u_e)$ aus einzelnen für die Abschnitte gültigen Funktionen $f_{QV_i}(u_e)$ zusammensetzt. Mit den Intervallgrenzen u_{ei} und u_{ei-1} sowie der Intervallmitte

$$u_{eAi} = \frac{u_{ei} + u_{ei-1}}{2} \qquad (5.17)$$

erhält man für die Teilfunktionen

$$f_{QV_i}(u_e) = \begin{cases} 0 & -\infty < u_e < u_{e_{i-1}} \\ u_{eA_i} - u_e & \text{für} \quad u_{e_{i-1}} < u_e < u_{e_i} \\ 0 & u_{e_i} < u_e < +\infty \end{cases} \qquad (5.18)$$

Durch Einsetzen von Gl. (5.16) und (5.17) in (5.15) ergibt
sich für den quadratischen Mittelwert des Quantisierungsgeräusches

$$U_{effQV}^2 = \sum_{i=1}^{q} \int_{u_{e_{i-1}}}^{u_{e_i}} \left(u_{eA_i} - u_e\right)^2 p_e(u_e)\, du_e \qquad (5.19)$$

wobei

$$U_{effQV_i}^2 = \int_{u_{e_{i-1}}}^{u_{e_i}} \left(u_{eA_i} - u_e\right)^2 p_e(u_e)\, du_e \qquad (5.20)$$

der Beitrag einer Quantisierungsstufe zum Geräusch ist.
Für die weitere Untersuchung werde die Anzahl der Amplitudenstufen bzw. Intervalle so groß angenommen, daß man die Wahrscheinlichkeitsdichte im Intervall näherungsweise gleich dem
Wert in der Intervallmitte setzen kann. Damit wird die Wahrscheinlichkeitsdichtefunktion durch eine Treppenkurve ersetzt.
Der quadratische Mittelwert des Geräuschbeitrags eines Intervalls ist somit

$$U_{effQV_i}^2 = p_e(u_{eA_i}) \int_{u_{e_{i-1}}}^{u_{e_i}} \left(u_{eA_i} - u_e\right)^2 du_e \qquad (5.21)$$

Mit

$$u_{eA_i} - u_{e_i} = -\frac{\Delta u_i}{2}$$

und

$$u_{eA_i} - u_{e_{i-1}} = \frac{\Delta u_i}{2}$$

ergibt die Integration

$$U_{eff_{QV_i}}^2 = \frac{\Delta u_i^3}{12} \, p_e(u_{eA_i}) \tag{5.22}$$

Damit erhält man für den quadratischen Mittelwert des gesamten Quantisierungsgeräusches

$$U_{eff_{QV}}^2 = \sum_{i=1}^{q} \frac{\Delta u_i^3}{12} \, p_e(u_{eA_i}) \tag{5.23}$$

Für den Sonderfall gleich großer Quantisierungsintervalle Δu gilt

$$U_{eff_{QV}}^2 = \frac{\Delta u^2}{12} \sum_{i=1}^{q} p_e(u_{eA_i}) \Delta u \tag{5.24}$$

Ist

$$\int_{u_1}^{u_2} p(u) \, du$$

die Wahrscheinlichkeit dafür, daß sich der Wert des stochastischen Signals $u(t)$ zu einem bestimmten Zeitpunkt zwischen u_1 und u_2 befindet, so muß gelten

$$\int_{-\infty}^{+\infty} p(u) \, du = 1 \tag{5.25}$$

da die stochastische Variable u mit Sicherheit irgendeinen Wert annehmen muß. Bei kleinen Begrenzungsverzerrungen ist also

$$\sum_{i=1}^{q} p_e(u_{eA_i}) \Delta u \approx 1 \tag{5.26}$$

Daraus folgt mit Gl. (5.24), daß das Quantisierungsgeräusch für gleich große Quantisierungsintervalle von der Wahrscheinlichkeitsdichte des Signals unabhängig ist.

Bei gegebener Wahrscheinlichkeitsdichte des Signals und bei gegebenem Aussteuerbereich u_{max} sowie bei gegebener Stufenzahl q läßt sich jedoch das Geräusch vermindern, indem bei häufigen Amplitudenstufen die Intervallbreite klein gewählt wird.

5.4 Begrenzungsverzerrungen

Da grundsätzlich jeder Kanal einen begrenzten Aussteuerbereich hat, werden die zwar selten vorkommenden, aber doch vorhandenen hohen Zeitwerte der Spannungszeitfunktion des Signals abgekappt. Das so entstehende Begrenzungsgeräusch kann mit Hilfe der punktiert gezeichneten Kennlinie

$$u_{aBV} = f(u_e) = \begin{cases} -u_{max} - u_e & -\infty < u_e < -u_{max} \\ 0 & \text{für} \quad -u_{max} < u_e < u_{max} \\ u_{max} - u_e & u_{max} < u_e < +\infty \end{cases} \qquad (5.27)$$

nach Bild 5.3 berechnet werden. Für den quadratischen Mittelwert erhält man

$$U_{eff_{BV}}^2 = \int_{-\infty}^{+\infty} u_{aBV}^2 \, p_{BV}(u_{aBV}) \, du_{aBV} \qquad (5.28)$$

Dabei findet man die Wahrscheinlichkeitsdichte

$$p_{BV}(u_{aBV}) = p_e(u_e) \frac{du_e}{du_{aBV}} \qquad (5.29)$$

aus derjenigen des Eingangssignals nach Gl. (5.11). Setzt man Gl. (5.27) und (5.29) in (5.28) ein, so ergibt sich

$$U_{eff_{BV}}^2 = 2 \int_{u_{max}}^{\infty} (u_{max} - u_e)^2 \, p_e(u_e) \, du_e \qquad (5.30)$$

Mit der Wahrscheinlichkeitsdichtefunktion des Sprachsignals nach Gl. (5.6) erhält man nach Durchführung der Integration für den Effektivwert des Begrenzungsgeräusches

$$U_{eff_{BV}} = U_{eff_e}\; e^{-\frac{\sqrt{2}}{2U_{eff_e}}\,u_{max}} \tag{5.31}$$

5.5 Kanaldynamik

Die Ergebnisse von Abschn. 5.3 und 5.4 ermöglichen die Ermittlung der Kanaldynamik [A3] . In einem quantisierten Kanal treten grundsätzlich zwei Geräusche auf, das Begrenzungsgeräusch und das Quantisierungsgeräusch. Bei sehr hohen Signalen überwiegt das Begrenzungsgeräusch und bei sehr kleinen das Quantisierungsgeräusch. Zur Kennzeichnung der Signalqualität definiert man mit dem Signaleffektivwert U_{eff} und dem Geräuscheffektivwert U_{eff_r} den Signal-Geräusch-Abstand

$$\varrho^* = 20\,lg\left(\frac{U_{eff}}{U_{eff_r}}\right) \tag{5.32}$$

Mit Gl. (5.31) erhält man für den Signal-Geräusch-Abstand infolge der Begrenzungsverzerrungen

$$\varrho_{BV}^* = 20\,lg\; e^{\frac{\sqrt{2}}{2U_{eff_e}}\,u_{max}} \tag{5.33}$$

Legt man einen Mindestabstand $\varrho_{BV\,min}^*$ fest, so ergibt sich aus Gl. (5.33) ein Maximalwert $U_{eff_e\,max}$ des Eingangssignals. Für den Signal-Geräusch-Abstand infolge der Quantisierungsverzerrungen erhält man für den Fall gleichmäßiger Quantisierung mit Gl. (5.5), (5.24) und (5.26)

$$\varrho_{QV}^* = 20\,lg\;\frac{q\sqrt{12}\,U_{eff_e}}{2\,u_{max}} \tag{5.34}$$

Legt man einen Mindestabstand $\varrho_{QV\,min}^*$ fest, so ergibt sich aus Gl. (5.34) ein Minimalwert $U_{eff_e\,min}$ des Eingangssignals. Unter Kanaldynamik D^* versteht man das logarithmierte Verhältnis von maximaler zu minimaler Eingangsspannung in dB. Es gilt

$$D^* = 20\,lg\,\frac{U_{eff_{e\,max}}}{U_{eff_{e\,min}}} \tag{5.35}$$

Mit Gl. (5.33) und (5.34) wird daraus

$$D^* = 20\,lg\left[\sqrt{\frac{3}{2}}\,\frac{q}{\left(ln\,10^{\frac{g_{QV\,min}^*}{20}}\right)10^{\frac{g_{QV\,min}^*}{20}}}\right] \tag{5.36}$$

Die Kanaldynamik wird somit festgelegt durch die Stufenzahl q und die Mindestsignal-Geräusch-Abstände $g_{BV\,min}^*$ und $g_{QV\,min}^*$ für die Begrenzungs- und Quantisierungsverzerrungen. Zur besseren Übersicht wird Gl. (5.36) in eine Summe

$$D^* = 1{,}76 + 20\,lg\,q - g_{QV\,min}^* - 20\,lg\,ln\,10^{\frac{g_{BV}^*}{20}} \tag{5.37}$$

umgeformt.

5.6 Quantisiertes Signal

Der quadratische Mittelwert des quantisierten Signals u_{aQ} ergibt sich mit der entsprechenden Wahrscheinlichkeitsdichtefunktion $p_{aQ}(u_{aQ})$ nach Gl. (2.48) zu

$$U_{eff_Q}^2 = \int\limits_{-\infty}^{+\infty} u_{aQ}^2\,p_{aQ}(u_{aQ})\,du_{aQ} \tag{5.38}$$

Mit der Quantisierungskennlinie $u_{aQ} = f_Q(u_e)$ und der Darstellung der Wahrscheinlichkeitsdichte p_{aQ} als Produkt aus der Ableitung der Umkehrfunktion der Quantisierungskennlinie und der Wahrscheinlichkeitsdichte $p_e(u_e)$ des Eingangssignals wird daraus

$$U_{eff_Q}^2 = \int\limits_{-\infty}^{+\infty} f_Q^2(u_e)\,p_e(u_e)\,du_e \tag{5.39}$$

Der analytische Ausdruck für die Quantisierungskennlinie ist

$$f_Q = \sum_{i=1}^{q} f_{Qi} \qquad (5.40)$$

mit

$$f_{Qi} = \begin{cases} 0 & -\infty < u_e < u_{e_{i-1}} \\ \dfrac{u_{e_i} + u_{e_{i+1}}}{2} & \text{für} \quad u_{e_{i-1}} \le u_e \le u_{e_i} \\ 0 & u_{e_i} < u_e < +\infty \end{cases} \qquad (5.41)$$

Setzt man Gl. (5.40) in Gl. (5.39) ein, so erhält man

$$U_{eff_Q}^2 = \sum_{i=1}^{q} \int_{u_{e_{i-1}}}^{u_{e_i}} \left(\frac{u_{e_i} + u_{e_{i-1}}}{2} \right)^2 p_e \left(\frac{u_{e_i} + u_{e_{i-1}}}{2} \right) du_e \qquad (5.42)$$

Für den Fall gleich großer Quantisierungsintervalle läßt sich die Integration auf einfache Weise durchführen. Berücksichtigt man, daß die Wahrscheinlichkeitsdichtefunktion in der Regel eine gerade Funktion ist, so ergibt sich mit

$$u_{e_i} = i \, \Delta u \qquad (5.43)$$

der quadratische Mittelwert

$$U_{eff_Q}^2 = 2 \Delta u^3 \sum_{i=1}^{q/2} \left(\frac{2i-1}{2} \right)^2 p_e \left(\frac{2i-1}{2} \Delta u \right) \qquad (5.44)$$

Für den Fall gleichwahrscheinlicher Amplitudenstufen wird daraus mit der Summenformel

$$\sum_{i=1}^{q/2} (2i-1)^2 = \frac{q(q-1)}{6} \qquad (5.45)$$

und

$$q \, \Delta u \, p_e = 1 \qquad (5.46)$$

was beinhaltet, daß die gesamte Fläche unter der Wahrscheinlichkeitsdichtefunktion eins sein muß, der quadratische Mittelwert

$$U_{eff_Q}^2 = \frac{q^2 - 1}{12} \, \Delta u^2$$

(5.47)

5.7 Klirrfaktor

Zur Kennzeichnung des Quantisierungsgeräusches wird gelegent-
lich der Klirrfaktor herangezogen. Man verallgemeinert diesen
Begriff, indem man ihn als Verhältnis des Effektivwertes des
Störgeräusches zum Gesamteffektivwert definiert. Mit dem Effektivwert des quantisierten Signals nach Gl. (5.47) erhält man
den Klirrfaktor

$$k = \frac{1}{\sqrt{q^2 - 1}}$$

(5.48)

Dieses Ergebnis überrascht insofern, als der Klirrfaktor von
der Höhe des Eingangssignals unabhängig ist.

5.8 Kompandierung

Ebenso wie die Dynamik (s. Abschn. 5.5) eines quantisierten
Kanals steigt auch der technische Aufwand zu seiner Realisierung mit der Amplitudenstufenzahl. Um den Aufwand in Grenzen
zu halten, wird nur eine relativ kleine Dynamik verwirklicht
und dafür die Kompandertechnik eingesetzt [A3] . Dabei befindet sich am Eingang des Kanals ein Dynamikkompressor, dessen
Wirkung durch einen Dynamikexpander am Kanalausgang wieder aufgehoben wird. Die Dynamikkompression bewirkt, daß auch für
niedrigere Signalpegel ein ausreichender Signal-Stör-Abstand
eingehalten werden kann. Verwirklicht wird die Dynamikkompression durch eine nichtlineare Kennlinie. Die gegenläufige Kennlinie des Expanders verhindert, daß bei der Übertragung nicht-

lineare Verzerrungen auftreten. Bei der Sprach- und Musiküber-
tragung werden Störungen der leisen Anteile stärker empfunden
als Störungen der lauten Anteile. Die Kompressorkennlinie wird
daher so gestaltet, daß das Signal-Stör-Verhältnis am Ausgang
des Expanders über einen möglichst großen Aussteuerbereich
konstant gehalten wird.
Bild 5.6 zeigt das Blockschaltbild eines mit nichtlinearen
Kennlinien arbeitenden Momentankompanders. Mit der Eingangs-

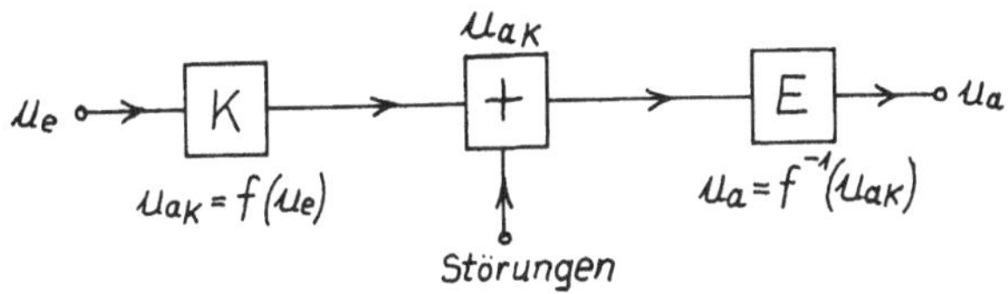

Bild 5.6   Blockschaltbild eines
Momentankompanders

spannung des Kompressors u_e , der Ausgangsspannung des Kompressors u_{aK} und der Ausgangsspannung des Expanders u_a läßt
sich für die Kompressorkennlinie schreiben

$$u_{aK} = f(u_e) \tag{5.49}$$

und für die Expanderkennlinie, da die Ausgangsspannung des
Kompressors die Eingangsspannung des Expanders ist,

$$u_a = f^{-1}(u_{aK}) \tag{5.50}$$

Dabei soll f^{-1} die Umkehrfunktion der Funktion f sein. Dann
gilt nämlich bei Abwesenheit von Störungen

$$u_a = u_e$$

Ist die dem Kanal zugeführte Störung relativ zum Signal klein,
so findet eine parametrische Aussteuerung der Expanderkennlinie statt (s. Bild 5.7), d. h. der Kennlinienarbeitspunkt

für das Geräusch wird durch das Signal festgelegt. Der Ver-

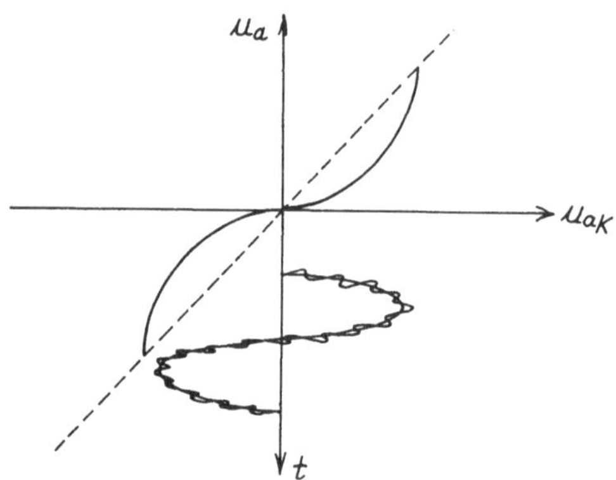

Bild 5.7   Aussteuerung der Expanderkennlinie mit einer
            Sinusspannung, der eine Störspannung über-
            lagert ist.

stärkungsfaktor des Expanders für das Geräusch ist die Steigung der Kennlinie im jeweiligen Arbeitspunkt. Somit wird das
Geräusch für kleine Signalpegel gedämpft und für große Signalpegel verstärkt, so daß über einen weiten Bereich ein konstan-
ter Signal-Stör-Abstand möglich ist. Bei der Berechnung des
quadratischen Mittelwertes der Störungen am Ausgang des Expanders muß jeder Wert der Störspannung u_r mit der von der
Signalspannung u_e abhängigen Steigung der Expanderkennlinie

$$\frac{du_e}{du_{ak}}\left(u_e\right)$$

multipliziert und das Produkt quadriert werden. Hat die Störspannung die Wahrscheinlichkeitsdichte $p_r(u_r)$ und die Signalspannung die Wahrscheinlichkeitsdichte $p_e(u_e)$, so muß das
Produkt mit der Wahrscheinlichkeit dafür multipliziert werden,
daß sich die Störspannung zwischen u_r und u_r+du_r _und_ die
Signalspannung zwischen u_e und u_e+du_e befindet. Da die Wahr-

scheinlichkeit für das gleichzeitige Eintreten zweiter unabhängiger Ereignisse gleich dem Produkt der Einzelwahrscheinlichkeiten ist, erhält man somit durch Integration für den quadratischen Mittelwert der Störung

$$U_{effstör}^2 = \int\limits_{-\infty}^{+\infty} \int\limits_{-\infty}^{+\infty} \left(u_r \frac{du_e}{du_{ak}}\right)^2 p_r(u_r)\,du_r\; p_e(u_e)\,du_e \tag{5.51}$$

Dieses Doppelintegral läßt sich als Produkt zweier Integrale

$$U_{effstör}^2 = \int\limits_{-\infty}^{+\infty} u_r^2\, p_r(u_r)\,du_r \int\limits_{-\infty}^{+\infty} \left(\frac{du_e}{du_{ak}}\right)^2 p_e(u_e)\,du_e \tag{5.52}$$

schreiben. Das erste Integral ist der quadratische Mittelwert der Störungen im Kanal, also im Falle der Quantisierungsverzerrungen U_{effQV}^2 . Mit dem Signal-Geräusch-Abstand

$$\varrho^* = 10\, lg \left(\frac{U_{effa}^2}{U_{effstör}^2}\right) \tag{5.53}$$

am Ausgang des Expanders und dem quadratischen Mittelwert des Signals

$$U_{effa}^2 = \int\limits_{-\infty}^{+\infty} u_e^2\, p_e(u_e)\,du_e \tag{5.54}$$

erhält man

$$\int\limits_{-\infty}^{+\infty} u_e^2\, p_e(u_e)\,du_e = 10^{\frac{\varrho^*}{10}}\, U_{effQV}^2 \int\limits_{-\infty}^{+\infty} \left(\frac{du_e}{du_{ak}}\right)^2 p_e(u_e)\,du_e \tag{5.55}$$

Aus Gl. (5.55) gewinnt man mit der Abkürzung

$$K = U_{effQV}\, 10^{\frac{\varrho^*}{20}} \tag{5.56}$$

die Differentialgleichung der Kompressorkennlinie

$$du_{aK} = K \frac{du_e}{u_e} \tag{5.57}$$

Mit der Integrationskonstanten u_{eo} ergibt die Integration

$$u_{aK} = K \ln\left(\frac{u_e}{u_{eo}}\right) \tag{5.58}$$

Diese logarithmische Kennlinie hat speziell in der PCM-Technik weite Verbreitung gefunden. Da die Logarithmusfunktion nicht durch den Nullpunkt geht, wird der Kennlinienanfang durch ein Geradenstück ersetzt (s. Bild 5.8). Die Kompressor-

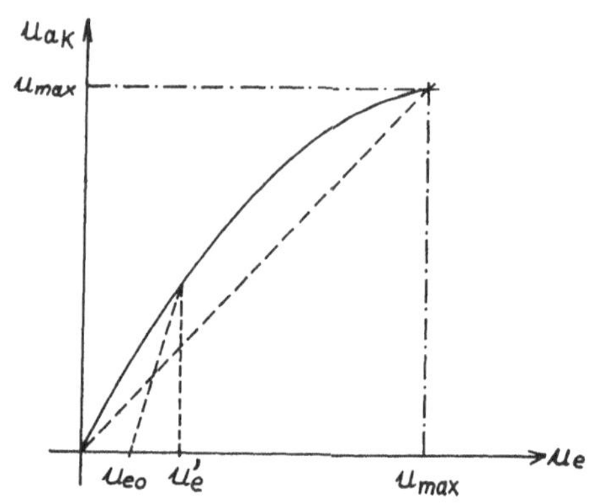

Bild 5.8   Kompressorkennlinie

kennlinie ist eine im 1. und 3. Quadranten verlaufende ungerade Funktion, von der wegen der Quadrate in Gl. (5.55) nur der Teil im 1. Quadranten gewonnen wird. Da der Kennlinienanfang durch ein Geradenstück dargestellt werden muß, kann die Konstanz des Signal-Rausch-Verhältnisses nicht bis zu beliebig kleinen Pegeln aufrecht erhalten werden.

Das Geradenstück wird so bestimmt, daß es ohne Knick in den logarithmischen Verlauf übergeht. Aus dem Differentialquotienten

$$\frac{du_{aK}}{du_e} = K\,\frac{1}{u_e} \tag{5.59}$$

der Kennlinie nach Gl. (5.58) gewinnt man, wenn der Übergangs-
punkt durch den Abszissenwert u_e' gekennzeichnet wird, die
Geradengleichung

$$u_{aK} = K\,\frac{1}{u_e'}\,u_e \tag{5.60}$$

Da die Funktionswerte der Kennlinienabschnitte nach Gl.(5.60)
und (5.58) an der Stelle $u_e = u_e'$ übereinstimmen müssen, gilt

$$K\,\ell n\,\frac{u_e'}{u_{eo}} = K \tag{5.61}$$

bzw.

$$\ell n\,\frac{u_e'}{u_{eo}} = 1 \tag{5.62}$$

Damit läßt sich Gl. (5.58) umformen in

$$u_{aK} = K\,\ell n\,\frac{u_e}{u_e'}\,\frac{u_e'}{u_{eo}} = K\left(\ell n\,\frac{u_e}{u_e'} + 1\right) \tag{5.63}$$

Legt man fest, daß der logarithmische Kennlinienteil durch
den Punkt $[u_{max}\,;\,u_{max}]$ geht, so gilt

$$K = \frac{u_{max}}{1 + \ell n\,\dfrac{u_{max}}{u_e'}} \tag{5.64}$$

Die vollständige Beschreibung der Kompressorkennlinie im 1.
Quadranten ist somit gegeben durch

$$u_{aK} = \frac{u_{max}}{1 + \ell n\,\dfrac{u_{max}}{u_e'}}\begin{cases} \dfrac{u_e}{u_e'} & 0 \le u_e < u_e' \\[2ex] 1 + \ell n\,\dfrac{u_e}{u_e'} & \quad u_e' \le u_e < u_{max} \end{cases} \text{für} \tag{5.65}$$

Mit den üblichen Normierungen

$$y = \frac{u_{aK}}{u_{max}} \quad , \quad x = \frac{u_e}{u_{max}} \quad , \quad A = \frac{u_{max}}{u_e'} \tag{5.66}$$

wird aus Gl. (5.65)

$$y = \begin{cases} \dfrac{A\,x}{1+\ln A} & 0 \le x < \dfrac{1}{A} \\[2ex] \dfrac{1+\ln A\,x}{1+\ln A} & \text{für} \quad \dfrac{1}{A} \le x < 1 \end{cases} \tag{5.67}$$

5.9 Kompandergewinn

Zur Vereinfachung der Berechnung soll im Kanal ein Rechteck-
signal angenommen werden. In diesem Fall ist der Effektivwert
gleich dem Zeitwert.
Der Signal-Geräusch-Abstand am Ausgang des Kanals als Folge
der Quantisierungsverzerrungen ist dann ohne Kompandierung mit
dem Effektivwert u_{QV} dieser Verzerrungen

$$\varrho_{QV}^{*} = 20\,lg\,\frac{u_e}{u_{QV}} \tag{5.68}$$

Mit Gl. (5.24) wird daraus

$$\varrho_{QV}^{*} = 20\,lg\,\frac{u_e}{u_{max}} + 20\,lg\,\frac{u_{max}\sqrt{12}}{\Delta u} \tag{5.69}$$

Bei der Berechnung des Signal-Geräusch-Abstandes im Falle der
Kompandierung muß der Effektivwert des im Kanal entstehenden
Quantisierungsgeräusches mit der Steigung der Expanderkennli-
nie

$$\frac{du_e}{du_{aK}} = (1+\ln A) \begin{cases} \dfrac{1}{A} & 0 \le u_e \le u_e' \\[2ex] \dfrac{u_e}{u_{max}} & \text{für} \quad u_e' < u_e < \infty \end{cases} \tag{5.70}$$

multipliziert werden. Man erhält für den Signal-Geräusch-Abstand bei Kompandierung

$$\overset{*}{\mathcal{S}}_{QVK} = \begin{cases} 20\,lg\,\dfrac{U_e}{U_{max}} + 20\,lg\,\dfrac{U_{max}\sqrt{12}}{\Delta u} + 20\,lg\,\dfrac{A}{1+lnA} & \text{für } 0 \leq U_e \leq U_e' \\[2em] 20\,lg\,\dfrac{U_{max}\sqrt{12}}{\Delta u\,(1+lnA)} & \text{für } U_e' < U_e < \infty \end{cases} \qquad (5.71)$$

Bild 5.9 zeigt ein Diagramm, in dem der Signal-Geräusch-Abstand mit und ohne Kompandierung als Funktion der logarith-

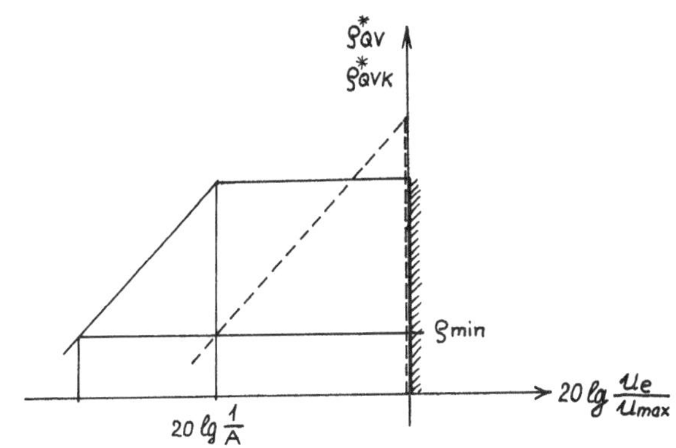

Bild 5.9   Signal-Geräusch-Abstand als Funktion der
           logarithmischen Eingangsspannung
           ———————— mit Kompandierung
           — — — — — ohne Kompandierung

mierten Eingangsspannung dargestellt ist. Die ausgezogene Kurve ist der Verlauf des Signal-Geräusch-Abstandes mit Kompandierung. Man erkennt den Bereich konstanten Signal-Geräusch-Abstandes. Ist die logarithmierte Eingangsspannung

$$20\,lg\,\frac{U_e}{U_{max}} \; < \; 20\,lg\,\frac{1}{A} \qquad (5.72)$$

bzw. die Eingangsspannung

$$U_e < U_e'$$

so kann die Konstanz des Signal-Geräusch-Abstandes nicht mehr

aufrechterhalten werden, weil die Kompressorkennlinie (s. Bild
5.8) vom logarithmischen in den geraden Teil übergeht.Die ge-
strichelte Kurve ist der Verlauf des Signal-Geräusch- Abstandes
ohne Kompandierung. Der durch Schraffieren gekennzeichnete
Teil der Ordinatenachse ist der Verlauf des Signal-Geräusch-
Abstandes infolge der bei $u_e = u_{max}$ einsetzenden Begrenzungsverzerrungen. Legt man einen minimalen Signal-Geräusch-Abstand
fest, so läßt sich aus dem Diagramm nach Bild 5.9 die Dynamik
mit und ohne Kompandierung und insbesondere der Kompandergewinn als Differenz der Dynamik mit und ohne Kompandierung ablesen. Mit Gl. (5.69) und (5.71) erhält man für den Kompandergewinn

$$G_K = 20\,lg\,\frac{A}{1 + ln\,A} \qquad (5.73)$$

Für Signale, bei denen die Wahrscheinlichkeit für Zeitwerte

$$u_e < u_e'$$

sehr groß ist, kommt der Kompandergewinn fast vollständig zur
Geltung.

5.10 Signal-Geräusch-Abstand

In jedem quantisierten Kanal entsteht ein Quantisierungsgeräusch. Durch Erhöhung der Amplitudenstufenzahl q läßt es
sich beliebig klein machen. Allerdings ist damit eine erhebliche Vergrößerung des Aufwandes verbunden. Somit sind Verfahren zur Verringerung des Quantisierungsgeräusches wichtig. Sie
wurden in Abschn. 5.3 und 5.8 bereits angesprochen und sollen
hier einander gegenübergestellt werden. In der Regel geht der
Amplitudenquantisierung eine Zeitquantisierung voraus; sie
soll jedoch bei dieser Betrachtung ausgeklammert werden.
Bei der Kompandierung wird der quantisierte Kanal eingebettet
zwischen Kompressor und Expander (s. Bild 5.10). Es wird eine
erhebliche Reduzierung des Quantisierungsgeräusches erreicht
(s. Abschn. 5.3). Die Blöcke 1 und 2 in Bild 5.10 lassen sich

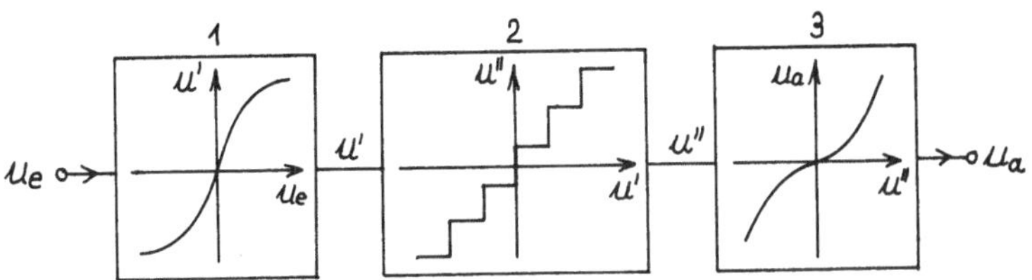

Bild 5.10 Quantisierter Kanal mit Kompander

zu einer resultierenden Kennlinie zusammenfassen (s.Bild 5.11)
Sie stellt die komprimierte und quantisierte Spannung u''

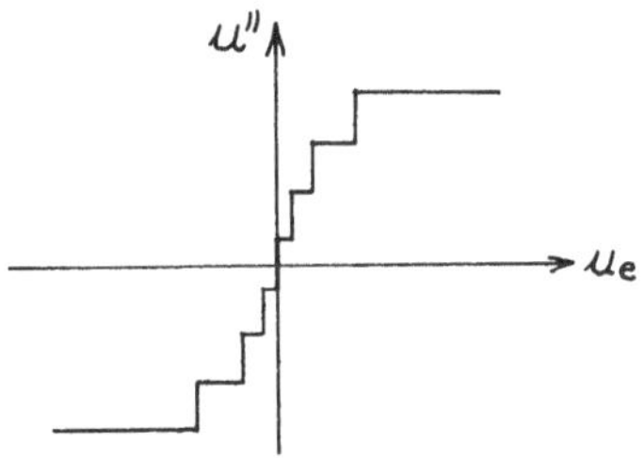

Bild 5.11 Kennlinie zur gleichzeitigen Komprimierung
und Quantisierung

als Funktion der Eingangsspannung u_e dar. Man erhält eine ungleichmäßige Stufung der Eingangsspannung. Die innerhalb einer
Stufe liegenden Werte der Eingangsspannung u_e werden gleichmäßig gestuften Werten der Spannung u'' zugeordnet.
Die zweite Möglichkeit der Verringerung des Quantisierungsgeräusches durch ungleichmäßige Quantisierung geht von der
Wahrscheinlichkeitsdichtefunktion des Signals aus. Der quadratische Mittelwert des Quantisierungsgeräusches nach Gl.(5.23)
läßt sich minimieren, wenn man die Stufenbreite im Bereich
häufig vorkommender Zeitwerte der Eingangsspannung klein

wählt. Man erhält dann eine lineare Quantisierungskennlinie
mit ungleichmäßiger Stufung (s. Bild 5.12). Beide Verfahren

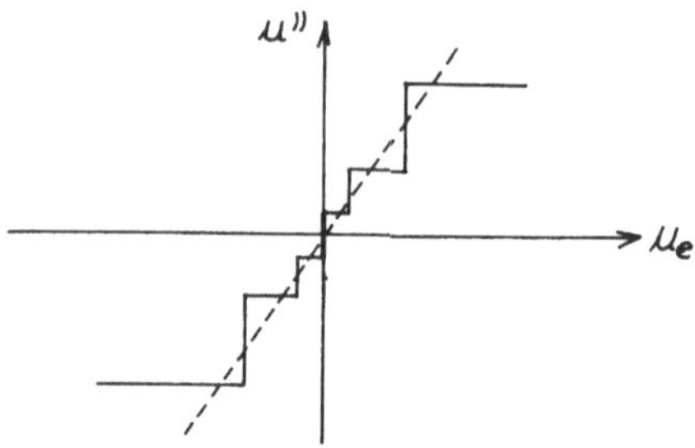

Bild 5.12   Lineare Quantisierungskennlinie mit
ungleichmäßiger Stufung

der Verringerung des Quantisierungsgeräusches verwenden eine
ungleichmäßige Quantisierung; jedoch ist beim zweiten Verfahren eine Expandierung auf der Empfängerseite nicht erforderlich.

5.11 Beispiele

Nicht nur bei der Amplitudenquantisierung, sondern bei jedem
elektronischen System ist der Aussteuerbereich begrenzt. Somit sind bei einem regellosen, durch seine Wahrscheinlichkeitsdichtefunktion gegebenen Signal Begrenzungsverzerrungen
unvermeidlich.
Durchläuft ein Signal mit der Wahrscheinlichkeitsdichtefunktion

$$p(u) = \frac{1}{\sqrt{2}\,U_{eff}}\; e^{-\frac{|\sqrt{2}\,|}{U_{eff}}|u|} \tag{5.74}$$

einen linearen Verstärker mit dem Aussteuerbereich u_{max} , so
erhält man den Signal-Geräusch-Abstand ϱ_{BV}^{*} infolge des Be-

grenzungsgeräusches

$$\varrho^{*}_{BV} = 20 \, lg \left| e^{\frac{|\sqrt{2}'|}{2\,U_{effmax}}\,|u_{max}|} \right| \qquad (5.75)$$

Die Auflösung der Gl. (5.75) nach u_{max}/U_{effmax} ergibt

$$\frac{u_{max}}{U_{effmax}} = \frac{2}{|\sqrt{2}'|} \, ln \left| 10^{\frac{\varrho^{*}_{BV}}{20}} \right| \qquad (5.76)$$

Damit läßt sich für einen gegebenen Signal-Geräusch-Abstand berechnen, wieviel mal so groß der Aussteuerbereich als der Effektivwert des Signals sein muß.

Bei einem quantisierten Kanal kann man für eine gegebene Wahrscheinlichkeitsdichtefunktion des Signals den durch Begrenzungs- und Quantisierungsverzerrungen hervorgerufenen Signal-Geräusch-Abstand ϱ^{*} als Funktion des Spannungspegels am Kanaleingang berechnen. Mit einer Wahrscheinlichkeitsdichtefunktion nach Gl. (5.6) gilt für den quadratischen Mittelwert des Begrenzungsgeräusches nach Gl. (5.31)

$$U^{2}_{eff_{BV}} = U^{2}_{eff_{e}} \, e^{-\frac{\sqrt{2}'}{U_{eff_{e}}}\,u_{max}} \qquad (5.77)$$

und mit Gl. (5.24) und Gl. (5.5) für den quadratischen Mittelwert des Quantisierungsgeräusches

$$U^{2}_{eff_{QV}} = \frac{u^{2}_{max}}{3q^{2}} \qquad (5.78)$$

Den quadratischen Mittelwert des gesamten Geräusches erhält man durch Addition der einzelnen Mittelwerte

$$U^{2}_{eff_{ges}} = U^{2}_{eff_{e}} \, e^{-\frac{\sqrt{2}'}{U_{eff_{e}}}\,u_{max}} + \frac{u^{2}_{max}}{3q^{2}} \qquad (5.79)$$

Für den logarithmischen Signal-Geräusch-Abstand

$$\varrho^* = 10\,lg\,\frac{U_{effe}^2}{U_{effges}^2} \tag{5.80}$$

ergibt sich somit

$$\varrho^* = 10\,lg\,\frac{1}{e^{-\sqrt{2}\left|\frac{u_{max}}{U_{effe}}\right|} + \frac{u_{max}^2}{3q^2 U_{effe}^2}} \tag{5.81}$$

Bild 5.13 zeigt den Signal-Geräusch-Abstand ϱ^* als Funktion

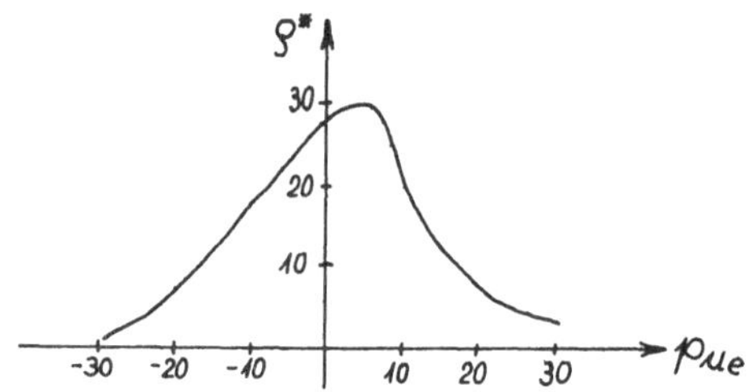

Bild 5.13   Signal-Geräusch-Abstand als Funktion
            des Eingangspegels

des Eingangspegels

$$p_{ue} = 20\,lg\,\frac{U_{effe}}{0{,}775\,V} \tag{5.82}$$

für die Amplitudenstufenzahl $q = 128$ und den Aussteuerbereich
$u_{max} = 8V$. Ein gleichmäßig und linear amplitudenquantisierter
Kanal wird zur Erhöhung der Dynamik in ein Kompandersystem
(s. Anhang A3) mit einer Kennlinie nach Gl. (5.67) eingebettet. Rechnet man mit den Vereinfachungen von Abschn. 5.9, so
läßt sich auf einfache Weise die Dynamik mit und ohne Kompandierung ermitteln. Bei gegebenem Signal-Geräusch-Abstand ϱ^*
gilt mit Gl. (5.69) für die Dynamik ohne Kompandierung

$$D^* = 20\,lg\left(\frac{\sqrt{12}}{2}\,q\right) - \varrho^*$$ (5.83)

und mit Gl. (5.71) für die Dynamik mit Kompandierung

$$D_k^* = 20\,lg\left(\frac{\sqrt{12}}{2}\,q\right) + 20\,lg\left(\frac{A}{1+\ln A}\right) - \varrho^*$$ (5.84)

6. Quellencodierung

Die umfassendste Bedeutung der Codierung ist die Darstellung einer Nachricht in einer anderen Form. Häufiger versteht man Codierung jedoch als Darstellung eines einzelnen Nachrichtenelementes aus einer größeren Menge solcher Elemente durch die Kombination von Elementen aus einer kleineren Menge von Nachrichtenelementen. Die Umkehrung dieses Vorgangs heißt Decodierung.

6.1 Übertragungssystem

Die physikalischen Realitäten sind gegeben durch eine Nachrichtenquelle, einen mehr oder weniger gestörten Übertragungskanal und eine Nachrichtensenke. Nachrichtenquelle und Kanaleingang werden durch einen Codierer verbunden, die Kopplung zwischen Kanalausgang und der Nachrichtensenke erfolgt durch den Decodierer. Bei der Codierung müssen sowohl Eigenschaften der Quelle als auch Eigenschaften des Kanals berücksichtigt werden. Daher teilt man den Codierer in einen Quellen- und einen Kanalcodierer (s. Abschn. 7) und den Decodierer in einen Quellen- und einen Kanaldecodierer auf. Hierbei sollen die jeweils einander zugeordneten Codierer und Decodierer sich in ihrer Funktion gegenseitig aufheben, damit das von der Quelle abgegebene Signal nach Übertragung über den Kanal am Eingang der Senke möglichst ohne Verzerrung zurückgewonnen wird. So entsteht das Modell eines Nachrichtenübertragungssystems nach

Bild 6.1. Die Darstellung berücksichtigt, daß in einem Nach-

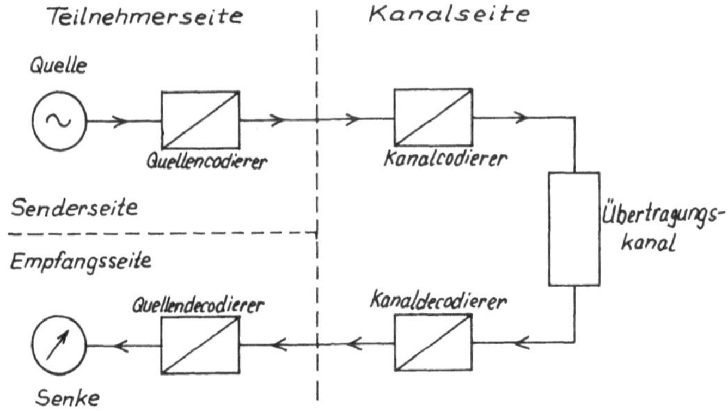

Bild 6.1   Modell eines Nachrichtenübertragungssystems

richtennetz jeder Teilnehmeranschluß sowohl eine Quelle als
auch eine Senke beinhaltet. Codierer und Decodierer sind also
räumlich benachbart und werden in einer Codec genannten Einheit zusammengefaßt. An der Schnittstelle zwischen Teilnehmerseite und Kanalseite sollen die Signale derart neutralisiert
sein, daß jede beliebige Teilnehmerseite mit jeder beliebigen
Kanalseite über die ihnen eigenen Codecs optimal miteinander
verbunden werden können.

6.2 Nachrichtenebene

Nach J. Schouten [51]   kann man eine Nachricht in vier Teile
zerlegen. Zunächst kann unterschieden werden ein irrelevanter,
d. h. nicht zur Sache gehöriger Teil,und ein relevanter, d. h.
zur Sache gehöriger Teil der Nachricht. Zusätzlich ist eine Unterscheidung möglich in einen redundanten, d. h. bekannten,
und einen nicht redundanten, d. h. unbekannten Teil. Zur Veranschaulichung stellt man die Nachricht in einer Ebene (s.Bild
6.2) dar. Die vertikale Gerade trennt redundante und nicht

redundante Teile der Nachricht, die horizontale Gerade irrele-
vante und relevante Teile. Nur die relevante und nicht redun-

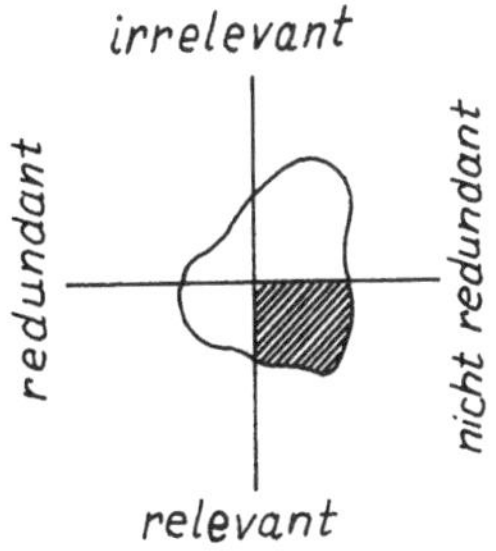

Bild 6.2   Nachrichtenebene

dante Nachricht ist für den Empfänger interessant. Der von einer Nachrichtenquelle abgehende Nachrichtenfluß stellt in der
Nachrichtenebene im allgemeinen eine den Nullpunkt einschlie-
ßende Fläche dar. Aufgabe der Quellencodierung ist es, eine
Nachrichtenreduktion derart durchzuführen, daß die Irrelevanz
und Redundanz der Nachricht eliminiert werden, d. h, daß der
in Bild 6.2 schraffiert gezeichnete Teil der Nachricht abge-
trennt wird. Durch die auf diese Weise erreichte Verringerung
des Nachrichtenflusses wird der Übertragungskanal besser ausgenutzt. Das bedeutet in der Praxis eine Einsparung an
- Bandbreite
- Sendeleistung
- Speicherkapazität oder Übertragungszeit.
Reduktion der Irrelevanz. Nachrichten werden vom Menschen über
Augen und Ohren aufgenommen. Aufgrund psycho-physiologischer
Gesetzmäßigkeiten sind diese Sinnesorgane nur in gewissen Gren-
zen aufnahmefähig und daher für bestimmte Teile der Nachricht
unempfindlich. Die Irrelevanzreduktion besteht nun darin, daß
diese Teile der Nachricht nicht übertragen werden.
So sind bei der Übertragung von Sprache die Beschneidung des
Frequenzbandes, die Begrenzung der Momentanwerte und die

<u>Amplitudenquantisierung</u> ohne Einschränkung der Verständlichkeit zulässig. Bei der Übertragung von bewegten Bildern ist
die Zerlegung in eine Folge von Einzelbildern zulässig, weil
oberhalb einer bestimmten Bildfolgefrequenz durch die Trägheit des Auges die Zerlegung nicht mehr wahrgenommen wird. Zudem ist es infolge der Augenträgheit möglich, jedes Bild in
Zeilen zu zerlegen und diese nacheinander zu übertragen.

<u>Reduktion der Redundanz.</u> Redundant ist der Teil der Nachricht,
der sich aus dem Informationsgehalt vorhersagen läßt. Diese
Vorhersagbarkeit macht es möglich, die reduzierte Redundanz
im Empfänger wieder zuzusetzen. Bei störungsfreiem Kanal wird
daher die Nachricht trotz Redundanzreduktion fehlerfrei zum
Empfänger übertragen, wenn die Redundanz wieder zugesetzt wird.
Allerdings wird bei gestörter Übertragung auch die zugesetzte
Redundanz fehlerhaft. Daher ist ein redundanzreduziertes Signal in vielen Fällen empfindlicher gegen Übertragungsstörungen als ein Signal ohne Redundanzreduktion.

Wichtige Beispiele für eine Redundanzminderung sind die <u>Zeitquantisierung</u> und die <u>Amplitudenkompression.</u> In beiden Fällen
wird im Empfänger die Redundanz wieder zugefügt, bei der Zeitquantisierung durch einen Interpolationstiefpaß und bei der
Amplitudenkompression durch einen Expander.
Bei der Zeitquantisierung besteht die Redundanzminderung darin,
daß statt des analogen Signals in periodischen Abständen nur
dessen Funktionswerte übertragen werden. Im Abschnitt 5 wurde
gezeigt, daß bei der Amplitudenquantisierung die Anzahl der
erforderlichen Amplitudenstufen bei vorgegebenem Quantisierungsgeräusch durch einen Kompressor verringert werden kann.
Stellt man jede Amplitudenstufe durch eine Kombination von
zwei verschiedenen Zeichen und somit durch ein binäres Signal
dar, so ist die Anzahl der pro Amplitudenstufe benötigten Zeichen und damit die erforderliche Schrittfrequenz wegen der
kleineren Stufenzahl niedriger als ohne Kompression.
Bei der Codierung der einzelnen Amplitudenstufen durch eine
Kombination aus jeweils zwei Zeichen kann eine Redundanzminderung dadurch erzielt werden, daß man eine unterschiedliche

Codewortlänge zuläßt und häufige Amplitudenstufen den kurzen
Codeworten und seltene Amplitudenstufen den längeren Codeworten zuordnet. Man bezeichnet derartige Codes als optimale Codes. Diese redundanzsparende Quellencodierung ist jedoch mehr
von grundsätzlichem Interesse; denn die gleichlangen Codes,
bei denen alle Codewörter gleiche Längen haben, bieten wesentliche Erleichterungen für die Verwirklichung der technischen
Einrichtungen zur Erfassung, Übertragung und Verarbeitung digitaler Informationen. Zwei weitere Verfahren der Redunanz-
reduktion, bei denen innere Zusammenhänge zwischen aufeinanderfolgenden Signalwerten ausgenutzt werden, sind die Differenzcodierung und die Lauflängencodierung.

6.3 Codes

Die Stufenwerte bei der Amplitudenquantisierung lassen sich
durch einen Code ausdrücken. Man versteht darunter die Darstellung der Stufenwerte mit der Anzahl q durch eine Kombination von r Zeichen aus einer Menge von b verschiedenen
Zeichen. Die Anzahl der möglichen Zeichen heißt die Stufenzahl
und die Anzahl der zu einer Kombination zusammengestellten Zeichen Stellenzahl des Codes. Die Anordnung von r Zeichen bzw.
Codeelementen ist ein Codewort. Zur Kennzeichnung der Stufenzahl verwendet man die Adjektive

b = 2	binär		b = 7	septenär
b = 3	ternär		b = 8	octonär
b = 4	quaternär		b = 9	novenär
b = 5	quinär		b = 10	denär
b = 6	senär		b = 16	sedenär

Mit einem b-stufigen und r-stelligen Code lassen sich

$$q = b^r \qquad (6.1)$$

verschiedene Codewörter bilden. Die Zuordnung der Codewörter
zu den Stufenwerten, z. B. bei der Amplitudenquantisierung,
wird durch den Code festgelegt.

Spezielle Codes sind die Zahlensysteme (s. Abschn. 7.2.2.2). Bei ihnen ergibt sich der Wert y einer r-stelligen Zahl in einem System mit b verschiedenen Ziffern a_i mit der ganzen Zahl i zur Numerierung der Ziffern und der ganzen Zahl ϱ zur Numerierung der Stellen aus

$$y = \sum_{\varrho=1}^{r} a_i(\varrho)\, b^{\varrho-1} \tag{6.2}$$

Es werden also den einzelnen Codeelementen Stellenwertigkeiten zugeordnet, die Potenzen einer Basis b sind. Dabei ist die Basis gleich der Anzahl der verschiedenen Ziffern. Zur Kennzeichnung der Basis verwendet man die folgenden Adjektive:

b = 2	dual	b = 7	septimal
b = 3	trial	b = 8	oktal
b = 4	quattoral	b = 9	nonal
b = 5	quintal	b = 10	dezimal
b = 6	sextal	b = 16	sedezimal

Bei der Codierung eines analogen Signals, die man auch Analog-Digital-Wandlung nennt, werden binäre Codes verwendet. Sie werden von der gesamten Digitaltechnik bevorzugt, weil zwei verschiedene Zustände elektrisch gut unterschieden werden können und vergleichsweise geringe Anforderungen an die Bauelemente gestellt werden müssen. Unter den verschiedenen Binärcodes ist der auf dem Zahlensystem mit der Basis 2 beruhende <u>Dualcode</u> von Bedeutung. Bei ihm kann sich beim Übergang von einem Amplitudenwert zum benachbarten mehr als ein Codeelement ändern. Diese Eigenschaft ist ungünstig, weil die Verfälschung eines Codeelements bei der Übertragung große Amplitudenfehler im Empfänger zur Folge haben würde. Daher sind die <u>einschrittigen Codes</u>, bei denen sich beim Übergang von einem Amplitudenwert zum benachbarten immer nur ein Codeelement ändert, wichtig. Ein bekannter Vertreter der einschrittigen Codes ist der <u>Gray-Code.</u>

6.4 Verfahren

Quellencodierung bedeutet allgemein die Codierung der analogen
oder digitalen Quellensignale. Bei den analogen Signalen soll
im Rahmen dieses Buches unter Quellencodierung die Überführung
in ein digitales Signal verstanden werden. In jedem Fall wird
bei der Quellencodierung die Reduktion von Irrelevanz und Redundanz angestrebt.
Bild 6.3 zeigt blockschaltbildartig die einzelnen Stufen bei
der Codierung eines analogen Signals. Wichtig dabei ist, daß

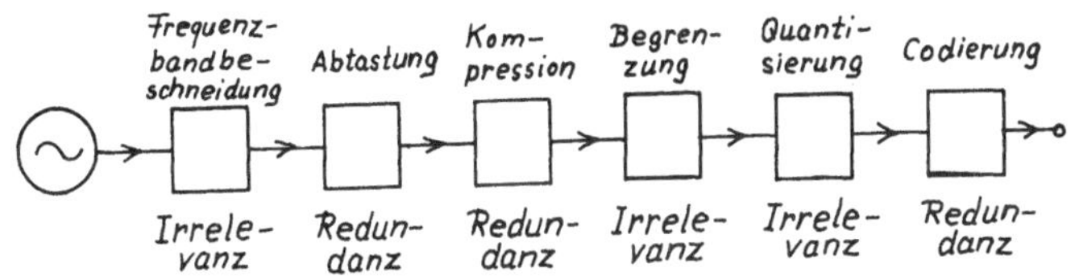

Bild 6.3   Stufen der Quellencodierung
eines analogen Signals

die Reihenfolge der einzelnen Stufen geändert werden kann und
daß häufig aufeinanderfolgende Stufen schaltungstechnisch nicht
voneinander zu trennen sind. So werden in der Regel die Stufen
der Begrenzung, Quantisierung und Codierung in einer Analog-
Digital-Wandler genannten Schaltung verwirklicht. In vielen
Fällen wird auch die durch diesen Wandler bewirkte Überführung
eines analogen in ein digitales Signal als Codierung bezeichnet, wobei unter Codierung im engeren Sinne die Darstellung
der einzelnen Amplitudenstufen durch Kombinationen aus zwei
verschiedenen Zeichen in Form eines binären Signals verstanden wird.

6.4.1 Codierung

Es lassen sich bei den üblichen Verfahren drei Prinzipien unterscheiden: Bei der Zählmethode wird festgestellt, wie oft
man ein Normal von der Größe eines Quantisierungsintervalls

übereinanderstapeln muß, um den Wert einer Abtastprobe zu erreichen. Ist die Anzahl der Amplitudenstufen bzw. der Quantisierungsintervalle q, so müssen bei Codierung mit einer Stufenzahl b nach Gl. (6.1) Codeworte mit einer Stellenzahl

$$r = \frac{\lg q}{\log b} \qquad (6.3)$$

entstehen. Die Dauer der Umsetzung ist dadurch bestimmt, daß
maximal $2^r - 1$ Schritte erforderlich sind. Durch Zählung der
einzelnen Schritte mit einem Zähler entstehen die einzelnen
Codeworte in einer durch den Zähler festgelegten Codierung.
Bei der Iterationsmethode werden r Normale verwendet, deren
Größen sich im Falle des Dualcodes wie $2^0 : 2^1 : 2^2 : ... 2^{r-1}$ verhalten. Nacheinander werden die Normale, mit dem größten beginnend, mit dem zu codierenden Wert verglichen und jeweils angenommen, wenn sie kleiner als der zu codierende Wert sind, jedoch zurückgestellt, wenn durch ihre Hinzunahme der Wert über-
stiegen wird. Die Kombination der am Ende verbleibenden Normale ergibt das entsprechende Codewort. Es sind also bei der
Iterationsmethode nur r Schritte zur Umsetzung erforderlich.

Bei der direkten Methode wird mit Hilfe von 2^{r-1} Normalen,
deren Größen gleich den Amplitudenstufenwerten sind, in einem
Schritt durch Vergleich festgestellt, welches Normal dem zu
codierenden Wert entspricht und das zugehörige Codewort ausgelöst.
Da die Anzahl der Normale ein Maß für den gerätetechnischen
Aufwand und die Anzahl der Schritte ein Maß für die Umsetzungs-
geschwindigkeit sind, ist die Wahl der Codiermethode von den
jeweiligen Forderungen abhängig. Hierbei spielen auch die relativen Fehler der Normale eine wesentliche Rolle.
Will man sowohl die Schrittzahl als auch die Anzahl der Normale gering halten, so ist die Iterationsmethode ein guter Kompromiß.
Im Gegensatz zur Codierung findet bei der Decodierung, die ein
durch ein binäres Signal dargestelltes Codewort in eine analoge Spannung verwandelt, nur ein Prinzip Anwendung.

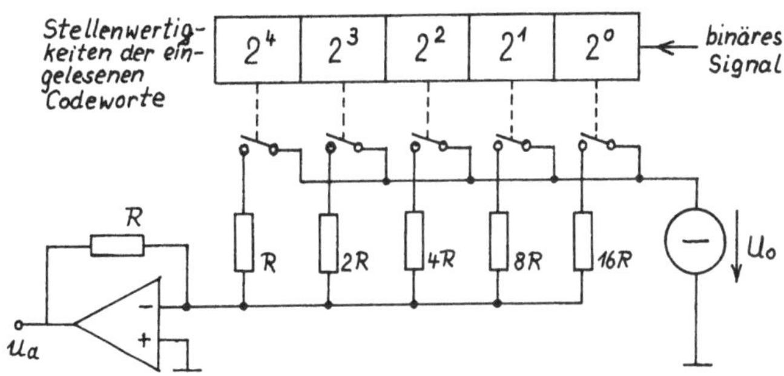

Bild 6.4   Decodierung

Die Schaltung nach Bild 6.4 decodiert ein im Dualcode codier-
tes Codewort. Dabei wird das binäre Signal in ein Schieberegister eingelesen, von dem aus die Schalter eines Netzwerkes
betätigt werden, dessen Widerstände nach Potenzen zur Basis 2
gestuft sind. Mit der Stellenzahl r des Codewortes, der Spei-
sespannung U_0 , der Laufvariablen ϱ und der Dualziffer $a_i(\varrho)$,
die entweder 0 oder 1 sein kann, ist die Ausgangsspannung

$$U_a = -U_0\,\frac{1}{2^r}\sum_{\varrho=1}^{r} a_i(\varrho)\,2^{\varrho-1}\tag{6.4}$$

Die Laufvariable ϱ kennzeichnet die Stelle der Ziffer innerhalb des Codewortes. Gl. (6.4) stimmt überein mit der allgemeinen Darstellung einer Zahl mit Basis b nach Gl. (6.2).
Das in Bild 6.4 dargestellte Decodierverfahren läßt sich zum
Aufbau eines Codierers nach der Iterationsmethode verwenden
(s. Bild 6.5). Dabei stellt die Steuerschaltung an den Schaltern des Widerstandesnetzwerks eine Dualzahl ein, die in einen proportionalen Spannungswert nach Gl. (6.4) verwandelt
wird. Dieser Spannungswert wird in einem Differenzverstärker
mit der zu codierenden Spannung U_e verglichen. Die Schalter
des Widerstandsnetzwerks werden, von links beginnend, betätigt
und umgeschaltet gelassen, wenn die zu codierende Spannung
größer als die Ausgangsspannung des Operationsverstärkers

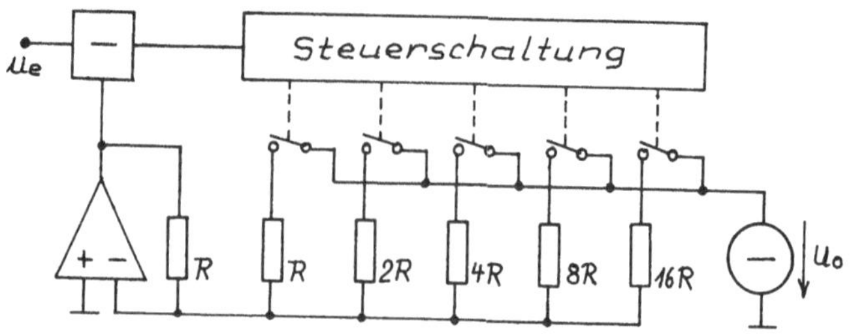

Bild 6.5   Codierer nach der Iterationsmethode

(s. Bild 6.5) ist. Nach Betätigung des letzten Schalters re-
präsentieren die Schalterstellungen die dem zu codierenden
Spannungswert u_e entsprechende Dualzahl.
Bei der Betrachtung der Codierungsverfahren ist auch die evtl.
vorzunehmende Kompression zu berücksichtigen. Sie wird zur
Verringerung der Kanaldynamik (s. Abschn. 5 und A 3) und damit
der erforderlichen Amplitudenstufenzahl im Rahmen eines Kompandersystems vorgesehen. Es gibt im Prinzip drei Realisie-
rungsmöglichkeiten:

a) Momentanwertkompression mit Hilfe einer nichtlinearen Kennlinie und anschließender gleichmäßiger Quantisierung.

b) Ungleichmäßige Quantisierung, die die gleiche Wirkung hat
   wie die Momentanwertkompression mit gleichmäßiger Quantisierung. Allerdings kann hier nur das Codierungsverfahren
   nach der direkten Methode angewendet werden.

c) Codeumsetzung. Hier wird zunächst eine gleichmäßige Quantisierung vorgenommen, wobei alle Quantisierungsintervalle
   gleich dem bei ungleichmäßiger Quantisierung notwendig
   kleinsten gewählt werden. Das ergibt eine wesentlich größere Stufen- und damit auch Stellenzahl bei der anschlie-
   ßenden Codierung,als für die Übertragung vorgesehen ist.
   In einem Codeumsetzer wird mehreren benachbarten Codewörtern des Eingangscodes jeweils nur ein Codewort des Aus-
   gangscodes zugeordnet. Auf der Empfangsseite wird vor der
   Decodierung ein Coderückumsetzer eingesetzt.

Es ist möglich, jedes der drei Verfahren auf der Sendeseite
mit jedem der entsprechenden Verfahren auf der Empfangsseite
zu kombinieren.

6.4.2 Differenzcodierung

Eine erhebliche Redundanzreduktion kann erreicht werden, wenn
statt der Signalwerte selbst nur <u>Änderungen</u> gegenüber den vom
Empfänger erwarteten Signalwerten übertragen werden. Bestimmte Signalwerte erwarten kann der Empfänger aber nur, wenn er
aus den früher empfangenen Signalwerten auf den vermutlich als
nächsten einlaufenden schließen kann. Dieser Vorhersagewert
wird aus den vorangegangenen Signalwerten durch einen <u>Prädik-</u>
<u>tor</u> (lat.: praedicere - vorhersagen) ermittelt. Bild 6.6 zeigt
blockschaltbildartig den Aufbau einer derartigen Differenz-

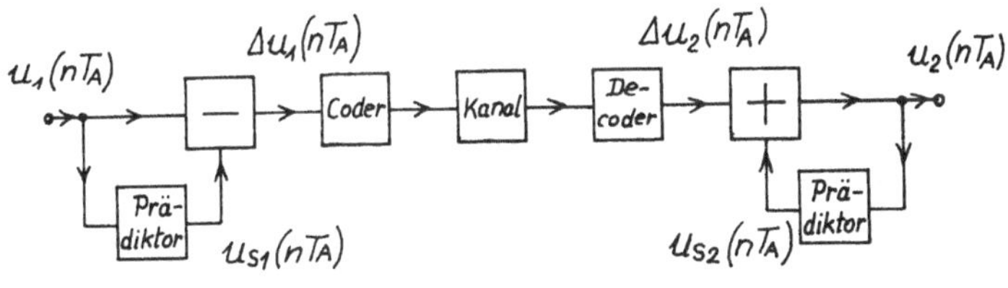

Bild 6.6 Differenzcodierung mit einem
zeitdiskreten, wertkontinuierlichen Signal

codierung mit einem zeitdiskreten, wertkontinuierlichen Signal
$u_1(nT_A)$. Im Prädiktor wird aus den vorangegangenen Signalwerten ein Schätzwert $u_{S1}(nT_A)$ ermittelt und dann das Differenzsignal $\Delta u_1(nT_A) = u_1(nT_A) - u_{S1}(nT_A)$ gebildet. Dieses wird
codiert übertragen und auf der Empfangsseite decodiert. Das de-
codierte Signal wird zu dem im empfängerseitigen Prädiktor aus
den vorangegangenen Signalwerten gebildeten Schätzwert $u_{S2}(nT_A)$
addiert und liefert das rekonstruierte Signal $u_2(nT_A)$. Weil
das Differenzsignal $\Delta u_2(nT_A)$ Quantisierungsverzerrungen ent-

enthält, ist nicht nur das wiedergewonnene Signal $u_2(nT_A)$ verfälscht, sondern es weichen auch die Schätzwerte $u_{S2}(nT_A)$ auf der Empfangsseite von denen auf der Sendeseite ab. Letzteres kann man vermeiden, indem man die Schätzwerte $u_{S1}(nT_A)$ im Prädiktor aus dem decodierten Differenzsignal $\Delta u_1(nT_A)$ bildet, so daß $u_{S1}=u_{S2}$ ist (s. Bild 6.7)

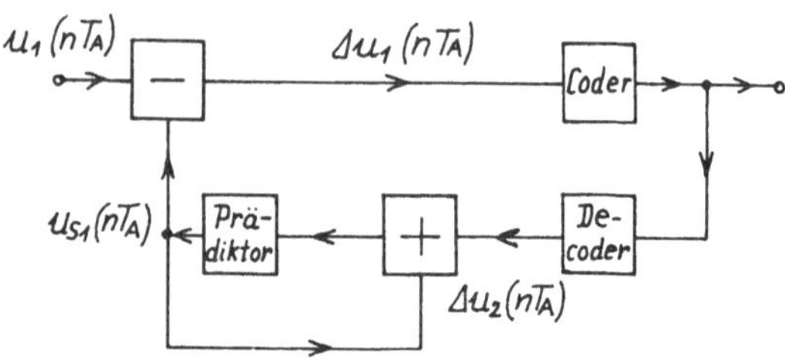

Bild 6.7   Schätzwertbildung, die vom amplitudenquantisierten Signal ausgeht.

Auf diese Weise sind die Schätzwerte auf der Sendeseite mit den gleichen Quantisierungsverzerrungen behaftet wie auf der Empfängerseite.

Eine einfache Prädiktorform ist der <u>Linearprädiktor</u>, für dessen Schätzwert mit der Abtastperiode T_A , der Anzahl M der zur Vorhersage verwendeten Abtastwerte und den Gewichtsfaktoren a_m gilt

$$u_s(nT_A) = \sum_{m=1}^{M} a_m u\big[(n-m)T_A\big]$$

$$(6.5)$$

Die Gewichtsfaktoren sind dabei so zu wählen, daß die Werte des Differenzsignals $\Delta u(nT_A)$ voneinander statistisch unabhängig sind.

Als <u>Deltamodulation</u> bezeichnet man eine vereinfachte Form der Differenzcodierung, bei der als Schätzwert jeweils der vorhergehende Wert verwendet und bei der Codierung nur das Vorzeichen der Differenz übertragen wird.

6.4.3 Lauflängencodierung

Bei der zeilenweisen Abtastung von Schwarz-Weiß-Faksimile-
Bildern und Schwarz-Weiß-Zeichnungen treten Signale auf, die
die Zustände Schwarz oder Weiß über längere Zeit beibehalten.
Nach der Codierung entsprechend Abschn. 6.4.1 entstehen dann
ununterbrochene Folgen gleicher Binärzeichen. Die Lauflängencodierung besteht darin, daß man anstelle der Zeichen, die als
Lauflänge bezeichnete Folge gleicher Zeichen in binärer Codierung überträgt. Bild 6.8 zeigt das Prinzip der Lauflängen-

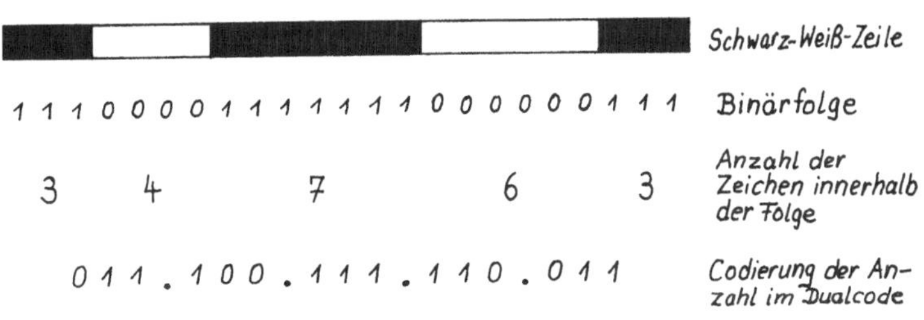

Bild 6.8   Lauflängencodierung

codierung am Beispiel einer aus schwarzen und weißen Abschnitten bestehenden Zeile. Dabei wird zur Darstellung der Lauflän-
gen eine einheitliche Codewortlänge festgelegt. Die beiden
Zeichen der Binärfolge werden mit den Ziffern 0 und 1 bezeichnet. Ob die Lauflänge einen schwarzen oder weißen Abschnitt
kennzeichnet, braucht nicht übertragen zu werden, da Schwarz
oder Weiß von Lauflänge zu Lauflänge wechseln muß. Nur für den
Bildanfang muß man eine Vereinbarung treffen. Ferner muß festgelegt werden, wie eine Lauflänge codiert werden soll, die
länger ist, als die Darstellung durch die Codewortlänge es zuläßt.
Die Lauflängencodierung hat zwar gleichlange Codewörter, ergibt aber trotzdem einen ungleichmäßigen Fluß an Binärzeichen

und erfordert daher zur Übertragung einen Speicher.
Bild 6.8 zeigt, daß die zur Darstellung der Zeile erforderlichen Binärzeichen von 23 auf 15 reduziert werden. Allerdings
ist der Reduktionsfaktor je nach Bildinhalt unterschiedlich.

6.5 Leistungsdichtespektrum

Ein analoges Signal wird beschrieben durch seine Spannungszeitfunktion $u(t)$. Da diese im allgemeinen unbekannt ist, muß
das Signal durch die Wahrscheinlichkeitsdichtefunktion $p(u)$
gekennzeichnet werden. Soll eine Umwandlung in ein digitales
Signal vorgenommen werden, so ist eine Amplituden- und Bandbegrenzung erforderlich. Damit sind neben der Wahrscheinlichkeitsdichtefunktion $p(u)$ die Grenzfrequenz f_g und der Ampli-
tudenbereich

$$-u_{max} \leq u \leq u_{max} \tag{6.6}$$

zwei wichtige Kenngrößen des analogen Signals. Die Umwandlung
in ein digitales Signal vollzieht sich über Abtastung, Quantisierung und Codierung. Für die Abtastfrequenz gilt nach Gl.
(3.25)

$$f_A \geq 2f_g \tag{6.7}$$

Bei der Quantisierung ist die Stufenzahl b die wichtigste
Kenngröße. Wird eine binäre Codierung mit gleich langen Codewörtern durchgeführt, so ergibt sich die erforderliche Stellenzahl der Codewörter aus Gl. (6.3). Am Ausgang des Codierers
entsteht somit ein binäres Signal, dessen Schrittfrequenz f_0
sich, wenn die Abtastfrequenz um p Prozent oberhalb der doppelten Grenzfrequenz liegt und kein Zeitmultiplex (s. Abschn.
13) vorgesehen wird, mit der Stellenzahl r eines Codewortes
aus

$$f_0 = 2r\,(1+p)\,f_g \tag{6.8}$$

ergibt.
Zur Ermittlung des Leistungsdichtespektrum muß die Wahrschein-

lichkeitsstruktur des binären Signals bekannt sein. Sie läßt
sich nach Abschn. 2 als Markoff'sche Übergangsmatrix beschreiben.

Zunächst soll vorausgesetzt werden, daß die einzelnen Amplitudenstufen des analogen Signals und damit die Codewörter gleich
wahrscheinlich sind. Mit der Wahrscheinlichkeit p_{zw} dafür,
daß innerhalb eines Wortes auf ein Zeichen das gleiche Zeichen folgt, der Wahrscheinlichkeit p_{zB} dafür, daß ein Wort
mit dem Zeichen beginnt und der Wahrscheinlichkeit p_{zE} dafür,
daß ein Wort mit dem Zeichen endet, ist nach dem Additions-
und Multiplikationsgesetz der Wahrscheinlichkeitslehre die
Wahrscheinlichkeit dafür, daß innerhalb der Folge auf ein Zeichen das gleiche Zeichen folgt

$$p_{zz} = p_{zw} + p_{zE}\, p_{zB} \tag{6.9}$$

Sind für einen binären Code nach Gl. (6.9) die Übergangswahr-
scheinlichkeiten p_{11} und p_{22} bestimmt, so erhält man, da die
Zeilen- und Spaltensummen einer Übergangsmatrix 1 ergeben, die
Übergangswahrscheinlichkeiten p_{12} und p_{21} aus

$$p_{12} = 1 - p_{11} \qquad p_{21} = 1 - p_{22} \tag{6.10}$$

Nach Gl. (2.89) ist der das Leistungsdichtespektrum bestimmen-
de Eigenwert

$$\lambda = p_{11} + p_{22} - 1 \tag{6.11}$$

Wird bei einer Amplitudenstufenzahl von $q=8$ eine binäre Codierung durchgeführt, so ist nach Gl. (6.3) eine Stellenzahl von
$r=3$ erforderlich. Kennzeichnet man die beiden Zeichen der
binären Codierung mit den Ziffern 0 und 1, so ergibt sich beim
Dualcode das Alphabet

0 0 0   1 0 0
0 0 1   1 0 1
0 1 0   1 1 0
0 1 1   1 1 1

Die Wahrscheinlichkeit p_{1w} dafür, daß innerhalb eines Wortes
auf eine 1 wieder eine 1 folgt, ergibt sich als Quotient aus

der Anzahl der Fälle, bei denen auf eine 1 wieder eine 1 folgt,
und der Anzahl der möglichen Übergänge zu 4/16. Berechnet man
die Wahrscheinlichkeit p_{11} dafür, daß auf eine 1 wieder eine 1
folgt, nach Gl. (6.9), so erhält man

$$p_{11} = \frac{4}{16} + \frac{4}{8} \cdot \frac{4}{8} = \frac{1}{2}$$

Auf die gleiche Weise erhält man die Wahrscheinlichkeit p_{oo}
dafür, daß auf eine 0 wieder eine 0 folgt, und mit Gl. (6.10)
die Übergangsmatrix

$$p = \begin{pmatrix} \frac{1}{2} & \frac{1}{2} \\ \frac{1}{2} & \frac{1}{2} \end{pmatrix}$$

Aus Gl. (6.11) erhält man den Eigenwert $\lambda = 0$.
Daß alle Amplituden eines analogen Signals die gleiche Wahrscheinlichkeit haben, ist ein Ausnahmefall. Für die Wahrscheinlichkeitsdichte eines Sprachsignals gilt nach [52] näherungsweise (s. Bild 6.9)

$$p(u) = \frac{1}{\sqrt{2}\, U_{eff}}\, e^{-\sqrt{2}\frac{|u|}{U_{eff}}} \tag{6.12}$$

Wird eine gleichmäßige Quantisierung des Signals vorgenommen,

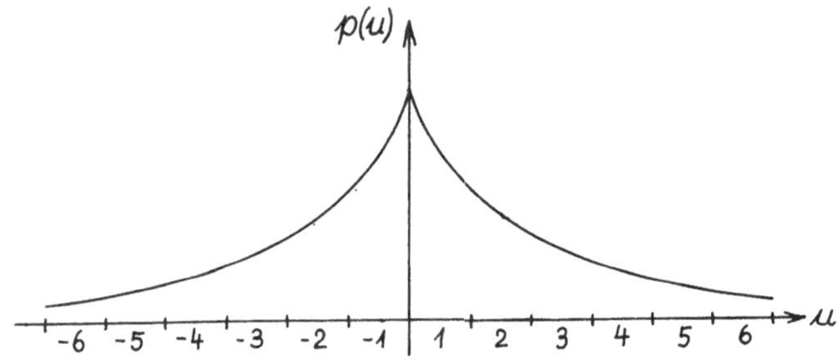

Bild 6.9 Wahrscheinlichkeitsdichte des Sprachsignals
mit Einteilung in Amplitudenstufen

so läßt sich die Wahrscheinlichkeit für das Auftreten der einzelnen Amplitudenstufen aus der Wahrscheinlichkeitsdichtefunktion berechnen. Mit der Stufenbreite Δu und der ganzen Zahl n zur Numerierung der Stufen (s. Bild 6.9) ist die Wahrscheinlichkeit dafür, daß sich die Spannung u innerhalb der Breite einer bestimmten Stufe mit der Nummer n befindet.

$$P(n) = \int\limits_{(n-1)\Delta u}^{n\Delta u} p(u)\, du \qquad (6.13)$$

Die Integration ergibt mit der Wahrscheinlichkeitsdichte nach Gl. (6.12)

$$P(n) = \frac{1}{2}\, e^{-\sqrt{2}\,\frac{\Delta u\,|n|}{U_{eff}}}\left(e^{+\sqrt{2}\,\frac{\Delta u}{U_{eff}}} - 1\right) \qquad (6.14)$$

Gl. (6.14) legt die Wahrscheinlichkeit des Codewortes fest, das der Amplitudenstufe mit der Nummer n zugeordnet ist. Zur Ermittlung der Wahrscheinlichkeiten der Übergangsmatrix werden die Wahrscheinlichkeiten der Codewörter mit einem solchen Faktor multipliziert, daß sich ganze Zahlen ergeben. Dann wird eine Menge von Codewörtern betrachtet, in der jedes Codewort so oft vorkommt wie die entsprechende mit dem gewählten Faktor multiplizierte Wahrscheinlichkeit. Dann kann das gleiche Verfahren angewendet werden wie für den Fall gleich wahrscheinlicher Codewörter. Wird noch festgelegt, daß das Zeichen 1 durch einen Rechteckimpuls $h(t)$ und das Zeichen 0 durch keinen Impuls dargestellt wird, so berechnet sich das Leistungsdichtespektrum aus Gl. (2.96), (2.106) und (2.114), wobei $a_1 = 1$ und $a_2 = 0$ sein muß.

6.6 Beispiel

Ein Sprachsignal mit der Wahrscheinlichkeitsdichtefunktion nach Gl. (6.12) soll in ein digitales Signal umgewandelt werden. Nach der Bandbegrenzung, die die Wahrscheinlichkeitsdichtefunktion nicht verändern soll, ist eine Signalgrenzfrequenz $f_g = 3{,}4\,kHz$ vorhanden. Die Abtastfrequenz wird $f_A = 8\,kHz$ gewählt. Bei der Amplitudenquantisierung ist eine Begrenzung der Amplituden erforderlich. Das Verhältnis des maximalen Zeitwertes u_{max} zum Effektivwert U_{eff} soll $\frac{u_{max}}{U_{eff}} = 5$ betragen. Damit ergibt sich nach Gl. (5.33) ein Signal-Geräusch-Abstand infolge der Begrenzungsverzerrungen von 30,7 dB. Wird eine Amplitudenstufenzahl $q = 16$ vorgesehen, so erhält man mit Gl.(5.5) für das Verhältnis Stufenbreite Δu zum Effektivwert U_{eff} des Sprachsignals $\frac{\Delta u}{U_{eff}} = \frac{5}{8}$. Bei einer Einteilung in Amplitudenstufen nach Bild 6.9 berechnen sich die Wahrscheinlichkeiten der einzelnen Stufen für $n = \pm 1, \pm 2, \ldots \pm 7$ nach Gl. (6.14). Wegen der unvermeidlichen Begrenzung werden die Zeitwerte des Sprachsignals, die innerhalb der Stufen $n = 8, 9, \ldots \infty$ und $n = -8, -9, \ldots -\infty$ liegen, alle der Stufe 8 bzw. - 8 zugeordnet. Nach dem Additionsgesetz der Wahrscheinlichkeitslehre $[A1]$ gilt somit für die Wahrscheinlichkeit der 8. Stufe

$$P(8) = \frac{1}{2}\left(e^{+\sqrt{2}\,\frac{\Delta u}{U_{eff}}} - 1\right) \sum_{n=8}^{\infty} e^{-\sqrt{2}\,\frac{\Delta u}{U_{eff}}\,|n|} \qquad (6.15)$$

Mit Hilfe der Summenformel für die geometrische Reihe erhält man im allgemeinen Fall

$$P(n_1) = \frac{1}{2}\left(e^{+\sqrt{2}\,\frac{\Delta u}{U_{eff}}} - 1\right) \frac{e^{-\sqrt{2}\,\frac{\Delta u}{U_{eff}}\,|n_1|}}{1 - e^{-\sqrt{2}\,\frac{\Delta u}{U_{eff}}}} \qquad (6.16)$$

Für die Codierung soll der Gray-Code angewendet werden. Bei einer Stufenzahl $q = 16$ werden nach Gl. (6.3) vierstellige Codewörter benötigt. Die für die einzelnen Amplitudenstufen sich ergebenden Wahrscheinlichkeiten sind mit den Codewörtern in einer Tabelle zusammengestellt:

n	$P(n)$	Codewort	$10000\,P(n)$
8	0,0010	1 0 0 0	10
7	0,0015	1 0 0 1	15
6	0,0035	1 0 1 1	35
5	0,0086	1 0 1 0	86
4	0,0207	1 1 1 0	207
3	0,0501	1 1 1 1	501
2	0,1212	1 1 0 1	1212
1	0,2934	1 1 0 0	2934
- 1	0,2934	0 1 0 0	2934
- 2	0,1212	0 1 0 1	1212
- 3	0,0501	0 1 1 1	501
- 4	0,0207	0 1 1 0	207
- 5	0,0086	0 0 1 0	86
- 6	0,0035	0 0 1 1	35
- 7	0,0015	0 0 0 1	15
- 8	0,0010	0 0 0 0	10

Das Leistungsdichtespektrum des durch die Quellencodierung
entstehenden digitalen Signals wird durch den Eigenwert λ der
Markoff'schen Übergangsmatrix bestimmt, deren Elemente mit
Hilfe von Gl. (6.9) und (6.10) ermittelt werden.
Betrachtet wird eine Menge von Codewörtern, in der jedes mögliche Codewort so oft vorkommt, wie seine mit dem Faktor
10000 (s. Abschn. 6.5) multiplizierte Wahrscheinlichkeit angibt. Die Wahrscheinlichkeit p_{1w} dafür, daß innerhalb eines
Wortes auf eine 1 wieder eine 1 folgt, erhält man als Quotient
aus der Anzahl dieser Übergänge zur Gesamtzahl der möglichen
Übergänge, die bei 3 Übergängen pro Codewort und 10000 Codewörtern 30000 beträgt. So findet man die Elemente der Übergangsmatrix

$$p_{11} = 0,4210 \qquad p_{oo} = 0,5265$$

und mit Gl. (6.11) den Eigenwert

$$\lambda = -0,053$$

Er ist dem Betrage nach größer, wenn nicht alle Codekombinationen ausgenutzt werden, wie es bei der Fehlersicherung (s. Abschn. 7.2.2) der Fall ist. Neben dem Eigenwert hat die Taktfrequenz einen entscheidenden Einfluß auf das Leistungsdichtespektrum. Sie muß bei 4stelligen Codewörtern das Vierfache der Abtastfrequenz, also 32 KHz, betragen.

7. Kanalcodierung

Wurde durch Quellencodierung ein gegebener Symbolvorrat in zweckmäßiger Weise in ein binäres Signal überführt, so soll die Kanalcodierung das Signal am Ausgang des Quellencodierers an den Kanal anpassen. In der allgemeinsten Bedeutung umfaßt die Kanalcodierung die Formatierung, die festlegt, auf welche Weise die binäre Null oder Eins elektrisch dargestellt werden, die Codierung im engeren Sinn, die in der Regel mit einer Änderung der Stufenzahl verbunden ist, und die Modulation eines Sinusträgers. Die Probleme der Modulation sollen in Abschn. 14 behandelt werden.

7.1 Aufgabe der Kanalcodierung

Die Kanalcodierung soll den in den Quellencodierern aufbereiteten Nachrichtenfluß durch gezielte Redundanzeinfügung an den Kanal anpassen. Die Redundanzeinfügung bewirkt
- eine Verformung des Leistungsdichtespektrums und
- die Möglichkeit der Fehlersicherung, d. h. Fehler zu erkennen und evtl. zu korrigieren.

Die Redundanzeinfügung zur Formung des Leistungsdichtespektrums erfolgt bei einem durch Stufen- und Stellenzahl charakterisierten Code in der Regel durch Erhöhung der Stufenzahl bei bleichbleibender Taktfrequenz. Soll die Redundanz als Grundlage für eine Fehlersicherung dienen, so wird in der Regel die Stellenzahl des Codes erhöht. Diese Maßnahme hat eine Erhöhung der Taktfrequenz zur Folge.

Für die Formung des Leistungsdichtespektrums gelten folgende
Gesichtspunkte:

- Bei der Frequenz $f=0$ ist häufig eine Nullstelle wünschenswert. Damit wird nämlich der Mittelwert des Signals unabhängig vom Nachrichteninhalt. Dies ermöglicht die Übertragung des Signals über Transformatoren und bei trägerfrequen-
  ter Übertragung die Herausfilterung des Trägers.
- Die spektrale Energie soll sich bei niedrigen Frequenzen
  konzentrieren, da die Nebensprechdämpfung zwischen den Leitungen mit zunehmender Frequenz abnimmt.
- Eine Nullstelle in der Mitte des Leistungsdichtespektrums
  ermöglicht es, durch Überlagerung einer Sinusspannung mit
  halber Taktfrequenz dort eine Spektrallinie zur Taktrückgewinnung auf der Empfängerseite einzufügen.
- Soll zur Bandbreitenersparnis die nach Nyquist kleinstmögliche Bandbreite erreicht oder unterschritten werden, so müssen höherstufige korrelative Codes zur Anwendung kommen.

Zusammenfassend kann gesagt werden, daß die Maßnahmen zur Verformung des Leistungsdichtespektrums der Signale am Ausgang
des Quellencodierers und die Maßnahmen zur Fehlersicherung
beide das Ziel haben, bei gegebenen Kanalstörungen das Mini-
mum der Fehlerhäufigkeit zu erreichen.

7.2 Codierung mit Redundanzerhöhung

Die Erhöhung der Redundanz bewirkt eine Verformung des Leistungsdichtespektrums und ermöglicht eine Fehlererkennung.
Während bei den korrelativen Codes (s. Abschn. 7.2.1.2) die
Verformung des Leistungsdichtespektrums zur Erhöhung der Übertragungsgeschwindigkeit bis zur Nyquist-Grenze (s.Abschn.4.4)
von $2\,bit/s$ je Hz Bandbreite oder darüber hinaus im Vordergrund
steht, werden bei den Block-Codes (s. Abschn. 7.2.2) zur Fehlersicherung keine spektralen Überlegungen angestellt.

7.2.1 Formung des Leistungsdichtespektrums

Das Leistungsdichtespektrum des Sendesignals wird von folgenden Faktoren beeinflußt:

- Impulsformung
- Wahrscheinlichkeitsstruktur
- korrelative Codierung

Wenn auch die korrelative Codierung in erster Linie zur Formung des Leistungsdichtespektrums durchgeführt wird, so kann
die zugefügte Redundanz auch zur Fehlererkennung und evtl.
Fehlerkorrektur verwendet werden.

7.2.1.1 Formatierung

Bei einer digitalen Übertragung werden Folgen von Zeichen aus
einem gegebenen Zeichenvorrat über einen Kanal geleitet. Am
Anfang der Kanalcodierung, die das digitale Signal an den Kanal anpassen soll, steht die elektrische Darstellung der zu
übertragenden Zeichen. Man nennt diesen Vorgang Formatierung
und die verschiedenen Darstellungsarten Formate. Die folgenden
Betrachtungen sollen sich auf binäre Signale beziehen, die
Folgen von Zeichen aus einem Wertevorrat von zwei Zeichen darstellen. Kennzeichnet man die Zeichen durch Nullen und Einsen,
so stellt das binäre Signal eine regellose Null-Eins-Folge
dar. Die wichtigsten Formate sind das NRZ-Format (engl.: Non
Return to Zero), das RZ-Format (engl.: Return to Zero) und das
Bi-Phase-Format.

NRZ-Format. Zur Darstellung der Zeichen wird ein Rechteckimpuls benutzt, dessen Breite gleich der Schrittdauer bzw.
gleich dem Abstand der einzelnen Zeichen ist. Das Vorhandensein des Impulses kennzeichnet eine Eins und sein
Fehlen eine Null. Das NRZ-Format ist die übliche Darstellung
der Nullen und Einsen in der Digitaltechnik.

RZ-Format. Zur Darstellung der Zeichen wird ein Rechteckimpuls
benutzt, dessen Breite gleich der halben Schrittdauer gemacht
wird. Das Vorhandensein des Impulses kennzeichnet eine Eins
und sein Fehlen eine Null.

Zur Beurteilung von Formaten können herangezogen werden:

a) die Möglichkeiten der Übertragung der Schritt- oder Taktfrequenz

b) das Leistungsdichtespektrum des digitalen Signals

c) die Möglichkeit der Unterscheidung zwischen der Übertragung einer Folge von Nullen und dem Fall, daß keine Übertragung vorliegt.

Wie in Abschn. 4 und 10 ausgeführt, benötigt der Empfänger von
digitalen Signalen die Taktfrequenz, die aus dem empfangenen
Signal gewonnen werden muß. Sowohl beim NRZ- als auch beim RZ-
Format kann zwischen der Übertragung einer Null-Folge und keiner Übertragung nicht unterschieden werden. Somit wird bei einer Null-Folge auch keine Taktinformation übertragen. Eine
Eins-Folge liefert beim NRZ-Format eine Gleichspannung und somit keine Taktinformation,während beim RZ-Format Impulsflanken
und damit auch Informationen über den Takt vorhanden sind. Das
Leistungsdichtespektrum eines digitalen Signals mit RZ-Format
ist nach Gl. (2.114) in einem größeren Frequenzbereich von
Null verschieden als beim NRZ-Format, weil der zur Darstellung
der Eins verwendete Impuls eine größere spektrale Ausdehnung
hat. Die Nachteile des NRZ- und des RZ-Formates lassen sich
zum Teil vermeiden durch das

Bi-Phase-Format. Hier werden zur Darstellung der Nullen und
Einsen zwei verschiedene Impulse benutzt. Eine Eins wird dargestellt durch einen Rechteckimpuls der halben Schrittdauer,
der in der ersten Hälfte des für die Darstellung eines Zeichens zur Verfügung stehenden Zeitabschnitts liegt. Zur Darstellung der Null wird der gleiche Impuls verwendet, der dabei in der zweiten Hälfte des Zeitabschnitts liegt. Damit ist
beim Bi-Phase-Format bei Null- und Einsfolgen die Übertragung
der Taktinformation gesichert und auch eine Unterscheidung
zwischen Übertragung und keiner Übertragung gegeben.

Zusammen mit der Formatierung wird auch eine Umcodierung der
ankommenden Null-Eins-Folge $\{a_n\}$ in eine andere Null-Eins-
Folge $\{b_n\}$ vorgenommen. Bei der Differentialtransformation
(s. Bild 7.1)

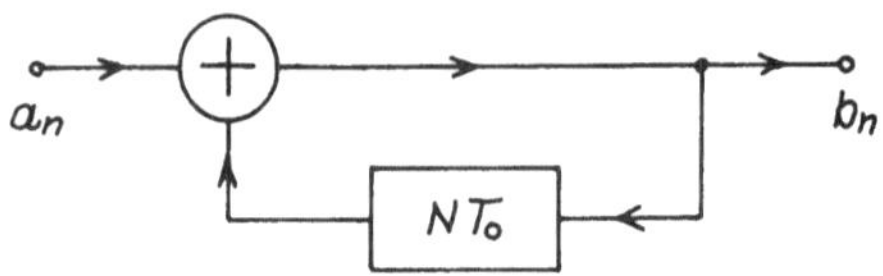

Bild 7.1   Differentialtransformation
einer binären Folge

geschieht dies nach der Codierungsvorschrift

$$b_n = a_n + b_{n-N} \;\; mod\, 2 \tag{7.1}$$

wobei die Addition in der Rechnung modulo 2 $[A4]$ durchgeführt
wird. Schaltungstechnisch wird diese Addition durch ein exclu-
siv- oder –Gatter verwirklicht. Die Elemente der Folge $\{b_n\}$
entstehen durch Addition der um N Schritte verzögerten Folge
$\{b_{n-N}\}$ mit der Folge $\{a_n\}$. Zur Verzögerung der Folge $\{b_n\}$
um ein ganzzahliges Vielfaches der Schrittdauer T_0 wird ein
Schieberegister eingesetzt. Da in der Rechnung modulo 2 Addition und Subtraktion identisch sind, läßt sich Gl. (7.1) auch
in der Form

$$a_n = b_n + b_{n-N} \;\; mod\, 2 \tag{7.2}$$

schreiben. Somit wird für $N=1$ eine Eins der Folge $\{a_n\}$ dargestellt durch einen Elementewechsel der Folge $\{b_n\}$, während
eine Null in der Folge $\{a_n\}$ bei der Folge $\{b_n\}$ keinen Elementewechsel hervorruft.
Das NRZ-Format wird mit und ohne Differentialtransformation
durchgeführt. Zur Unterscheidung wird daher die Formatbezeichnung durch den Zusatz Mark bzw. Level ergänzt. Die Differentialtransformation läßt sich durch eine Integraltransformation
(s. Bild 7.2) rückgängig machen, die aus einer Eingangsfolge

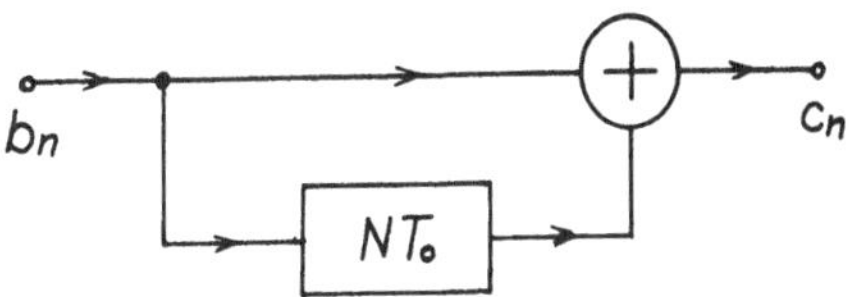

Bild 7.2   Integraltransformation

$\{b_n\}$ eine Ausgangsfolge $\{c_n\}$ nach der Vorschrift

$$c_n = b_n + b_{n-N} \quad \mod 2 \tag{7.3}$$

bildet. Der Vergleich von Gl. (7.2) und (7.3) zeigt, daß bei
einer Kettenschaltung der beiden Transformationsschaltungen
die Folgen $\{c_n\}$ und $\{a_n\}$ übereinstimmen. Wird die Folge $\{a_n\}$
vor der Differentialtransformation durch Vertauschen von Nullen und Einsen in eine invertierte Folge $\{\overline{a_n}\}$ umgewandelt, so
wird eine Eins der Folge $\{a_n\}$ dargestellt durch keinen Element-
wechsel in der Folge $\{b_n\}$, während eine Null in der Folge
$\{a_n\}$ bei der Folge $\{b_n\}$ einen Elementewechsel hervorruft.
Wird diese Codierung mit einer NRZ-Formatierung kombiniert,
so wird die Formatbezeichnung durch den Zusatz Space ergänzt.
Die Mark- oder Space-Differenzcodierung wird angewendet, weil
bei der Übertragung mit moduliertem Sinusträger (s.Abschn. 14)
durch manche Demodulationsverfahren nicht eindeutig der Pegel
bzw. die Phase erkannt wird, sondern nur die Pegeländerung
bzw. die Phasenänderung.
Eine Unterteilung in Level, Mark und Space wird auch beim Bi-
Phase-Format vorgenommen. Im Gegensatz zum bereits beschriebenen Bi-Phase-Level-Format wird beim Format Bi-Phase-Mark die
binäre Eins dargestellt durch einen Rechteckimpuls der halben
Schrittdauer, der in der ersten oder zweiten Hälfte des Zeit-
rasterabschnittes liegt, und die binäre Null durch einen Rechteckimpuls mit der Dauer eines Schrittes oder durch keinen Impuls. Die Wahl der beiden Möglichkeiten zur Darstellung der
Null oder der Eins erfolgt so, daß immer zu Beginn eines Zeit-
rasterabschnittes eine Pegeländerung stattfindet.

Somit ist das Signalelement in einem Zeitrasterabschnitt wie
bei der Differentialtransformation abhängig von dem vorhergehenden Signalelement.

7.2.1.2 Korrelative Codierung

In Abschn. 4.5 wurde das Verfahren der kontrollierten Nachbarzeichenbeeinflussung erläutert. Das dort beschriebene Sendefilter mit dem Frequenzgang $\underline{F}_2(f)$ kann man als einen Codierer auffassen, der ein binäres Signal in ein mehrstufiges Signal umsetzt. Bildet man Blöcke mit je r Stellen, so hat man
vor der Codierung 2^r und nach der Codierung mit der Stufenzahl
$b>2$ die wesentlich größere Anzahl b^r an Kombinationsmöglich-
keiten, von denen aber nur 2^r Möglichkeiten ausgenutzt werden.
Dem Signal wurde also Redundanz zugefügt, was mit einer Verformung des Leistungsdichtespektrums verbunden ist. Weil die
Empfangssignale mehrere Pegel aufweisen und über mehrere
Taktperioden hinweg einen Zusammenhang untereinander haben,
bezeichnet man diese Verfahren als korrelative Codes oder auch
als Teileinschwingverfahren (engl.: partial response), da der
Übertragungskanal während einer Taktperiode nicht voll, sondern nur teilweise einschwingen kann.
Der nach Gl. (4.27) berechenbare Gesamtfrequenzgang

$$\underline{F}(f) = rect\frac{f}{2f_g} \sum_{n=-\infty}^{+\infty} h(nT_0)\, e^{-j2\pi fnT_0} \qquad (7.4)$$

läßt sich, da die Funktionswerte $h(nT_0)$ des Impulses am Ausgang der Gesamtstrecke nur für einige Werte n von Null verschieden sind, folgendermaßen in die Teilfrequenzgänge $\underline{F}_1(f)$
und $\underline{F}_2(f)$ zerlegen. Man läßt n von $-\frac{N}{2}$ bis $+\frac{N}{2}$ laufen und macht
die Substitution $n=m-\frac{N}{2}$. Es ergibt sich dann

$$\underline{F}_1(f) = rect\left(\frac{f}{2f_g}\right) e^{j2\pi f\frac{N}{2}T_0} \ , \ \underline{F}_2(f) = \sum_{m=0}^{N} h\left(\left[m-\frac{N}{2}\right]T_0\right) e^{-j2\pi fmT_0} \qquad (7.5)$$

An den Eingang des Sendefilters mit dem Frequenzgang $\underline{F}_2(f)$
(s. Abschn. 4.5) gelangt ein binäres Signal, das eine Zahlen-

folge $\{b_n\}$ repräsentiert. Die Laufvariable n numeriert die
Elemente der Zahlenfolge. Bild 7.3 zeigt das Blockschaltbild

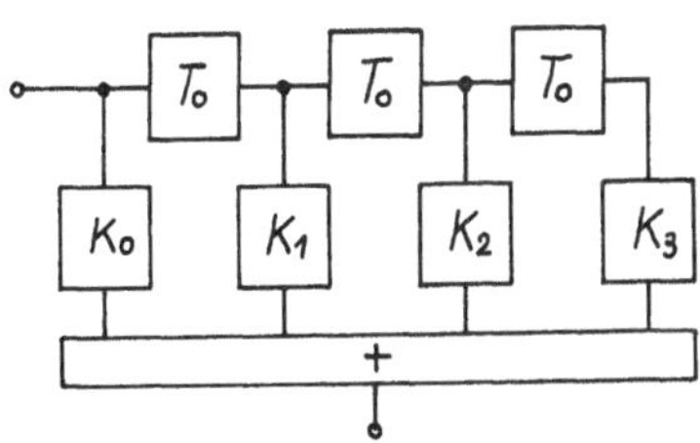

Bild 7.3 Blockschaltbild des Sendefilters

des Sendefilters für $N=3$. Aus der Zahlenfolge $\{b_n\}$, die nur
aus Nullen und Einsen besteht, wird eine mehrwertige Zahlenfolge $\{c_n\}$. Es gilt

$$c_n = \sum_{m=0}^{N} K_m\, b_{n-m} = K_0\, b_n + K_1\, b_{n-1} + \ldots + K_N\, b_{n-N} \qquad (7.6)$$

mit $K_m = h\left(\left[m-\tfrac{N}{2}\right]T_0\right)$. Im Empfänger entsteht nun bei dieser Mehrpegelübertragung die Aufgabe, aus der Folge $\{c_n\}$ die Folge
$\{b_n\}$ wiederzugewinnen. Hierbei sind die folgenden Gesichtspunkte wichtig.

- Die Rückgewinnung der Werte b_n ist kompliziert, weil die
  vorangegangenen Werte der Folge c_n berücksichtigt werden
  müssen.

- Übertragungsfehler können sich unbegrenzt fortpflanzen, weil
  ein Wert der Folge b_n nur dann richtig erkannt werden kann,
  wenn auch die vorangegangenen Werte richtig identifiziert
  wurden.

Um dies zu verhindern, wird das Eingangssignal des Codierers
so vorcodiert, daß aus jedem Wert c_n des Empfangssignals ein
Wert a_n des ursprünglichen Signals ohne Kenntnis vorangegan-
gener Werte abgeleitet werden kann. Man erhält das Blockschaltbild nach Bild 7.4. Aus der binären Folge $\{a_n\}$ entsteht durch

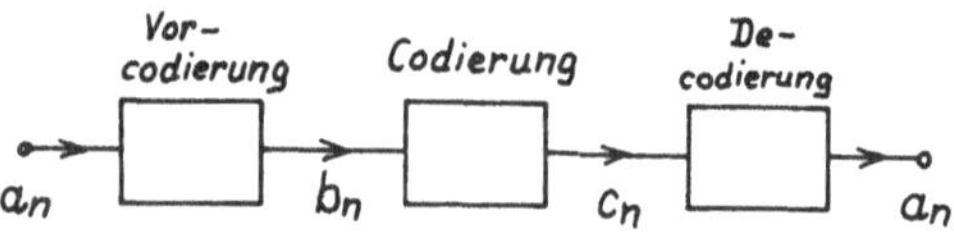

Bild 7.4   Mehrpegelübertragung mit Vorcodierung

Vorcodierung zunächst die binäre Folge $\{b_n\}$, die dann auf
die mehrstufige Folge $\{c_n\}$ umcodiert wird. Auf der Empfangsseite ist dann eine einfache Wiedergewinnung der Folge $\{a_n\}$
ohne Fehlerfortpflanzung möglich. Gilt für die Vorcodierung
in der Rechnung modulo 2 [A4]

$$a_n = K_0 b_n + K_1 b_{n-1} + \ldots + K_N b_{n-N} \quad mod\,2 \qquad (7.7)$$

so muß, wenn man Gl. (7.7) mit Gl. (7.6) vergleicht,

$$a_n = c_n \quad mod\,2 \qquad (7.8)$$

sein. Dies bedeutet

$a_n = 0$, wenn c_n geradzahlig

$a_n = 1$, wenn c_n ungeradzahlig $\qquad (7.9)$

Zur Berechnung der b_n aus den a_n wird Gl. (7.7) umgeformt. Man
erhält zunächst

$$K_0 b_n = a_n - K_1 b_{n-1} - \ldots - K_N b_{n-N} \quad mod\,2 \qquad (7.10)$$

und, weil in der Rechnung modulo 2 Addition und Subtraktion
identisch sind, mit K_0 ungeradzahlig

$$b_n = a_n + K_1 b_{n-1} + \ldots + K_n b_{n-N} \quad mod\,2 \qquad (7.11)$$

Die Werte $K_0, K_1, K_2, \ldots$ sind in der Rechnung modulo 2 gleich 0,
wenn sie geradzahlig, und gleich 1, wenn sie ungeradzahlig sind.

Bild 7.5 zeigt einen Kanalcodierer mit $N=4$ für eine korrelative Mehrpegelübertragung eines binären Signals. Von den Koeffizienten K_0, K_1, K_2, K_3, K_4 sind K_0, K_2, K_4 ungerade und K_1, K_3 gerade, wobei K_0 in jedem Falle ungerade sein muß. Die für die
Vorcodierung und die Umcodierung auf ein Mehrpegelsignal er-

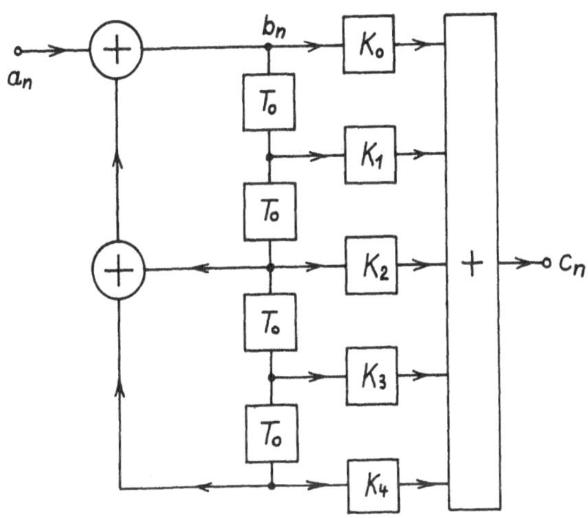

Bild 7.5 Kanalcodierer für korrelative Codierung
eines binären Signals

forderlichen Schieberegister wurden zu einem zusammengefaßt.
Die modulo-2-Addierer werden durch exclusive-oder-Gatter verwirklicht.

7.2.1.3 Spezielle korrelative Codes

In Abschn. 7.2.1.2 wurde die Umcodierung eines binären Signals
in ein höherwertiges Signal mit einem Sendefilter nach Bild
7.3 behandelt. Der spezielle Code wird dabei gekennzeichnet
durch die Anzahl N der Verzögerungsstufen und die Angabe der
Koeffizienten K_m. Es soll zunächst der Fall $K_1 = K_2 = \ldots = K_{N-1} = 0$
und $K_0 = 1$, $K_N = \pm 1$ behandelt werden. Man erhält dann das Sendefilter nach Bild 7.8, das die Umcodierung eines binären in ein
ternäres Signal bewirkt. Für $N = 1$ und $K_N = +1$ entsteht der Biter-
när-Code, der im Prinzip bereits 1898 bekannt war [6] . Setzt
man $N = 1$ und $K_N = -1$, so erhält man den Twinned-Binary-Code. Das
Sendefilter nach Bild 7.8 kann zum Zwecke einfacherer Decodie-

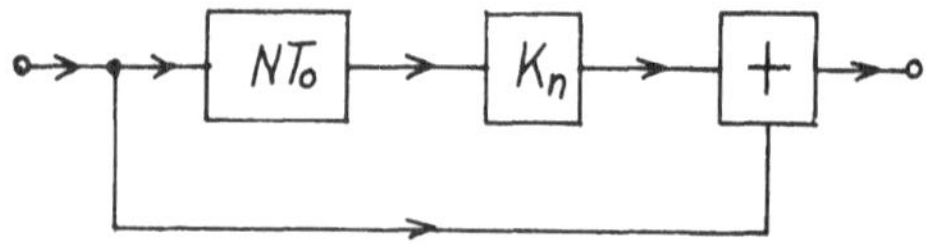

Bild 7.8   Sendefilter zur Umcodierung eines
binären in ein ternäres Signal

rung durch die in Abschn. 7.2.1.2 beschriebene Vorcodierung
ergänzt werden (s. Bild 7.9). Für $K_N=+1$ erhält man dann den

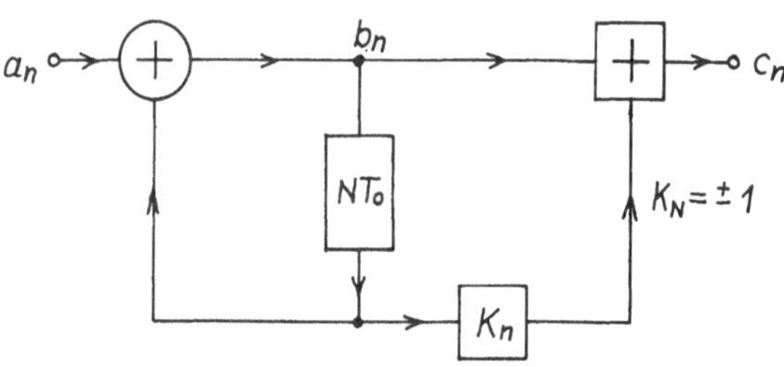

Bild 7.9   Sendefilter mit Vorcodierung zur Umwandlung
eines binären in ein ternäres Signal

Duobinär-Code N-ter Ordnung und für $K_N=-1$ den Bipolar-Code
N-ter Ordnung. Der Betrag des komplexen Frequenzgangs des Sendefilters nach Bild 7.8 ist mit Gl. (7.5)

$$|\underline{E}_2(f)| = \begin{cases} 2\,|\cos(\pi f N T_0)| & \text{für } K_N = 1 \\ 2\,|\sin(\pi f N T_0)| & \text{für } K_N = -1 \end{cases} \tag{7.12}$$

Bemerkenswert ist, daß für $K_N=-1$ im Leistungsdichtespektrum
eine Nullstelle für $f=0$ entsteht. Dies ist von Vorteil, wenn
in der Übertragungsstrecke Transformatoren verwendet werden.
Eine weitere Nullstelle des Leistungsdichtespektrums kann dazu verwendet werden, um an dieser Stelle durch Überlagerung
einer Sinusspannung eine Spektrallinie zur Übertragung der

Taktfrequenz (s. Abschn. 10) einzufügen.

Die Codierungsvorschrift zur Umsetzung der binären Folge $\{b_n\}$ in die ternäre Folge $\{c_n\}$ ist nach Gl. (7.6) bzw. Bild 7.8

$$c_n = b_n + K_N b_{n-N} \qquad (7.13)$$

Für $K_N=-1$ kann c_n die Werte +1, 0, -1 annehmen. Bei Anwendung der Vorcodierung gehört nach Gl. (7.11) zu geradzahligen c_n-Werten $a_n=0$ und zu ungeradzahligen c_n-Werten $a_n=1$. Somit kann die Folge $\{a_n\}$ aus der Folge $\{c_n\}$ durch Doppelweggleichrichtung gewonnen werden. Ist jedoch $K_N=+1$, so kann c_n die Werte 0, 1, 2 annehmen. In diesem Fall erfolgt die Decodierung, sofern eine Vorcodierung vorgenommen wurde, ebenfalls nach Gl. (7.9). Allerdings ergibt sich die Folge $\{c_n\}$ nicht durch einfache Doppelweggleichrichtung. Durch Abänderung der Codierungsvorschrift nach Gl. (7.13) in

$$c_n = b_n + b_{n-N} - 1 \qquad (7.14)$$

kann c_n die Werte +1, 0, -1 annehmen. Damit in diesem Fall die Decodierung nach Gl. (7.9) und somit wieder durch Doppelweggleichrichtung erfolgen kann, muß die Vorcodierungsvorschrift entsprechend Gl. (7.7)

$$a_n = b_n + b_{n-N} \bmod 2 \qquad (7.15)$$

die dem Codierer nach Bild 7.9 zugrunde liegt, abgeändert werden in

$$a_n = b_n + b_{n-N} - 1 \bmod 2 \qquad (7.16)$$

Die Subtraktion einer Konstanten -1 bedeutet die Inversion der Folge $\{a_n\}$. Wird also vor den Codierer nach Bild 7.9 ein Inverter geschaltet, der aus jeder Eins eine Null und umgekehrt macht, so wird die Folge $\{c_n\}$ durch Doppelweggleichrichtung in die Folge $\{a_n\}$ verwandelt.

7.2.1.4 Null-Folgen

Bei der Übertragung binärer Signale über einen Kanal muß mit dem Auftreten langer Folgen von Nullen gerechnet werden. Wer-

den die Binärzeichen im NRZ- oder RZ-Format dargestellt, so
geht in diesem Fall der Synchronismus der Taktgeneratoren auf
der Sender- und der Empfängerseite verloren, weil keine Impulse gesendet werden. Zur Sicherstellung der Taktübertragung
(s. Abschn. 10) sind von Bedeutung
- spezielle Formate
- Verwürfelung
- Abänderung eines Codes durch Verletzungsregeln

<u>Spezielle Formate.</u> Während beim NRZ- und beim RZ-Format die
Eins durch einen Impuls und die Null durch das Fehlen dieses
Impulses dargestellt werden, ist es für die Taktübertragung
wichtig, daß auch die Nullen durch Impulse dargestellt werden.
Dies ist der Fall beim <u>Bi-Phase-Format</u> (s. Abschn. 7.2.1.1)
und beim <u>DM-Format</u> (engl.: <u>D</u>elay <u>M</u>odulation). Für das Bi-Phase-
Format findet man auch die Bezeichnung <u>Manchester-Code</u> und für
das DM-Format die Bezeichnung <u>Miller-Code.</u>

<u>Verwürfelung.</u> Bei diesem Verfahren wird mit Hilfe eines rück-
gekoppelten Schieberegisters $[A5]$ aus einer beliebigen Null-
Eins-Folge, also auch einer Null-Folge, eine Pseudozufallsfolge erzeugt, in der lange Null-Folgen nicht vorkommen. Die
Rückkopplung des Schieberegisters wird in der Weise vorgenommen, daß die Signale an den Ausgängen einiger Stufen nach einer modulo-2-Addition wieder dem Eingang des Schieberegisters
zugeführt werden. Das im rückgekoppelten Schieberegister entstehende Signal ist periodisch. Da aber ein periodisches Signal innerhalb seiner Periodendauer nicht periodisch ist,
nennt man das Schieberegistersignal pseudozufällig, weil die
Periodendauer extrem lang gemacht wird.

In Bild 7.10 wird die Verwürfelung (engl.: scrambling) eines
binären Signals am Anfang und die Entwürflung am Ende eines
Übertragungskanals gezeigt. Die binäre Zeichenfolge $\{a_n\}$

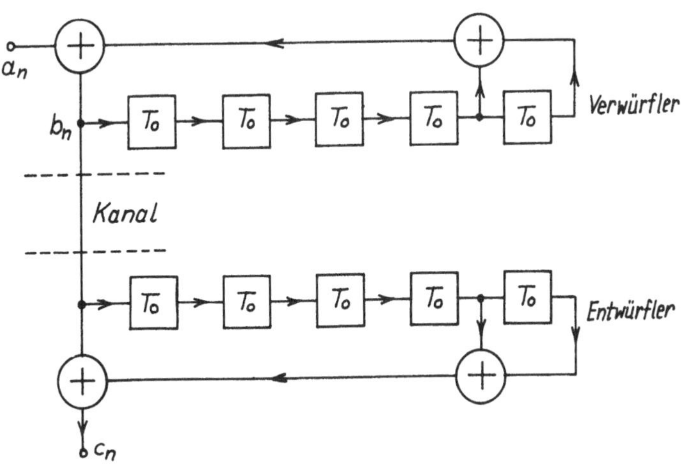

Bild 7.10   Verwürfler und Entwürfler mit
5stufigem Schieberegister

wird durch das Schieberegister des Verwürflers nach der Vorschrift

$$b_n = a_n + b_{n-4} + b_{n-5} \quad mod\,2 \qquad (7.17)$$

in die Folge $\{b_n\}$ umgewandelt, die durch den Kanal übertragen
wird. Auf der Empfängerseite wird dann durch ein gleicharti-
ges Schieberegister die Folge $\{b_n\}$ nach der Vorschrift

$$c_n = b_n + b_{n-4} + b_{n-5} \quad mod\,2 \qquad (7.18)$$

in die Folge $\{c_n\}$ verwandelt. Da sich Gl. (7.17) auch in der
Form

$$a_n = b_n + b_{n-4} + b_{n-5} \quad mod\,2 \qquad (7.19)$$

schreiben läßt, ergibt der Vergleich von Gl. (7.18) mit Gl.
(7.19), daß die Folgen $\{a_n\}$ und $\{c_n\}$ identisch sind. Besondere
Maßnahmen zur Synchronisierung von Verwürfler und Entwürfler
sind nicht erforderlich, weil nach dem Durchgang der ersten

5 Binärzeichen beide Schieberegister denselben Inhalt haben.

<u>Verletzungsregeln.</u> Bei dem Bipolarcode 1. Ordnung nach Abschn. 7.2.1.3 ergibt sich mit den Gl. (7.13) und (7.15) für $N=1$, daß dem Wert 0 der Folge $\{a_n\}$ der Wert 0 der Folge $\{c_n\}$ und dem Wert 1 der Folge $\{a_n\}$ alternierend der Wert +1 oder -1 der Folge $\{c_n\}$ entspricht. Daher wird dieser Code in der amerikanischen Literatur auch AMI-Code (engl.: <u>A</u>lternate <u>M</u>ark <u>In</u>version) genannt. Nachteilig bei dem Bipolarcode 1. Ordnung ist, daß lange Null-Folgen vor der Codierung ebenso lange Null-Folgen nach der Codierung zur Folge haben. Daher wird dieser Code in vielen Fällen durch <u>Verletzungsregeln</u> (engl.: <u>v</u>iolation) modifiziert, die dann eine Abweichung vom Bipolar-Code bewirken, wenn eine festgelegte Anzahl n von Nullen überschritten wird. Man hat dann einen HDB$_n$ -Code (engl.: <u>H</u>igh <u>D</u>ensity <u>B</u>ipolar-Code). Als HDB$_3$-Code ist er bei digitalen Übertragungen der Deutschen Bundespost weit verbreitet.
Beim HDB$_3$-Code werden Null-Folgen in Blöcke von je 4 Zeichen plus dem Rest aufgeteilt. Die Blöcke von je 4 Nullen werden nach den Regeln "0 0 0 V" oder "B 0 0 V" umcodiert. Dabei bedeutet B einen Impuls, der die Bipolar-Regel einhält, und V einen Impuls, der sie verletzt, d. h. dieser Impuls hat die gleiche Polarität wie der vorhergehende. Um die Nullstelle bei $f=0$ im Leistungsdichtespektrum zu erhalten, wird die Regel "0 0 0 V" dann angewendet, wenn eine ungerade Anzahl von Einsen zwischen dem vorangehenden und dem nächsten folgenden umzusetzenden Block aus 4 Nullen stehen. Die Regel "B 0 0 V" wird angewandt, wenn eine gerade Anzahl von Einsen zwischen den Vierer-Blöcken eingefügt ist.

7.2.2 Fehlersicherung

Der Grundgedanke eines gegen Störungen gesicherten Codes besteht darin, daß aus der Gesamtzahl $N=2^n$ aller Codekombinationen, die man aus n Elementen erhalten kann, für die Informationsübertragung eine kleinere Menge K erlaubter Kombinationen ausgewählt wird. Die übrigen $N-K$ Kombinationen, die nicht

für die Übertragung benutzt werden, bezeichnet man
als verbotene Kombinationen. Offensichtlich können
Fehler, die eine erlaubte Kombination in eine andere erlaubte Kombination umwandeln, weder korrigiert noch erkannt
werden. Um die Anzahl nicht erkennbarer Fehlermuster möglichst
klein zu halten, müssen die erlaubten Kombinationen so gewählt werden, daß die am häufigsten auftretenden Fehler zur
Umwandlung einer erlaubten in eine unerlaubte Kombination führen, d. h. der Code muß der Fehlerstatistik des Kanals entsprechen.
Wird auf der Empfängerseite eine unerlaubte Kombination festgestellt, so ist damit ein Fehler erkannt worden. Soll eine
Fehlerkorrektur ermöglicht werden, so ist ein Code erforderlich, bei dem jedesmal eine andere nicht erlaubte Kombination
entsteht, wenn eine beliebige erlaubte Kombination durch ein
korrigierbares Fehlermuster verfälscht wird, d. h. jede nicht
erlaubte Kombination kann einer bestimmten erlaubten Kombination zugeorndet werden.
Die Fähigkeit eines Codes, Fehler zu erkennen und zu korrigieren, ist um so größer, je größer die Zahl der Elemente ist,
in denen sich die erlaubten Kombinationen voneinander unterscheiden. Das <u>Gewicht</u> $W(x)$ eines Zeichens x wird durch die Anzahl der Einsen in x definiert. So erhält man z. B. für das
Zeichen x = 01011 das Gewicht $W(x)$ = 3. Unter <u>Distanz</u>
$d(x_i, x_j)$ zweier Zeichen x_i und x_j versteht man die Anzahl unterschiedlicher Stellen zwischen x_i und x_j . So erhält man
z.B. für die Zeichen x_a = 01011 und x_b = 11001 eine Distanz
$d(x_a, x_b)$ = 2. Damit muß gelten

$$d(x_i, x_j) = W(x_i + x_j) \bmod 2 \tag{7.20}$$

Eine wichtige Größe zur Kennzeichnung eines Codes ist die
<u>Hamming-Distanz</u>

$$h = Min[d(x_i, x_j)] \quad \text{für alle } i \neq j \tag{7.21}$$

Man versteht darunter die kleinste Distanz zwischen zwei beliebigen Codeworten x_i und x_j aus der Menge aller Codeworte.

Die n-stelligen Codeworte sind Punkte in einem n-dimensionalen
Raum und liegen auf den Ecken eines n-dimensionalen Würfels
mit der Kantenlänge 1. Codeworte, die sich in einer Stelle unterscheiden, sind durch eine Kante verbunden. Damit kann die
Distanz von Codeworten auch geometrisch gedeutet werden. Bei
einem Code mit einer Hamming-Distanz $h=5$ sind 2 Codeworte über
mindestens 5 Kanten hinweg verbunden. Die Punkte dazwischen
entsprechen nicht erlaubten Kombinationen. An jedem Punkt laufen bei einem n-stelligen Code n Kanten zusammen. In Bild 7.11
sind die zwei Codeworte verbindenden Kanten zu einer Linie aus-
einandergezogen. Weniger als $h=5$ Fehlerstellen können ein

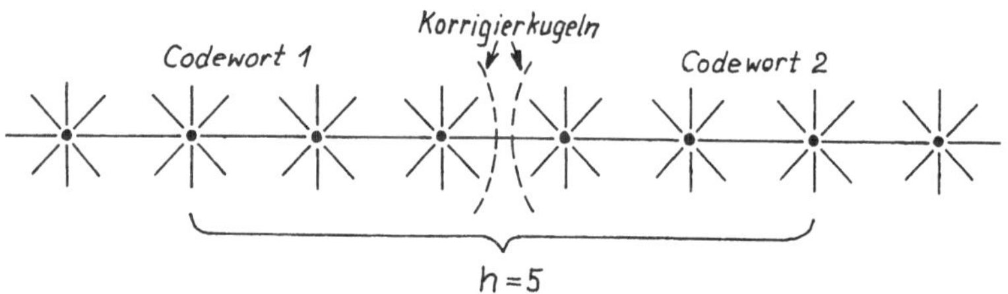

Bild 7.11   Geometrische Deutung eines Codes [56]

Codewort 1 nicht in ein Codewort 2 überführen. Es sind also
weniger als h Fehlerstellen sicher erkennbar. Bei der Fehlerkorrektur umgibt man jeweils 2 benachbarte Codeworte mit gleich
großen Kugeln, die sich gerade nicht berühren. Die Korrektur
besteht dann darin, alle Codeworte innerhalb der Kugel dem Codewort im Zentrum der Kugel zuzuordnen. Aus Bild 7.11 läßt sich
ablesen, daß für die korrigierbare Fehlerzahl e gelten muß

$$h = 2e + 1 \quad \text{für } h \text{ ungerade}$$
$$h = 2e + 2 \quad \text{für } h \text{ gerade} \tag{7.22}$$

Innerhalb einer Kugel um ein n-stelliges Codewort gibt es $\binom{n}{i}$
Kombinationen, die sich von dem Codewort in einer Stelle unter-

scheiden und

$$Z = \sum_{i=0}^{e} \binom{n}{i} \qquad (7.23)$$

Worte, die sich vom Codewort um höchstens e Stellen unterscheiden. Bei m Nachrichtenstellen gibt es 2^m Codeworte und damit
auch 2^m Kugeln. Die Zahl der Worte in den Kugeln kann höchstens die Zahl aller 2^n möglichen Worte erreichen. Somit gilt

$$2^m \sum_{i=0}^{e} \binom{n}{i} \leq 2^n \qquad (7.24)$$

Wenn keine möglichen Kombinationen zwischen den Kugeln verbleiben, heißt der Code dichtgepackt und in Gl. (7.24) gilt das
Gleichheitszeichen. Die Zahl k der benötigten Prüfstellen, um
die die m Nachrichtenstellen zur Fehlersicherung ergänzt werden müssen, ist mit $m+k=n$ und Gl. (7.24)

$$k \geq \ell d \left[\sum_{i=0}^{e} \binom{n}{i} \right] \quad \textit{(ld=Logarithmus dualis)} \qquad (7.25)$$

Die folgende Darstellung will die Grundlagen und die durch
Schieberegister leicht realisierbaren zyklischen Codes besonders betonen. Betrachtungen zur Fehlerstatistik wurden fortge-
lassen.

7.2.2.1 Klassifikation der Codes
Es sollen im folgenden nur binäre Codes behandelt werden. Zu
codieren ist dann eine Folge von Nullen und Einsen. Man unterscheidet zunächst die Blockcodes und die sequentiellen Codes
(s. Bild 7.12).
Bei den Blockcodes wird die Informationsfolge in einzelne Kombinationen bzw. Blöcke zerlegt, die einzeln codiert und decodiert werden. Jeder Block bildet ein Codewort. Die in der Übertragungstechnik verwendeten Blockcodes sind gleichmäßig, d. h.
alle Blöcke enthalten die gleiche Anzahl an Elementen.
Sequentielle Codes sind auch unter den Namen konvolutionelle
Codes, Kettencodes oder rekurrente Codes bekannt. Sie unter-

scheiden sich von den Blockcodes dadurch, daß es keine Code-
wortgrenzen gibt.

Bei allen Codes werden den Informationssymbolen nach bestimmten Verfahren Kontrollsymbole hinzugefügt. Die Blockcodes lassen sich in zwei Gruppen einteilen. Man unterscheidet teilbare und unteilbare Blockcodes. Die Lage der Informations- und
Kontrollstellen ist bei den teilbaren Codes genau festgelegt.
Bei den unteilbaren Codes treten die Elemente einer Codekombination nicht getrennt als Informations- und Kontrollelemente
auf. Teilbare Codes können eingeteilt werden in systematische
und nichtsystematische Codes. Als systematische Codes bezeichnet man solche Codes, bei denen die modulo-2-Summe $[A4]$ zweier

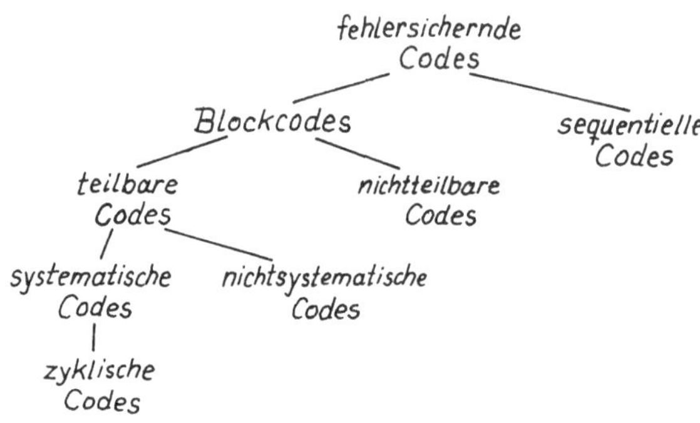

Bild 7.12   Klassifizierung der Codes

verschiedener Codekombinationen wieder eine Codekombination ergibt.

Die zyklischen Codes bilden die größte und wichtigste Gruppe
für die Praxis.

7.2.2.2 Systematische Codes

Bei diesen Codes kann man zwischen m binären Nachrichtenstel-
len $x_1, x_2, \dots, x_m$ und k binären Prüfstellen $x_{m+1}, x_{m+2}, \dots, x_{m+k}$ un-

terscheiden. Die Prüfstellen werden aus den Nachrichtenstellen
mittels linearer Gleichungen in modulo-2-Rechnung $[A4]$ bestimmt. Auf der Empfangsseite werden die Prüfstellen für jedes
Codewort erneut berechnet und mit den empfangenen Prüfstellen
verglichen. Wurde das Codewort fehlerhaft übertragen, so stimmen empfangene und berechnete Prüfstellen nicht überein. Somit ist eine Fehlererkennung möglich. Unter gewissen Bedingungen ist es möglich, aus der Differenz zwischen empfangenen und
berechneten Prüfstellen die fehlerhaften Stellen zu ermitteln
und dann zu korrigieren.

Die Rechenvorschriften, mit denen bei den verschiedenen syste-
matischen Codes die Prüfstellen aus den Nachrichtenstellen berechnet werden, sind eng verknüpft mit den Verfahren zur Darstellung der Codes.

<u>Matrixdarstellung.</u> Codeworte sind Folgen von Einsen und Nullen,

$$(x_1, x_2, x_3, \dots x_n)$$

die man als Vektoren auffassen kann mit den Elementen x_i als
Komponenten des Vektors. Eine Zusammenstellung von Codeworten
bildet eine Matrix. Die Berechnung der Kontrollstellen aus den
Nachrichtenstellen kann mit Hilfe der Matrizenrechnung erfolgen.

<u>Polynomdarstellung.</u> Zwischen Codierung und Zahlensystem besteht
ein enger Zusammenhang (s. Abschn. 6.3). Die Aufgabe der Codierung von N verschiedenen Nachrichtensymbolen durch einen b-wer-
tigen Code führt zur Darstellung N verschiedener Zahlen im Zahlensystem der Basis b . Dabei wird die Zahl

$$z = x_n b^{n-1} + x_{n-1} b^{n-2} + \dots + x_2 b^1 + x_1 b^0 \qquad (7.26)$$

mit der Stellenzahl n und den Ziffern $x_n, x_{n-1}, \dots x_2, x_1$ durch ein
Polynom dargestellt. Man kann also den Vektor

$$(x_n, x_{n-1}, \dots x_2, x_1)$$

als eine Kurzschreibweise des Polynoms

$$x_n b^{n-1} + x_{n-1} b^{n-2} + \dots + x_2 b^1 + x_1 b^0$$

auffassen. Die Berechnung der Prüfstellen aus den Nachrichtenstellen wird mit Hilfe von Polynomen durchgeführt.

Alle Rechnungen werden modulo-2 ausgeführt, d. h. es gelten
für die Addition die Regeln

$$1 + 1 = 0$$
$$1 + 0 = 1$$
$$0 + 1 = 1 \qquad \text{mod} \quad 2$$
$$0 + 0 = 0$$

und für die Multiplikation

$$1 \cdot 1 = 1$$
$$1 \cdot 0 = 0$$
$$0 \cdot 1 = 0$$
$$0 \cdot 0 = 0$$

7.2.2.3 Matrixverfahren

Der Codierer soll ein m-stelliges Codewort in ein n-stelliges
Codewort umwandeln, wobei $n>m$ gilt. Stellt man die Codeworte
als Zeilenvektoren dar, so läßt sich die Codierungsvorschrift
in Form einer Matrix angeben. Das Codewort $\underline{W}_s$, das über einen
Kanal zum Empfänger gesendet wird, berechnet sich aus dem nicht
codierten Codewort $\underline{I}_s$ mit der Generatormatrix $\underline{G}$ nach

$$\underline{W}_s = \underline{I}_s \, \underline{G} \tag{7.27}$$

Dabei sollen die ersten m Stellen des Codewortes $\underline{W}_s$ mit den
Stellen des Zeilenvektors $\underline{I}_s$ übereinstimmen und durch $k=n-m$
Prüfstellen ergänzt werden. Dies erfordert, daß die ersten
m Spalten der m-zeiligen Generatormatrix $\underline{G}$ eine Einheitsma-
trix $\underline{E}$ bilden. Die übrigen k Spalten werden Codematrix $\underline{C}$ ge-
nannt. Somit gilt

$$\underline{G} = \left(\underline{E} \, ; \, \underline{C} \right) \tag{7.28}$$

Nach Gl. (7.27) entstehen dann Codeworte

$$\underline{W}_s = \left(\underline{I}_s \, ; \, \underline{P}_s \right) \tag{7.29}$$

mit dem Zeilenvektor $\underline{P}_s$ der Prüfstellen. Sollen 3stellige un-
codierte Codeworte $\underline{I}_s$ mit Hilfe der Codematrix

$$\underline{C} = \begin{pmatrix} 1 & 0 & 0 & 1 \\ 0 & 1 & 1 & 0 \\ 0 & 1 & 0 & 1 \end{pmatrix}$$

in 7stellige Codeworte $\underline{W}_s$ umgewandelt werden, so lassen sich die möglichen Codekombinationen in folgendem Schema zusammenstellen:

vor der Codierung			Einheitsmatrix			Codematrix			
			1	0	0	1	0	0	1
			0	1	0	0	1	1	0
			0	0	1	0	1	0	1
0	0	0	0	0	0	0	0	0	0
0	0	1	0	0	1	0	1	0	1
0	1	0	0	1	0	0	1	1	0
0	1	1	0	1	1	0	0	1	1
1	0	0	1	0	0	1	0	0	1
1	0	1	1	0	1	1	1	0	0
1	1	0	1	1	0	1	1	1	1
1	1	1	1	1	1	1	0	1	0

vor der Codierung — nach der Codierung

Wird für die Codierung nur eine Prüfstelle vorgesehen, so entartet die Codematrix zu einem Spaltenvektor. Besteht dieser Spaltenvektor nur aus Einsen, so ergibt sich die Prüfstelle aus der Summe der Elemente des Zeilenvektors $\underline{I}_s$. Damit ergänzt die Prüfstelle die Zahl der Einsen im Codewort $\underline{I}_s$ auf eine gerade Zahl von Einsen im codierten Codewort $\underline{W}_s$. Das Verfahren wird als _Paritätskontrolle_ bezeichnet. Die Einführung mehrerer Prüfstellen ist also eine Verallgemeinerung der Paritätskontrolle.

Wird das nach Gl. (7.27) gebildete Codewort $\underline{W}_s$ zum Empfänger gesendet, so kann es infolge der Störungen im Übertragungskanal verändert werden. Man erhält dann am Kanalausgang ein ver-

fälschtes Codewort $\underline{W}_k$. Der Zusammenhang zwischen den Codewörtern am Ein- und Ausgang des Kanals läßt sich durch ein vom
Kanal hinzufügtes Fehlerwort $\underline{F}$ beschreiben. Es gilt

$$\underline{W}_k = \underline{W}_s + \underline{F} \qquad (7.30)$$

Das Fehlerwort setzt sich aus Fehlern in den Informationsstel-
len $\underline{F}_I$ und Fehlern in den Prüfstellen $\underline{F}_P$ zusammen und hat somit die Form

$$\underline{F} = (\underline{F}_I ; \underline{F}_P) \qquad (7.31)$$

Die Codewörter am Kanalausgang lassen sich entsprechend Gl.
(7.29) darstellen.

$$\underline{W}_k = (\underline{I}_k ; \underline{P}_k) \qquad (7.32)$$

Im Empfänger werden die durch die Codierung hinzugefügten Prüfstellen zur Fehlererkennung und evtl. auch zur Fehlerkorrektur
benutzt. Durch Berechnung der Prüfstellen aus den empfangenen
Informationsstellen $\underline{I}_k$ mit Hilfe der Codematrix $\underline{C}$ und Vergleich
mit den empfangenen Prüfstellen $\underline{P}_k$ wird ein Korrektor

$$\underline{K} = \underline{I}_k \underline{C} + \underline{P}_k \qquad (7.33)$$

gebildet. Ist dieser ein Nullvektor, so liegt kein Fehler vor.
Der Korrektor gibt an, welche Prüfstellen nicht übereinstim-
men. Mit Gl. (7.33), (7.30) und (7.31) ergibt sich für den
Korrektor

$$\underline{K} = (\underline{I}_s + \underline{F}_I)\underline{C} + \underline{I}_s \underline{C} + \underline{F}_P \qquad (7.34)$$

Durch Ausmultiplizieren und unter Berücksichtigung, daß die
Addition zweier gleicher Matrizen in der Rechnung modulo 2 die
Nullmatrix ergibt, erhält man

$$\underline{K} = \underline{F}_y \underline{C} + \underline{F}_P \underline{E} = \underline{F} \left(\frac{\underline{C}}{\underline{E}} \right) \qquad (7.35)$$

Der Korrektor hängt also nur vom Fehler und nicht vom übertragenen Wort ab. Das Fehlerwort kann aus dem Korrektor rekonstruiert werden, wenn jede Fehlerkombination einen <u>anderen Korrektor</u>

erzeugt. Somit läßt sich mit Gl. (7.30) das gesendete Codewort $\underline{W}_s$ aus dem verfälschten Codewort $\underline{W}_k$ berechnen.
Die Schaltungstechnik für die Codierung kann aus den hergeleiteten Gleichungen entwickelt werden. Nach Gl. (7.27), (7.28) und (7.29) gilt für den Zeilenvektor der Prüfstellen

$$\underline{P}_s = \underline{I}_s \, \underline{C} \tag{7.36}$$

Für den 3stelligen Informationsvektor $\underline{I}_s = (x_1, x_2, x_3)$ und die Codematrix

$$\underline{C} = \begin{pmatrix} c_{11} & c_{12} \\ c_{21} & c_{22} \\ c_{31} & c_{32} \end{pmatrix}$$

ist der Prüfvektor

$$\underline{P}_s = (x_4, x_5) = (x_1 c_{11} + x_2 c_{21} + x_3 c_{31}, \; x_1 c_{12} + x_2 c_{22} + x_3 c_{32}) \bmod 2 \tag{7.37}$$

Damit ergibt sich das in Bild 7.13 dargestellte Blockschaltbild eines Codierers mit einem Informationsregister, das die

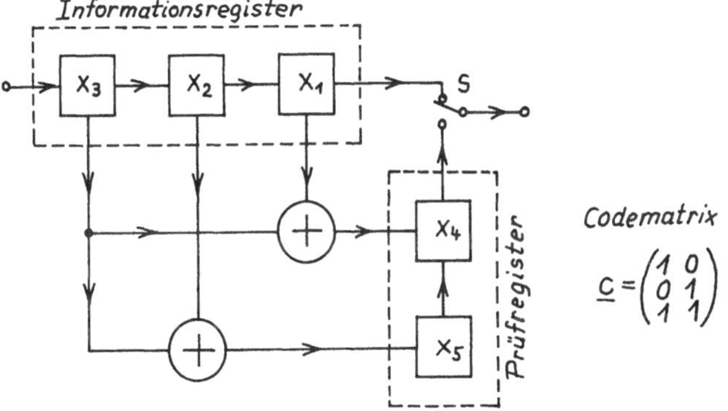

Bild 7.13   Blockschaltbild eines Codierers

Informationsstellen aufnimmt. Durch modulo-2-Additionen, die durch exclusiv-oder-Gatter verwirklicht werden, entstehen nach Gl. (7.36) die Prüfstellen, die in einem Prüfregister gespeichert werden. Das codierte 5stellige Codewort erhält man, indem man zunächst den Inhalt des Informationsregisters und nach Umlegen des Schalters S den Inhalt des Prüfregisters in den Kanal hineinschiebt.

7.2.2.4 Polynomverfahren

Weisen die Zeilen einer Generatormatrix die Besonderheit auf, daß sie aus einem Generatormuster durch Stellenverschiebung abgeleitet werden, so spricht man von einem zyklischen Code. Wenn die Stellenzahl des Generatormusters mit $k+1$ bezeichnet wird, dann führt dies mit $m-1$ Verschiebungen auf n-stellige Generatorworte

$$
\begin{array}{cccc}
1 & 0 & 1 & 1
\end{array} \quad \text{Generatormuster}
$$

$$
\left.\begin{array}{ccccccc}
0 & 0 & 0 & 1 & 0 & 1 & 1 \\
0 & 0 & 1 & 0 & 1 & 1 & 0 \\
0 & 1 & 0 & 1 & 1 & 0 & 0 \\
1 & 0 & 1 & 1 & 0 & 0 & 0
\end{array}\right\} \quad \text{Generatormatrix}
$$

Die Codeworte, die Zeilen der Generatormatrix und das Generatormuster lassen sich (s. Abschn. 7.2.2.2.3) als Polynome darstellen, indem man sie als Dualzahl auffaßt. So entspricht dem Generatormuster das Polynom

$$G(b) = b^3 + b + 1 \quad mod\,2 \tag{7.38}$$

denn die Ziffern der Dualzahl sind die Koeffizienten eines Polynoms, das den Wert der Dualzahl angibt. Allgemein ist die unabhängige Variable des Polynoms die Basis b des Zahlensystems, im Dualsystem also 2. Da in der Codierungstheorie der Wert des Polynoms nicht ausgerechnet wird, setzt man für die unabhängige Variable einen Buchstaben. Durch Multiplikation des Polynoms nach Gl. (7.38) mit b erhält man

$$b\,G(b) = b^4 + b^2 + b \quad mod\,2 \tag{7.39}$$

Dem entspricht das Muster

$$1 \quad 0 \quad 1 \quad 1 \quad 0$$

Somit wird durch die Multiplikation mit b eine Verschiebung des Musters bewirkt. Die Variable b hat die Bedeutung eines Verschiebeoperators.

Nach Gl. (7.27) sind die Zeilen der Generatormatrix Codeworte, wenn der Informationszeilenvektor $\underline{I}$ nur eine 1 enthält. Die übrigen Codeworte entstehen durch Addition einer oder mehrerer Zeilen der Generatormatrix je nach Anzahl und Position der Einsen innerhalb des Informationszeilenvektors. So erhält man zu dem uncodierten Codewort $\underline{I}$ = (0 1 0 1) mit der Generatormatrix zu Beginn dieses Abschnitts das Codewort $\underline{W}$ = (1001110) durch Addition der 2. und 4. Zeile der Generatormatrix. In der Polynomdarstellung erhält man die 2. Zeile durch Multiplikation des Generatorpolynoms mit b und die 4. Zeile durch Multiplikation mit b^3 . Somit wird das entstandene Codewort dargestellt durch das Polynom

$$W(b) = G(b)\, b + G(b)\, b^3 = G(b)(b+b^3) = b^6 + b^3 + b^2 + b \quad mod\, 2 \tag{7.40}$$

Aus Gl. (7.40) geht hervor, daß alle Codewortpolynome das Generatorpolynom als Faktor enthalten. Die Codeworte sollen in der Weise erzeugt werden, daß die ersten m Stellen mit den Informationsstellen übereinstimmen und dann die Prüfstellen folgen. Mit dem Polynom der Informationsstellen $I(b)$ und dem Polynom der Prüfstellen $P(b)$ erhält man somit das Codewortpolynom

$$W(b) = b^k\, I(b) + P(b) \quad mod\, 2 \tag{7.41}$$

da vor der Addition eine Verschiebung des Informationsstellenmusters erforderlich ist. Nach Gl. (7.40) muß jedes Codewortpolynom durch das Generatorpolynom ohne Rest teilbar sein. Somit ist der Quotient

$$Q(b) = \frac{b^k I(b) + P(b)}{G(b)} \quad mod\,2 \qquad (7.42)$$

ein Polynom. Da Addition und Subtraktion in der Rechnung modulo 2 übereinstimmen, gilt

$$\frac{b^k I(b)}{G(b)} = Q(b) + \frac{P(b)}{G(b)} \quad mod\,2 \qquad (7.43)$$

Das Codewortpolynom $W(b)$ ist also dann ohne Rest durch das Generatorpolynom $G(b)$ teilbar, wenn sich bei der Division des Polynoms $b^k I(b)$ und des Generatorpolynoms $G(b)$ das Polynom $P(b)$ als Rest ergibt. Somit erhält man bei den zyklischen Codes die Prüfstellen als Rest bei einer Polynomdivision.
Die Division läßt sich durch rückgekoppelte Schieberegister verwirklichen. Dabei werden zwischen die Stufen des Schieberegisters modulo-2-Additionsglieder geschaltet. Die Stellen für die Einschaltung der Addierer werden durch die Struktur des Generatorpolynoms $G(b)$ bestimmt. Wird der Schieberegisterschaltung nach Bild 7.14 am Eingang 1 eine Folge von Nullen

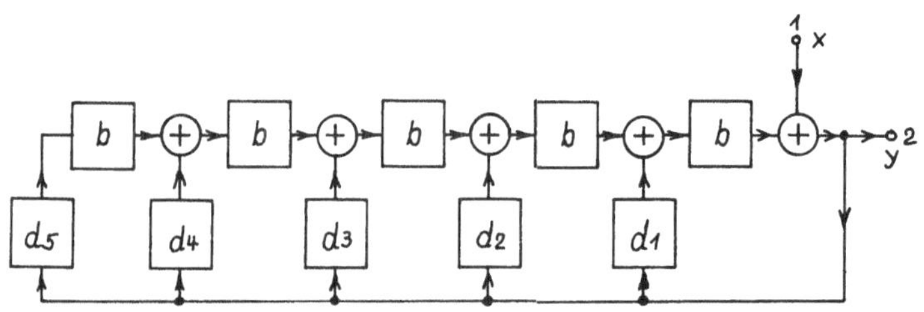

Bild 7.14   Rückgekoppeltes Schieberegister zur Division

und Einsen zugeführt, so entsteht am Ausgang 2 eine andere Folge, die sich aus der Eingangsfolge berechnen läßt. Die Folgen werden durch die binären Variablen x und y gekennzeichnet. Eine Schieberegisterstufe bewirkt eine Verschiebung der Nullen und Einsen und somit eine Multiplikation mit dem Verschiebeoperator b . Die mit den binären Koeffizienten d_ν gekennzeichneten Blöcke in Bild 7.14 sind Proportionalglieder, die eine Multiplikation mit einem binären Koeffizienten bewirken. Für den Zusammenhang zwischen den Folgen $\{x\}$ und $\{y\}$ erhält man nach Bild 7.14

$$y\left[\big(\big(\big((d_5 b + d_4) b + d_3\big) b + d_2\big) b + d_1\big) b\right] + x = y \quad \text{mod } 2 \tag{7.44}$$

Durch Ausmultiplizieren ergibt sich, wenn man die Folgen $\{x\}$ und $\{y\}$ durch Polynome darstellt,

$$y(b) = \frac{x(b)}{d_5 b^5 + d_4 b^4 + d_3 b^3 + d_2 b^2 + d_1 b + 1} \quad \text{mod } 2 \tag{7.45}$$

also die Division zweier Polynome. Bild 7.15 zeigt das Blockschaltbild einer Codiereinrichtung für zyklische Codes. Sie

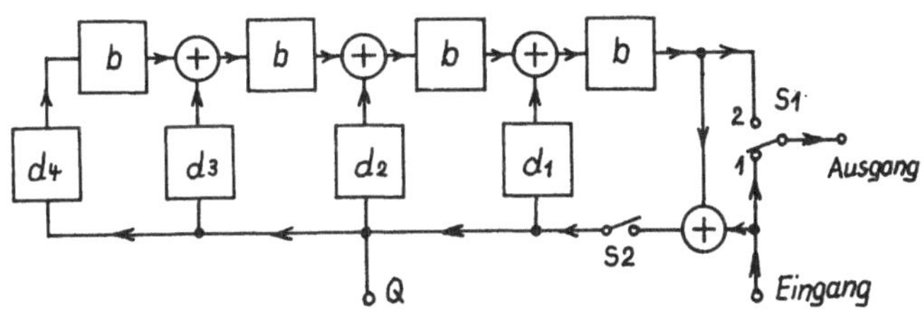

Bild 7.15   Codiereinrichtung für zyklische Codes

besteht aus einem rückgekoppelten Schieberegister nach Bild 7.14 und zwei Schaltern. Der Schalter 1 befindet sich zunächst in der Stellung 1, und der Schalter 2 ist geschlossen. Eine m-stellige Informationsfolge $I(b)$ gelangt somit an den Ausgang des Codierers und gleichzeitig an den Eingang der Divisionsschaltung. Der Inhalt des Schieberegisters besteht zunächst aus Nullen. Es wird nach Gl. (7.14) eine Division mit einem Generatorpolynom

$$G(b) = d_4 b^4 + d_3 b^3 + d_2 b^2 + d_1 b + 1 \quad \text{mod } 2 \tag{7.46}$$

durchgeführt. Der am Ausgang Q erscheinende Quotient wird nicht verwendet. Nachdem alle Elemente der Informationsfolge in den Dividierer eingelesen wurden, ist der Divisionsvorgang abgeschlossen. Der bei der Division entstehende Rest befindet sich im Schieberegister. Daher wird durch Öffnen des Schalters 2 die Rückkopplung unterbrochen, der Schalter 1 in die Stellung 2 gebracht und der Inhalt des Schieberegisters durch die nächsten Schiebetakte der bereits an den Ausgang gelangten Informationsfolge als Prüffolge angefügt. Da eine Verzögerung um die k Stufen des Schieberegisters gegeben ist, wurde das um k Stellen verschobene Informationspolynom $b^k I(b)$ durch das Generatorpolynom $G(b)$ dividiert.

7.3 Codierung ohne Erhöhung der Redundanz

Untersucht werden soll eine Umcodierung binär codierter Digitalsignale durch Erhöhung der Stufenzahl des Codes. Werden alle Kombinationen des höherstufigen Codes ausgenutzt, wird also durch die Codierung keine Redundanz zugesetzt, so kann die Umcodierung auf zweifache Weise ausgenutzt werden:
1. Mehrfachausnutzung eines Kanals
2. Erniedrigung der Schrittfrequenz

7.3.1 Mehrfachausnutzung

Durch Bündelung sollen mehrere binäre Digitalsignale gleichzeitig über einen Kanal gesendet werden. Das Prinzip des Verfahrens wird durch Bild 7.16 erläutert. Die Signalquellen 1, 2, 3 und 4 werden im Block 5 durch Umcodierung auf einen höherstufigen Code zu einem Signal zusammengefaßt, das über den Kanal 6 gesendet wird. Im Block 7 am Kanalausgang wird eine Rückcodierung auf binäre Signale und die Zerlegung in die Einzelsignale durchgeführt. Die Mehrfachausnutzung von Kanälen wird auch Multiplex (s. Abschn. 13) genannt. Im Gegensatz zum Frequenz- und Zeitmultiplex, bei denen eine Verschachtelung mehrerer Signale im Frequenz- bzw. im Zeitbereich durchgeführt

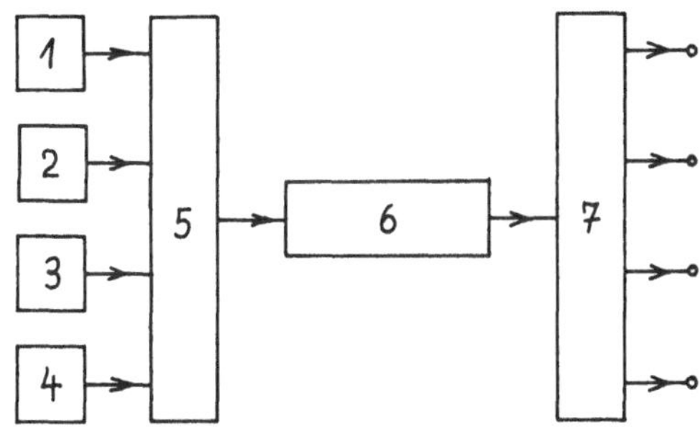

Bild 7.16   Zusammenfassung mehrerer
binärer Digitalsignale

wird, handelt es sich bei dem hier beschriebenen Verfahren um
ein Amplitudenmultiplex.
Bezeichnet man die Zeichen der binären Signalquellen mit den
Ziffern 0 und 1, so lassen sich die bei einem bestimmten
Schritt an den Ausgängen der Signalquellen liegenden Nullen
und Einsen als eine Dualzahl auffassen, die durch ein Zeichen
dargestellt und übertragen wird. So können die beiden Folgen
1 1 0 0 1   und   0 1 1 0 1   zusammengefaßt werden zu der Folge   1 3 2 0 3   . Nach Gl. (2.66) haben r verschiedene durch
eine Laufvariable i numerierte binäre Signalquellen den Spannungsverlauf

$$u_i(t) = U_o T_o \sum_{n=-\infty}^{+\infty} a(n)\, g(t-nT_o) \tag{7.47}$$

Die Zahl $a(n)$ ist dabei entweder eine 0 oder eine 1. Nach der
Zusammenfassung entsteht ein digitales Signal mit dem Spannungsverlauf

$$u(t) = U_o T_o \sum_{n=-\infty}^{+\infty} b(n)\, g(t-nT_o) \tag{7.48}$$

Dabei ist die Zahl $b(n)$ jeweils ein Element der von 0 bis

2^r-1 reichenden Folge der ganzen Zahlen. Die Werte $b(n)$ lassen sich aus den Werten $a_i(n)$ nach

$$b(n) = \sum_{i=0}^{r-1} a_i \, 2^i \tag{7.49}$$

berechnen.

7.3.2 Erniedrigung der Schrittfrequenz

Bei einem binären Signal läßt sich die Schrittfrequenz $f = 1/T_0$ auf einen Wert t_0/r erniedrigen, wenn jeweils r aufeinanderfolgende Werte der Folge von Nullen und Einsen als Dualzahl aufgefaßt werden. Aus der Folge 1 1 0 1 0 0 1 1 0 1 0 . entsteht somit die Folge 6 4 6 5 , wenn jeweils 3 aufeinanderfolgende Werte der binären Folge zusammengefaßt werden. Statt 12 müssen nur noch 4 Elemente der neuen Folge im gleichen Zeitabschnitt übertragen werden. Die Schrittfrequenz beträgt also nur noch ein Drittel des ursprünglichen Wertes.

7.4 Beispiele

Die binäre Zahlenfolge 1, 0, 1, 1, 0, 0, 1, 0 soll im Format Bi-Phase-Mark dargestellt werden. Nach Abschn. 7.2.1.1 erhält man das Signal nach Bild 7.17.

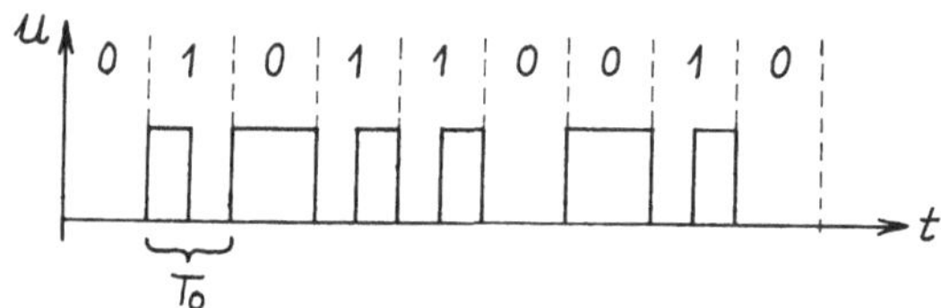

Bild 7.17   Null-Eins-Folge im Bi-Phase-Mark-Format

Durch korrelative Codierung soll der Gesamtfrequenzgang

$$\underline{F}(f) = \frac{1}{2}\left[1 - \cos\left(2\pi\frac{f}{f_g}\right)\right]rect\left(\frac{f}{2f_g}\right) \qquad (7.50)$$

mit $f_g = \frac{1}{2T_0}$ erreicht werden. Die senderseitige Null-Eins-Folge wird im NRZ-Format dargestellt. Die empfängerseitige Impulsform am Ausgang des Entzerrerfilters für eine binäre Eins erhält man als inverse Fourier-Transformierte

$$h(t) = \frac{1}{2T_0}\left[\frac{\sin\pi\frac{t}{T_0}}{\pi\frac{t}{T_0}} - \frac{1}{2}\frac{\sin\pi\frac{t+2T_0}{T_0}}{\pi\frac{t+2T_0}{T_0}} - \frac{1}{2}\frac{\sin\pi\frac{t-2T_0}{T_0}}{\pi\frac{t-2T_0}{T_0}}\right] \qquad (7.51)$$

des Gesamtfrequenzganges. Damit wird jeder senderseitige Impuls durch 3 empfängerseitige Impulse dargestellt, wobei 2 Impulse um 2 Zeitrasterintervalle voreilend und nacheilend gegenüber den mittleren zeitverschoben sind. Man hat somit eine kontrollierte Nachbarzeichenbeeinflussung. Die Darstellung des Gesamtfrequenzganges in der Form von Gl. (7.4) ergibt

$$\underline{F}(f) = \left(\frac{1}{2} - \frac{1}{4}e^{j2\pi f 2T_0} - \frac{1}{4}e^{-j2\pi f 2T_0}\right)rect\left(\frac{f}{f_g}\right) \qquad (7.52)$$

Für die Teilfrequenzgänge nach Gl. (7.5) erhält man

$$\underline{F}_1(f) = rect\left(\frac{f}{f_g}\right)e^{j2\pi f 2T_0} \qquad (7.53)$$

$$\underline{F}_2(f) = -\frac{1}{4} + \frac{1}{2}e^{-j2\pi f 2T_0} - \frac{1}{4}e^{-j2\pi f 4T_0}$$

Das erforderliche Sendefilter mit dem Frequenzgang $\mathcal{F}_2(f)$ ist

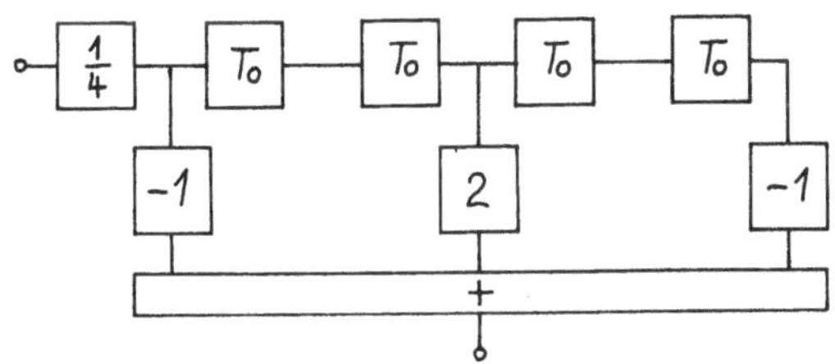

Bild 7.18 Sendefilter für den Gesamtfrequenzgang nach Gl. (7.52)

in Bild 7.18 dargestellt, wobei ein Dämpfungsglied mit dem
Übertragungsfaktor 1/4 vor dem Sendefilter angeordnet wurde,
so daß die Proportionalglieder ganzzahlige Faktoren haben.
Wird eine Vorcodierung vorgesehen, so erhält man nach den Über-
legungen von Abschn. 7.2.1.2 das in Bild 7.19 dargestellte
Blockschaltbild

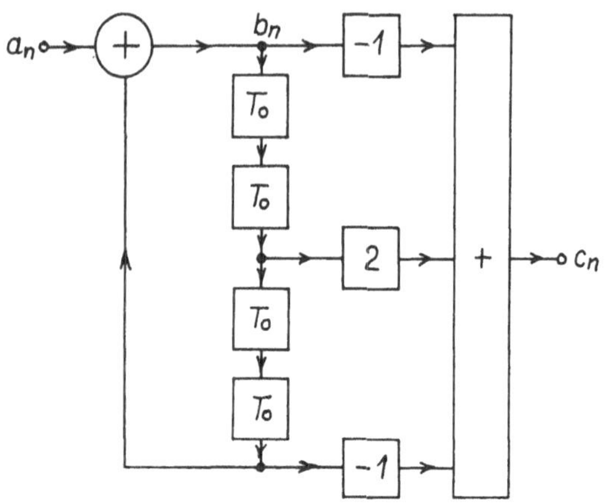

Bild 7.19   Sendefilter nach Bild 7.18 mit Vorcodierung

Zur Fehlersicherung bei einer Null-Eins-Folge, die in Blöcke
zu je 4 Informationsstellen unterteilt ist, sollen die Blöcke
mittels zyklischer Codierung durch je 3 Prüfstellen ergänzt
werden. Der Code werde gekennzeichnet durch das Generatorpolynom $G(b) = b^3 + b + 1$. Die Prüfstellen ergeben sich als Rest bei
der Division des Polynoms $b^k I(b)$ durch das Generatorpolynom.
Zu dem Informationsblock 1001 gehört das Informationspolynom
$I(b) = b^3 + 1$. Bei $k = 3$ Prüfstellen erhält man $b^3 I(b) = b^6 + b^3$.
Faßt man die Polynome $b^3 I(b)$ und $G(b)$ als Dualzahlen auf, so
ergibt die Division

$$1\ 0\ 0\ 1\ 0\ 0\ 0\ :\ 1\ 0\ 1\ 1\ =\ 1\ 0\ 1\ 0$$

```
1 0 0 1 0 0 0 : 1 0 1 1 = 1 0 1 0
1 0 1 1
─────────
      1 0 0
      0 0 0
    ─────────
      1 0 0 0
      1 0 1 1
    ─────────
        0 1 1 0
        0 0 0
      ─────────
        1 1 0
```

Somit ist das vollständige Codewort 1 0 0 1 1 1 0 .

8. Entzerrung

Sowohl bei der Übertragung nur zeitquantisierter als auch bei
der Übertragung von zeit- und amplitudenquantisierten, d. h.
digitalen Signalen müssen die in Abschn. 4 formulierten Bedingungen für eine verzerrungsfreie Übertragung von Impulsen
beachtet werden. Diese Bedingungenstellen bestimmte Anforderungen an den Gesamtfrequenzgang einer Übertragungsstrecke.

Da der Kanalfrequenzgang in vielen Fällen den Anforderungen
nicht genügt, befindet sich am Eingang der Regenerativverstärker einer Übertragungsstrecke ein Entzerrerfilter. Bei Verwirklichung und Dimensionierung des Entzerrerfilters sind
zwei Ansätze möglich:
- Amplituden- und Phasengang des Entzerrerfilters. Beim Fil-
  terentwurf wird der erforderliche Frequenzgang durch Kombination von elementaren Filterbausteinen approximiert. Man
  spricht in diesem Fall von Entzerrung im Frequenzbereich.
- Einschwingvorgang am Ausgang des Entzerrerfilters. Die verzerrungsfreie Übertragung erfordert, daß der Einschwingvorgang zu bestimmten Zeitpunkten Nullstellen aufweist. Dies
  kann auf einfache Weise durch den Einsatz eines Transversal-

filters (s. Abschn. 8.3) erreicht werden. Man spricht in
diesem Fall von <u>Entzerrung im Zeitbereich.</u>
Im Abschn. 4 wurde dargelegt, daß in der Form der Impulse keine Information enthalten ist. Eine Zerstörung der Impulsform
ist zulässig, wenn das entzerrte Signal im Empfänger zu bestimmten Zeitpunkten abgetastet wird. Die in diesem Abschnitt
zu behandelnde Entzerrung soll unter dieser Voraussetzung eine
verzerrungsfreie Übertragung ermöglichen. Eine in der Regel
andersartige Entzerrung ist erforderlich, um im Empfänger die
richtigen Abtastzeitpunkte zu ermitteln. Diese Zeitregeneration wird im Abschn. 10 dargestellt. Somit enthält ein Regenerativverstärker im allgemeinen Fall zwei Entzerrerfilter.

<u>8.1 Entzerrung und Codierung</u>

Bei der Entzerrung muß unterschieden werden zwischen korrela-
tiver und nichtkorrelativer Kanalcodierung (s. Abschn. 7.2.1.2)
bzw. zwischen einer Übertragung ohne Nachbarzeichenbeeinflussung und einer Übertragung mit kontrollierter Nachbarzeichenbeeinflussung (s. Abschn. 4.5).
Bei der Untersuchung der Nachbarzeichenbeeinflussung wird der
Gesamtfrequenzgang der Übertragungsstrecke

$$\underline{F}(f) = \underline{F}_F(f) \cdot \underline{F}_k(f) \, \underline{F}_E(f) \tag{8.1}$$

mit dem senderseitigen Formfilterfrequenzgang $\underline{F}_F(f)$, dem Kanalfrequenzgang $\underline{F}_k(f)$ und dem empfängerseitigen Entzerrerfrequenzgang $\underline{F}_E(f)$ betrachtet. Ist die Kanalbandbreite f_g halb
so groß wie die Schrittfrequenz $f_0 = 1/T_0$, so läßt sich der Gesamtfrequenzgang

$$\underline{F}(f) = T_0 \, rect\left(\frac{f}{2f_g}\right) \sum_{n=-\infty}^{+\infty} h(nT_0) e^{-j2\pi f n T_0} \tag{8.2}$$

nach Gl. (4.18) durch die Funktionswerte der Gewichtsfunktion
$h(t)$ des Gesamtfrequenzganges $\underline{F}(f)$ zu den Zeiten $t = nT_0$ beschreiben.

Bei der Übertragung ohne <u>Nachbarzeichenbeeinflussung</u> wird jeder Sendeimpuls durch <u>einen</u> Impuls auf der Empfängerseite dargestellt. Somit darf dieser Impuls nur einen von Null verschiedenen Abtastwert im Empfänger hervorrufen. Der Impuls im Empfänger ist die Gewichtsfunktion des Gesamtfrequenzgangs. Mit den Funktionswerten der Gewichtsfunktion

$$h(nT_o) = \begin{cases} h_o \\ 0 \end{cases} \quad \text{für} \quad \begin{matrix} n=0 \\ n\neq 0 \end{matrix} \tag{8.3}$$

gilt nach Gl. (8.2) für den Gesamtfrequenzgang

$$\underline{F}(f) = h_o\, T_o\, rect\left(\frac{f}{2f_g}\right) \tag{8.4}$$

Im Empfänger ist somit nach Gl. (8.1) ein Entzerrer mit dem Frequenzgang

$$\underline{F}_E(f) = \frac{\underline{F}(f)}{\underline{F}_F(f)\,\underline{F}_K(f)} \tag{8.5}$$

erforderlich.

Bei der Übertragung <u>mit kontrollierter Nachbarzeichenbeeinflussung</u> wird jeder Sendeimpuls durch <u>mehrere</u> Impulse auf der Empfängerseite dargestellt. Somit ruft dieser Sendeimpuls mehrere von Null verschiedene Abtastwerte im Empfänger hervor. Bei $N+1$ Abtastwerten ist nach Gl. (8.2) der Gesamtfrequenzgang

$$\underline{F}(f) = T_o\, rect\left(\frac{f}{2f_g}\right)\sum_{n=-N/2}^{+N/2} h(nT_o)\,e^{-j2\pi f nT_o} \tag{8.6}$$

Für den Entzerrerfrequenzgang erhält man nach Gl. (8.5)

$$\underline{F}_E(f) = \frac{T_o\, rect\left(\frac{f}{2f_g}\right)\sum\limits_{n=-N/2}^{+N/2} h(nT_o)\,e^{-j2\pi f nT_o}}{\underline{F}_F(f)\,\underline{F}_K(f)} \tag{8.7}$$

Man kann den Gesamtfrequenzgang mit der Substitution $n=k-\frac{N}{2}$ als Produkt der Frequenzgänge

$$\underline{F}_1(f) = rect\left(\frac{f}{2f_g}\right)e^{+j\pi f T_0 N} \quad ; \quad \underline{F}_2(f) = T_0 \sum_{k=0}^{N} h\left(\left[k - \tfrac{N}{2}\right]T_0\right)e^{-j2\pi f T_0 k} \qquad (8.8)$$

damit als Kettenschaltung zweier Filter verwirklichen. Da die
Reihenfolge der Einzelfilter den Gesamtfrequenzgang nicht beeinflußt, wird das Filter mit dem Frequenzgang $\underline{F}_2(f)$ auf die
Sendeseite gelegt. Es ist dort das in Abschn. 4.5 und 7.2.1.2
beschriebene Sendefilter. Das Ausgangssignal des Sendefilters
entsteht nach Bild 7.3 durch Addition von um Vielfache der
Schriftdauer T_0 verschobenen, mit Faktoren $h\left(\left[k - \tfrac{N}{2}\right]T_0\right)$ multi-
plizierten Eingangsspannungen. Da auf der Sendeseite häufig
binäre Signale mit rechteckigen Impulsen vorhanden sind, kann
die erforderliche Verzögerung vorteilhaft durch ein Schieberegister verwirklicht werden.
Die Entzerrung erfolgt nach Gl. (8.5) mit dem Frequenzgang

$$\underline{F}_E(f) = \frac{\underline{F}_1(f)}{\underline{F}_F(f)\,\underline{F}_K(f)} \qquad (8.9)$$

Zu beachten ist, daß ein nach Gl. (8.9) berechneter Entzerrerfrequenzgang einen positiven Nullphasenwinkel haben kann. Dies
entspricht einer nicht realisierbaren negativen Verzögerung.
Realisierbar ist jedoch ein Frequenzgang $\underline{F}_E(f)e^{-j2\pi f\tau}$, der
entsteht, wenn dem Frequenzgang nach Gl. (8.9) ein Verzögerungsglied mit der Verzögerungszeit τ nachgeschaltet wird. Die
Verzögerungszeit wird so groß gewählt, daß der resultierende
Frequenzgang eine nacheilende Phasenverschiebung hat. Dabei
kann ein Verzögerungsglied als eine verzerrungsfreie Übertragungsstrecke angesehen werden.

8.2 Entzerrung im Frequenzbereich

Die Übertragungsstrecke erfordert einen bestimmten Gesamtfrequenzgang nach Gl. (8.4) oder Gl. (8.6). Damit ergibt sich in
der Regel ein erforderlicher Entzerrerfrequenzgang, dessen
Amplituden- und Phasengang nicht realisierbar sind. Daher wer-

den Entzerrerschaltungen eingesetzt, mit denen die Idealentzerrerfrequenzgänge möglichst gut approximiert werden können.

Das Entzerrerfilter ist das 1. Glied in einem Regenerativverstärker. Damit nicht beim Einsatz des Regenerativverstärkers auf verschiedenen Übertragungsstrecken das Entzerrerfilter ausgewechselt werden muß, ist beim Schaltungsentwurf darauf zu achten, daß der Entzerrer an den jeweiligen Kanal angepaßt werden kann. Das Problem läßt sich dadurch lösen, daß das Entzerrerfilter in eine Kettenschaltung eines Festentzerrers mit dem Frequenzgang $\underline{F}_{EF}(f)$ und eines variablen Entzerrers nach Bode mit dem Frequenzgang $\underline{F}_{EV}(f)$ (s. Bild 8.1) zerlegt wird. Dabei wird der variable

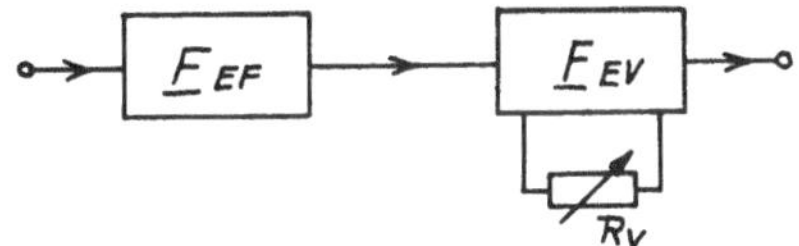

Bild 8.1   Zerlegung des Entzerrers in einen Festentzerrer und einen variablen Entzerrer nach Bild 8.5

Entzerrer über einen Ohmschen Widerstand R_V eingestellt. Soll ein Regenerativverstärker auf verschiedenen Übertragungsstrekken eingesetzt werden, so ist ein Amplitudenregelkreis (s.Bild 8.2) erforderlich, um für die Signalregeneration (s.Abschn.9) einen definierten Spannungspegel des digitalen Signals zu garantieren. Auf den Festentzerrer 1 und den variablen Entzerrer 2 folgt (s. Bild 8.2) ein Verstärker 3 mit elektronisch einstellbarer Verstärkung, der mit einem Gleichrichter 4, einem Differenzverstärker 5 und einem Gleichspannungsverstärker 6 zu einem Amplitudenregelkreis ergänzt wird. Der Widerstand R_V des variablen Entzerrers kann als Feldeffekttransistor realisiert werden, dessen Drain-Source-Widerstand über die Gate-Source-Spannung eingestellt wird. Führt man die Ausgangsspannung des Verstärkers 6 nicht nur dem Verstärker 3,

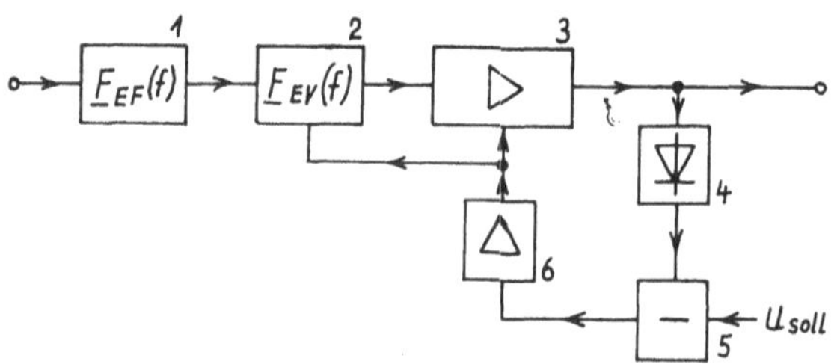

Bild 8.2 Eingangsstufe eines Regenerativverstärkers mit
Entzerrer und Amplitudenregelkreis

sondern auch dem Feldeffekttransistor zu, so ist ein automatischer Abgleich des variablen Entzerrers möglich.
Eine wichtige Entzerrerschaltung ist das überbrückte T-Glied
mit frequenzunabhängigem Wellenwiderstand (s. Bild 8.3). Gilt

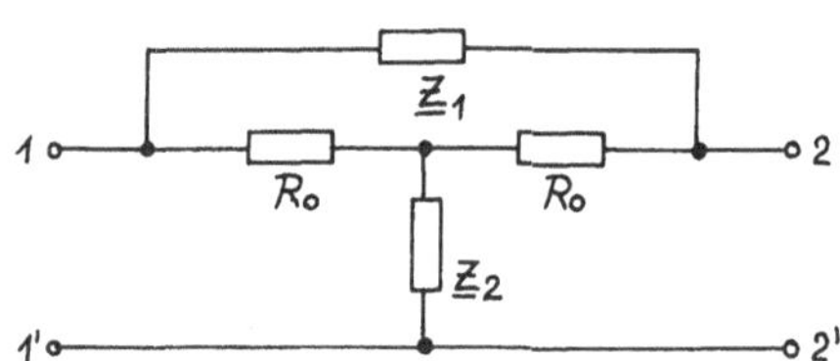

Bild 8.3 Überbrücktes T-Glied zur Entzerrung

für die beiden Impedanzen $\underline{Z}_1$ und $\underline{Z}_2$

$$\underline{Z}_1\,\underline{Z}_2 = R_o^2 \tag{8.10}$$

so ist der Wellenwiderstand $\underline{Z}_W = R_o$. Mit der Wellendämpfung
a_W und dem Wellenphasenmaß b_W gilt für das Wellenübertragungsmaß

$$g_w = a_w + j\,b_w \tag{8.11}$$

Für das Wellenübertragungsmaß des überbrückten T-Gliedes erhält man

$$g_w = \ln\left(1 + \frac{Z_1}{R_0}\right) \tag{8.12}$$

Der Festentzerrer soll in vielen Fällen eine mit steigenden
Frequenzen abfallende Dämpfung haben und eine Bandbegrenzung
bewirken. Daher wird in manchen Fällen das überbrückte T- Glied
nach Bild 8.3 mit einem Tiefpaß 3. Ordnung kombiniert, wobei
die Impedanz $\underline{Z}_1$ als Kapazität und die Impedanz $\underline{Z}_2$ als Induktivität ausgeführt werden (s. Bild 8.4). Die Schaltung eines

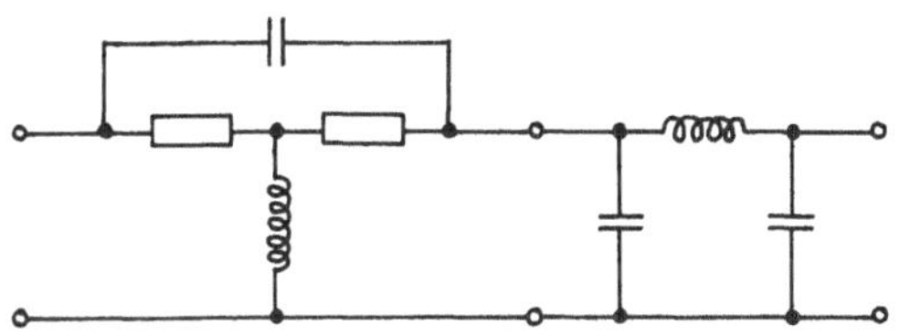

Bild 8.4   Schaltung eines Festentzerrers

variablen Bode-Entzerrers zeigt Bild 8.5. Hier dient ein über-

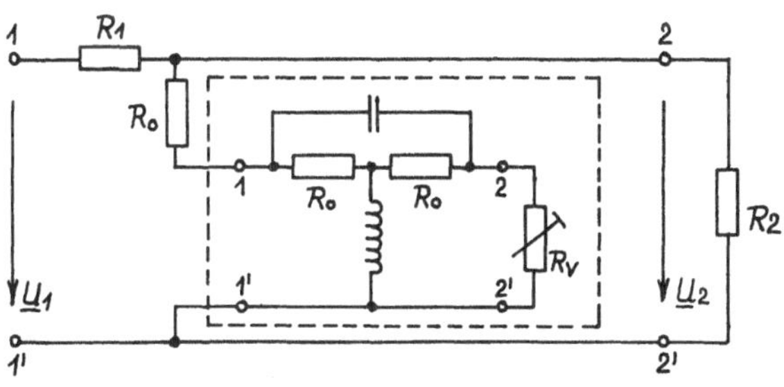

Bild 8.5   Bode-Entzerrer

brücktes T-Glied mit einer Kapazität im Längszweig und einer Induktivität im Querzweig als Hilfsvierpol beim Aufbau des als Spannungsteiler geschalteten Entzerrers. Hat der Hilfsvierpol das Wellenübertragungsmaß $\underline{g}_{WH}$, den Wellenwiderstand R_o und den Abschlußwiderstand R_V , so erhält man mit dem Reflexions-faktor

$$\underline{r}_V = \frac{R_V - R_o}{R_V + R_o} \tag{8.13}$$

die Eingangsimpedanz

$$\underline{Z}_{inH} = R_o \frac{1 + e^{-2\underline{g}_w}\underline{r}_V}{1 - e^{-2\underline{g}_w}\underline{r}_V} \tag{8.14}$$

des Hilfsvierpols. Da der Reflexionsfaktor $\underline{r}_V$ positive und ne-gative Werte annehmen kann, läßt sich mit dem Abschlußwider-stand R_V zu jedem Wert der bezogenen Abschlußimpedanz $\underline{Z}_{in}/R_o$ auch der Kehrwert einstellen. Der mit den Widerständen R_1, R_2, R_o und dem Hilfsvierpol gebildete Bode-Entzerrer hat somit einen Übertragungsfaktor, der einstellbar durch den Ab-schlußwiderstand R_V mit steigender Frequenz zunimmt, abnimmt oder konstant bleibt.

8.3 Entzerrung im Zeitbereich

Der ideale Frequenzgang kann bei einer Entzerrung des Empfangs-signals im Frequenzbereich nur näherungsweise erfüllt werden. Welcher Teil des für die Übertragung benutzten Frequenzbereichs besonders gut entzerrt werden muß, in welchem Teil eine Abwei-chung von den theoretischen Forderungen auftreten und wie groß diese sein darf, läßt sich nur durch sehr umfangreiche theore-tische Berechnungen, durch Simulation mit einer Datenverarbei-tungsanlage oder durch Messung ermitteln. In vielen Fällen ist es daher günstiger, nicht Forderungen im Frequenzbereich, son-dern Forderungen im Zeitbereich zum Ausgangspunkt für eine Ent-zerrung zu machen, besonders dann, wenn sich bei hoher Aus-

nutzung der zur Verfügung stehenden Bandbreite besondere Anforderungen an die Güte der Entzerrung ergeben.
Die Formulierung des 1. Nyquist-Kriteriums im Zeitbereich besagt, daß die Ausschwinger eines Impulses nach der Entzerrung
zu den Abtastzeitpunkten verschwinden sollen. Erfüllt wird
das 1. Nyquist-Kriterium von einem Gesamtfrequenzgang nach
Gl. (8.4)

$$\underline{F}(f) = T_o\, h_o\, rect\left(\frac{f}{2f_g}\right) \tag{8.15}$$

dessen Gewichtsfunktion

$$h(t) = h_o\, \frac{sin\frac{\pi t}{T_o}}{\frac{\pi t}{T_o}} \tag{8.16}$$

eine am Entzerrerausgang zulässige Impulsform darstellt
(s. Bild 8.6).

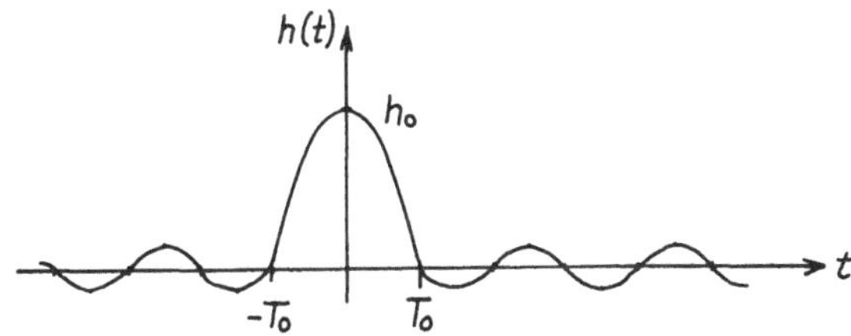

Bild 8.6 Impulsform, die das 1. Nyquist-Kriterium erfüllt

Offenbar ist eine Verbreiterung des Impulses durch den Kanalfrequenzgang auf die doppelte Schrittdauer T_o zulässig. Ist
z. B. die Antwort u_e eines Kanals auf einen rechteckigen Sendeimpuls u_s bekannt, so läßt sich das erforderliche Entzerrer-
ausgangssignal u_a festlegen (s. Bild 8.7). Bei einer durch den
Kanal bewirkten Verbreiterung des Sendeimpulses auf die doppelte Schrittdauer müssen die empfängerseitigen Abtastzeit-

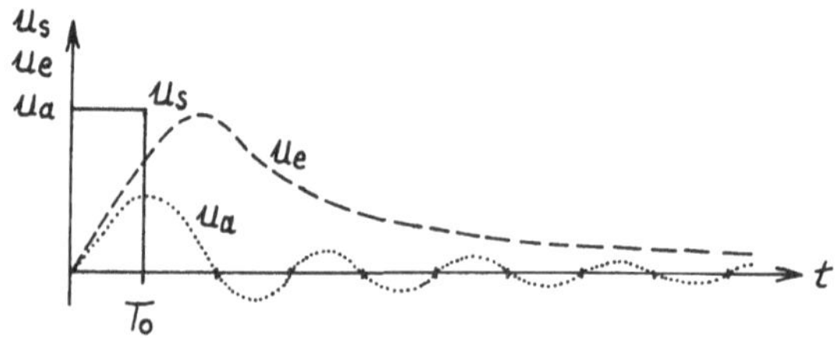

Bild 8.7   Eingangs- und Ausgangssignal für einen
rechteckförmigen Sendeimpuls

punkte bei Vielfachen der Schrittdauer T_0 liegen. Somit ist
das Entzerrerfilter festgelegt durch die zu einer bestimmten
Eingangszeitfunktion gewünschte Ausgangszeitfunktion.
Die Erzwingung der Nulldurchgänge bei dem Ausgangssignal des
Entzerrers ist auf besonders einfache Weise möglich durch ein
Transversalfilter. Das Blockschaltbild dieses Filters ist in
Bild 8.8 dargestellt. Der wichtigste Baustein des Filters ist

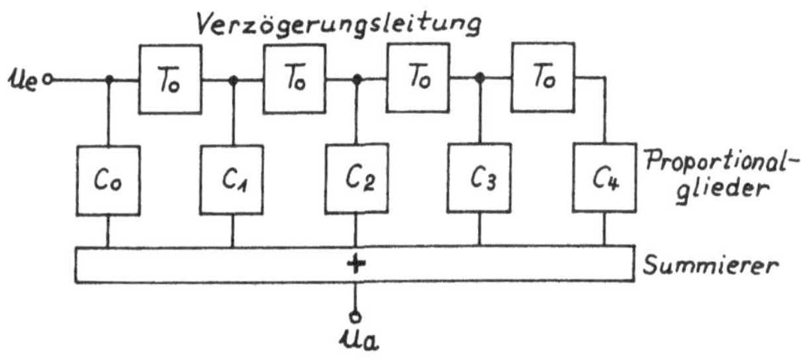

Bild 8.8   Blockschaltbild eines vierstufigen
Transversalfilters

die Laufzeitleitung, die bei ganzzahligen Vielfachen der
Schrittdauer T_0 angezapft ist. Die Signale an den Anzapfungen
gelangen über Proportionalglieder auf einen Summierer am Aus-

gang.

Aufgrund der Einstellung des Frequenzgangs über Proportionalglieder ist das Transversalfilter für Entzerreranwendungen besonders geeignet. Während im Anhang A6 das Transversalfilter
unter allgemeinen Gesichtspunkten behandelt wird, soll hier
nur die Anwendung als Zeitbereichsentzerrer untersucht werden.

Nach Bild 8.8 gilt mit dem Koeffizienten c_n der Proportionalglieder, der Schrittdauer T_0 , der Anzahl N der Verzögerungsglieder und der Eingangsspannung $u_e(t)$ für die Ausgangsspannung

$$u_a(t) = \sum_{n=0}^{N} c_n \, u_e(t - nT_0) \qquad (8.17)$$

Bei der Signalregeneration wird dieses Signal zu den Zeitpunkten $t_k = kT_0$ abgetastet. Die Abtastwerte erhält man mit Gl.(8.7)
aus

$$u_a(kT_0) = \sum_{n=0}^{N} c_n \, u_e([k-n]T_0) \qquad (8.18)$$

Bei einer Übertragung ohne Nachbarzeichenbeeinflussung muß
gelten

$$u_a(kT_0) = \begin{cases} U_0 & \text{für } k=1 \\ 0 & \text{für } k \neq 1 \end{cases} \qquad (8.19)$$

Damit lassen sich die Koeffizienten des Transversalfilters mit
Gl. (8.19) aus dem Gleichungssystem nach Gl. (8.18) berechnen
(s. Abschn. 8.6). Bei einer Übertragung mit kontrollierter
Nachbarzeichenbeeinflussung wird jeder senderseitige Impuls
durch mehrere empfängerseitige Impulse dargestellt und Gl.
(8.19) ist dem Code entsprechend zu modifizieren.

8.4 Transversalfilter

In Abschn. 8.3 wird gezeigt, daß ein Transversalfilter aus einer angezapften Verzögerungsleitung, Proportionalgliedern und
einem Summationsglied besteht. Zur Verwirklichung der Elemente

des Transversalfilters können verschiedene Verfahren angewendet werden.

Verzögerungsleitung. Der Gesamtfrequenzgang der Übertragungsstrecke ergibt sich als Produkt der Einzelfrequenzgänge. Da ein algebraisches Produkt kommutativ ist, kann die Reihenfolge der Glieder der Übertragungsstrecke geändert werden. Somit ist auch die Anordnung des Entzerrerfilters vor dem Kanal auf der Sendeseite zulässig. In diesem Fall hat das Filter die Wirkung einer Vorverzerrung. Die Sendeimpulse werden nicht direkt auf den Kanal gegeben, sondern so verzerrt, daß am Kanalausgang keine Nachbarzeichenbeeinflussung auftritt. Der Vorteil dieses Verfahrens liegt darin, daß die Verzögerungsleitung im Falle rechteckiger Sendeimpulse durch ein Schieberegister verwirklicht werden kann. Wird das Entzerrerfilter am Eingang des Empfängers angeordnet, so muß die Verzögerungsleitung ein analoges Signal verzögern. Das kann entweder durch eine Kombination von Allpässen geschehen, die im interessierenden Frequenzbereich die gewünschte Verzögerungszeit erzeugt, oder durch ein Analogwertschieberegister. Man verwirklicht es durch eine Kettenschaltung von Abtast-Halte-Gliedern, die in Abschn. 3.8 beschrieben werden. Zwei Abtast-Halte-Glieder bilden ein Verzögerungsglied (s. Bild 8.9). Wird der Schalter S_1

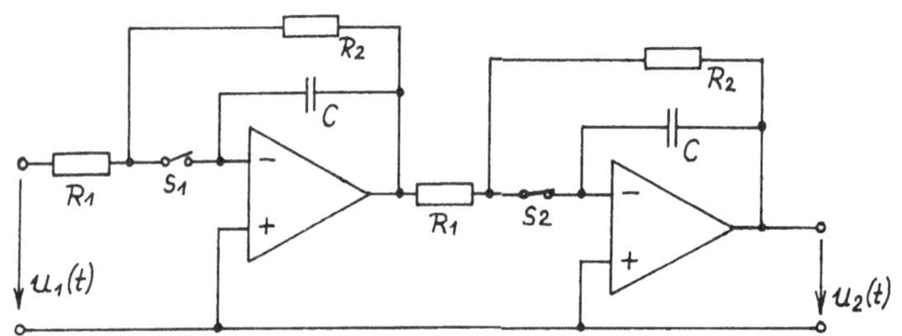

Bild 8.9 Verzögerungsglied mit zwei Abtast-Halte-Gliedern

zur Zeit $t=t_0$ kurzzeitig geschlossen, so lädt sich der Kondensator C auf den Abtastwert $u_1(t_0)$ auf. Nach dem Öffnen des

Schalters wird der Abtastwert im Kondensator gespeichert. Die beiden Schalter S_1 und S_2 der Abtast-Halte-Glieder nach Bild 8.9 haben jeweils entgegengesetzten Schaltzustand. Ist der Schalter S_1 geöffnet, so befindet sich im Kondensator C des 1. Gliedes ein gespeicherter Abtastwert, der gleichzeitig in das 2. Glied übernommen wird, da der Schalter S_2 während der Öffnungszeit des Schalters S_1 geschlossen ist. Schließt der Schalter S_2 , so wird vom 1. Glied ein neuer Abtastwert übernommen, während der vorhergehende im 2. Glied gespeicherte Abtastwert vom nächsten Verzögerungsglied übernommen werden kann. Wird der Vorgang periodisch wiederholt, so ist die Periodendauer gleich der Verzögerungszeit einer aus 2 Abtast-Halte-Gliedern bestehenden Stufe. Aufgrund dieses Weiterreichens von Abtastwerten nennt man das Analogwert-Schieberegister auch Eimerkettenleitung (engl: bucket brigade).

<u>Proportionalglieder.</u> Im einfachsten Fall werden Spannungsteiler verwendet, die mit Potentiometern eingestellt werden. Für einen automatischen Abgleich eines Entzerrers werden elektronisch steuerbare Proportionalglieder verwendet, die nach dem Prinzip des in Abschn. 6.4.1 beschriebenen Decodierers verwirklicht werden.

<u>Summationsglieder.</u> Sie können am einfachsten durch einen Summierverstärker realisiert werden. Die Schaltung, die einen Operationsverstärker verwendet, ist in Bild 8.10 wiedergegeben.

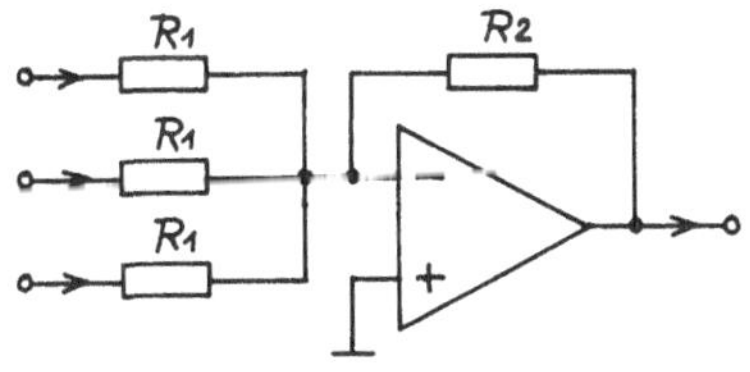

Bild 8.10 Summierverstärker

8.5 Quantisierte Rückkopplung

Befinden sich zwischen den Leitungsabschnitten eines Kanals
Trenntransformatoren, so hat die Übertragungsstrecke Hochpaß-
verhalten. Der Gleichanteil eines digitalen Signals wird somit nicht übertragen. Daher wird in der Regel durch Kanalcodierung (s. Abschn. 7) angestrebt, einen Gleichanteil zu vermeiden. Wird trotz Hochpaßverhaltens des Kanals ein Code mit
Gleichanteil verwendet, so läßt sich durch quantisierte Rückkopplung (s. Bild 8.10) im Empfänger der vom Kanal unterdrück-
te Gleichanteil wiedergewinnen. Das Verfahren soll für ein
binäres digitales Signal erläutert werden.

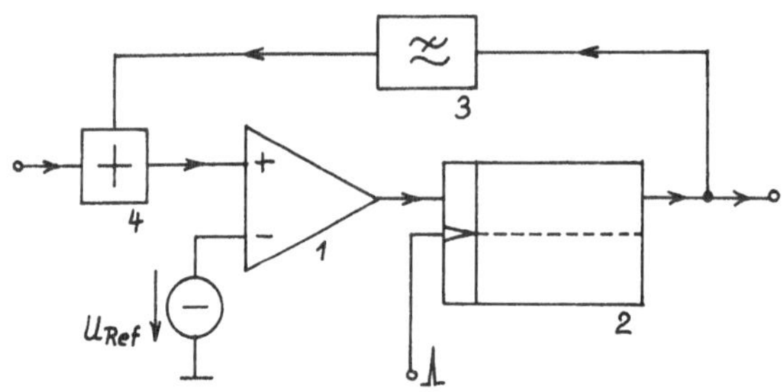

Bild 8.11   Quantisierte Rückkopplung

In Bild 8.11 bilden der Komparator 1
und das Flipflop 2 eine Anordnung zur Signalregeneration (s. Abschn. 9). Die Ausgangsspannung des Komparators
ist entweder 5 V oder 0 V, je nachdem die Signalspannung größer oder kleiner als die Referenzspannung U_{Ref} ist. Beim Erscheinen eines Triggerimpulses übernimmt das Flipflop 2 die an
seinem Vorbereitungseingang liegende Ausgangsspannung des Komparators. Am Ausgang des Flipflops entsteht somit das Eingangssignal mit regenerierten Impulsen. Die Referenzspannung des
Komparators soll sich in der Mitte zwischen den einer Null und
einer Eins entsprechenden Spannungswerten befinden. Bei Hoch-

paßverhalten des Kanals ändern sich diese Spannungswerte u_s in Abhängigkeit vom Nachrichteninhalt (s. Bild 8.12). Daher wird das Ausgangssignal des Flipflops über einen Tiefpaß mit

Bild 8.12   Verzerrte Ausgangsspannung eines Kanals mit
            Hochpaßverhalten bei einer längeren Nullfolge

dem Frequenzgang $\underline{F}_{TP}(f)$ gegeben und der verzerrten Signalspannung $u_{sv}(t)$ mit dem Addierer hinzuaddiert, bevor diese an den Komparator gelangt. Die Wirkung dieser quantisierten Rückkopplung läßt sich im Frequenzbereich untersuchen. Mit der Frequenzfunktion $\underline{U}_s(f)$ der unverzerrten Signalspannung $u_s(t)$ vor dem Hochpaß mit dem Frequenzgang $\underline{F}_{HP}(f)$ ist die Frequenzfunktion der verzerrten Signalspannung am Eingang des Addierers

$$\underline{U}_{sv}(f) = \underline{U}_s(f)\,\underline{F}_{HP}(f) \qquad (8.20)$$

Am Ausgang des Flipflops erscheint die um eine durch die Signalregeneration bewirkte Zeitspanne τ verzögerte unverzerrte Signalspannung $u_s(t-\tau)$. Ihre Fourier-Transformierte ist mit Gl. (2.20) $\underline{U}_s(f)e^{-j2\pi f\tau}$. Die Frequenzfunktion der Spannung $u_k(t)$ am Komparatoreingang ist somit

$$\underline{U}_k(f) = \underline{U}_s(f)\,\underline{F}_{HP}(f) + \underline{U}_s(f)e^{-j2\pi f\tau}\,\underline{F}_{TP}(f) \qquad (8.21)$$

Soll die Komparatoreingangsspannung verzerrungsfrei sein, so erhält man mit $\underline{U}_k(f)=\underline{U}_s(f)$ für den Frequenzgang des Tiefpasses 2

$$\underline{F}_{TP}(f) = \left[1 - \underline{F}_{HP}(f)\right]e^{-j2\pi f\tau} \qquad (8.22)$$

Die Verzögerungszeit τ ist kleiner als die Schrittdauer T_0 des Sendesignals. Da die Grenzfrequenz f_g des im Kanal liegenden Hochpasses in der Regel sehr viel kleiner als die Schrittfrequenz $f_0 = 1/T_0$ ist, kann $e^{j2\pi f\tau} = 1$ gesetzt werden.

8.6 Beispiel

Zur Berechnung der Koeffizienten eines Transversalfilterentzerrers muß die Kanalantwort auf eine gesendete Eins bekannt sein. Sie gelangt als Eingangsspannung $u_e(t)$ an das Entzerrerfilter. Schreibt man Gl. (8.18) mit Indizes in der Form

$$u_{ak} = \sum_{n=0}^{N} C_n \, u_{ek-n} \qquad (8.23)$$

so erhält man für $N=3$ das Gleichungssystem

$$
\begin{aligned}
U_0 &= C_0 \, u_{e1} \\
0 &= C_0 \, u_{e2} + C_1 \, u_{e1} \\
0 &= C_0 \, u_{e3} + C_1 \, u_{e2} + C_2 \, u_{e1} \\
0 &= C_0 \, u_{e4} + C_1 \, u_{e3} + C_2 \, u_{e2} + C_3 \, u_{e1}
\end{aligned}
\qquad (8.24)
$$

Aufgrund des dreiförmigen Aufbaus läßt sich das Gleichungssystem leicht lösen. Man erhält

$$
C_0 = \frac{U_0}{u_{e1}} \quad , \quad C_1 = -C_0 \, \frac{u_{e2}}{u_{e1}}
$$

$$
C_2 = -\frac{C_0 \, u_{e3} + C_1 \, u_{e2}}{u_{e2}} \quad , \quad C_3 = -\frac{C_0 \, u_{e4} + C_1 \, u_{e3} + C_2 \, u_{e2}}{u_{e1}}
\qquad (8.25)
$$

Die Spannungen $u_{e1}, u_{e2} \ldots u_{e4}$ sind die Abtastwerte der Eingangsspannung $u_e(t)$ zu den Zeiten $t = T_0, 2T_0, 3T_0, 4T_0$.

9. Signalregeneration

Die Signale als Träger der Information werden auf ihrem Wege
durch den Kanal durch den Frequenzgang und durch Störungen er-
heblich verändert. Der Empfänger am Ausgang des Kanals hat die
Aufgabe, die im Signal enthaltenen Informationen korrekt zu erkennen. Die Information wird dann richtig erkannt, wenn der
Empfänger in der Lage ist, die Originalsignale am Eingang des
Kanals zu reproduzieren. Man nennt den Empfänger daher auch
einen Regenerativverstärker. Er ist für das Zustandekommen der
besonderen Übertragungseigenschaften digitaler Signale wichtig.

9.1 Regenerativverstärker

Wenn das digitale Signal durch Frequenzgang und Störungen verändert wird, müssen im Regenerativverstärker zwei Einrichtungen vorhanden sein, die diese Einflüsse verringern:
- die Entzerrung und
- das Optimalfilter
Die Entzerrung (s. Abschn. 8) wird durch ein lineares Filter
bewirkt, das für einen optimalen Gesamtfrequenzgang sorgt.
Dieser entsteht durch das senderseitige Formfilter, den Kanal-
und das Entzerrerfilter. Bei nicht korrelativen Codes muß der
Gesamtfrequenzgang das erste Nyquist-Kriterium erfüllen. Das
dann in der Regel folgende Optimalfilter verringert den Einfluß der Störungen. Dabei handelt es sich um eine Filterklas-
se, bei der man stochastische Signale zu trennen versucht, deren Leistungsdichtespektren sich überlappen. Stochastischer
Natur sind sowohl der Nachrichtensignalanteil als auch der
Störanteil. Im Regenerativverstärker nennt man das Optimalfilter auch signalangepaßtes Filter (engl.: matched filter),
weil die Gewichtsfunktion des Filters von der Form des Nutz-
signalanteils abhängt, der gegenüber dem Störanteil hervorge-
hoben werden soll. Zwischen dem signalangepaßten Filter und
dem Korrelationsempfang zur Verringerung von Störungen besteht

ein enger Zusammenhang.

Nach Entzerrung und Optimalfilterung erfolgt die eigentliche Erkennung. Hierzu sind notwendig eine Entscheidung im Signalbereich und eine Entscheidung im Zeitbereich. Bei einem binären isochronen Signal muß entschieden werden, ob eine Null oder eine Eins gesendet wurde und zu welchem Zeitpunkt die Entscheidung getroffen werden muß. So entsteht das Block-

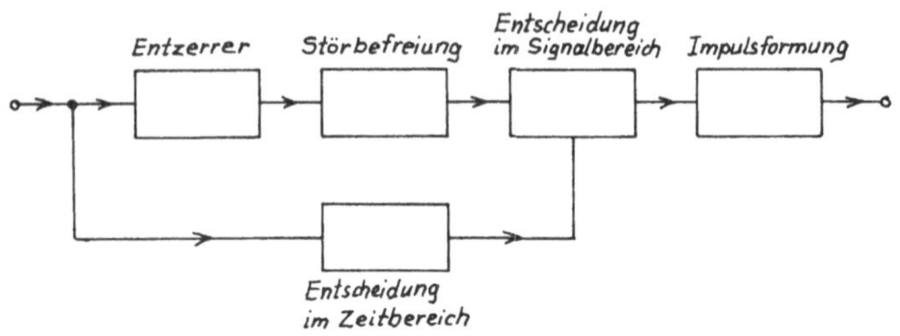

Bild 9.1 Blockschaltbild eines Regenerativverstärkers

schaltbild eines Regenerativverstärkers nach Bild 9.1. Während die Probleme der Entzerrung (s. Abschn. 8) und der Entscheidung im Zeitbereich (s. Abschn. 10) in besonderen Abschnitten ausführlich beleuchtet werden, sind die schaltungstechnisch oft nicht ganz zu trennenden Blöcke Störbefreiung, Entscheidung im Signalbereich und Impulsformung Gegenstand dieses Abschnittes.

9.2 Entscheidung im Signalbereich

Bei der Übertragung eines z. B. binären isochronen Signals ohne Nachbarzeichenbeeinflussung wird eine Entzerrung nach dem 1. Nyquist-Kriterium durchgeführt. Danach ist eine beliebige Zerstörung der nicht nachrichtenhaltigen Impulsform zulässig; lediglich müssen die senderseitigen Funktionswerte zu den jeweils im Abstand der Taktperiode T_0 wiederkehrenden Zeit-

punkten $t_n = nT_0$, $n = 1,2\ldots$ den empfängerseitigen Funktionswerten
proportional sein.

Die Information darüber, welches Zeichen gesendet wird, liegt
in der Regel in der Höhe eines rechteckigen Impulses. Damit
das Zeichen erkannt werden kann, muß dem Empfänger die Zuordnung zwischen Zeichen und Impulshöhe bekannt sein. Beträgt die
die Impulshöhe für das Zeichen Eins U_0 und für das Zeichen
Null $0V$, so bewertet der Empfänger mit Rücksicht auf überla-
gerte Störungen Signalwerte $> \frac{U_0}{2}$ mit Eins und Signalwerte $< \frac{U_0}{2}$
mit Null. In Bild 9.2 sind der gesendete Rechteckimpuls, der
Signalverlauf nach der Entzerrung und die Entscheidungsschwel-

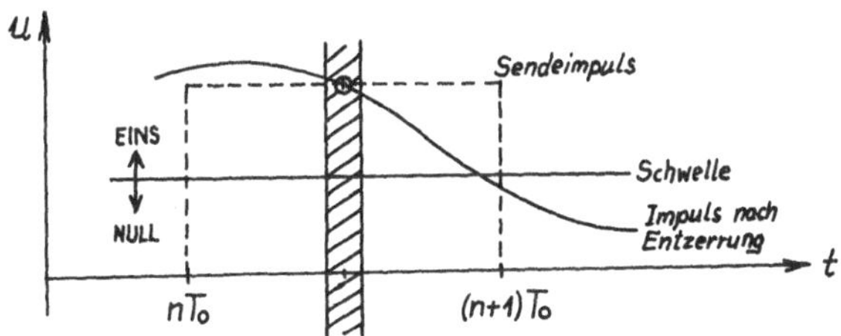

Bild 9.2 Entscheidung im Zeit- und Signalbereich

le eingezeichnet. Die Entscheidung im Signalbereich wird in

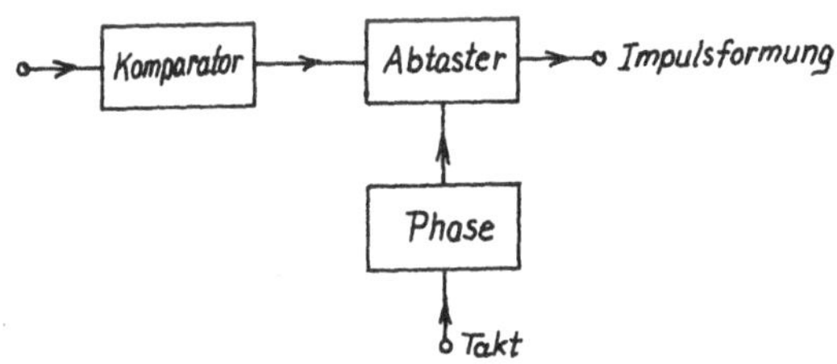

Bild 9.3 Blockschaltbild für die Entscheidung
im Signalbereich

der Mitte des Impulses durchgeführt. Damit erhält man für die
Entscheidung im Signalbereich das Blockschaltbild nach Bild
9.3. Das Signal gelangt zunächst auf einen Komparator und wird
darauf mit einem kurzen Impuls abgetastet. Die zeitliche Lage
dieses Impulses kann mit einem Phasenschieber auf den Zeitpunkt
gelegt werden, wo sender- und empfangsseitige Funktionswerte
einander proportional sind. Abtastung und Impulsformung lassen
sich, wie in Bild 9.4 gezeigt, schaltungstechnisch zusammen-

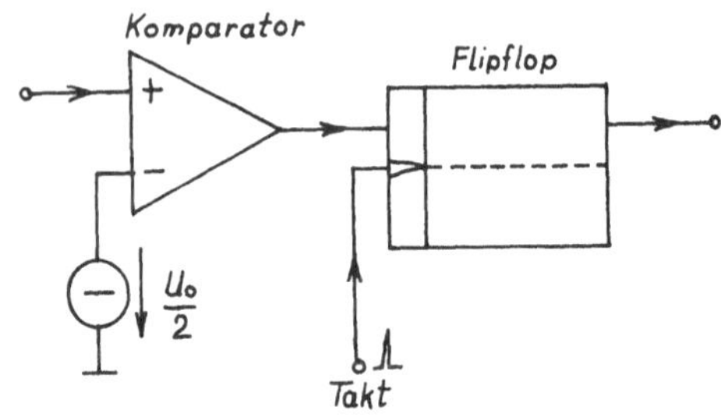

Bild 9.4   Zusammenfassung von Abtastung
und Impulsformung

fassen. Das entzerrte Signal wird in einem Komparator mit der
Entscheidungsschwelle $U_0/2$ verglichen. Man kann den Komparator,
der im allgemeinen ein Operationsverstärker ist, durch eine
Klemmlinie nach Bild 9.5 kennzeichnen. Das Ausgangssingal des

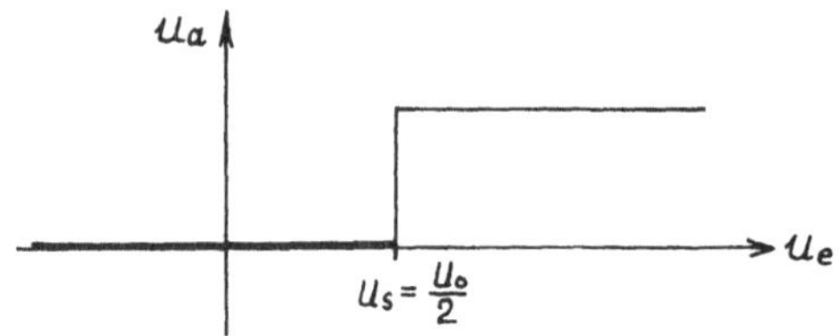

Bild 9.5   Kennlinie eines Komparators

Komparators gelangt an den Vorbereitungseingang eines Flipflops, das zum Taktzeitpunkt ausgelöst wird. Am Ausgang des
Flipflops entsteht das vollständig regenerierte Ausgangssignal.
Abtastung und Impulsformung lassen sich jedoch auch getrennt
durchführen, wie dies in Bild 9.6 dargestellt ist. Das Kom-

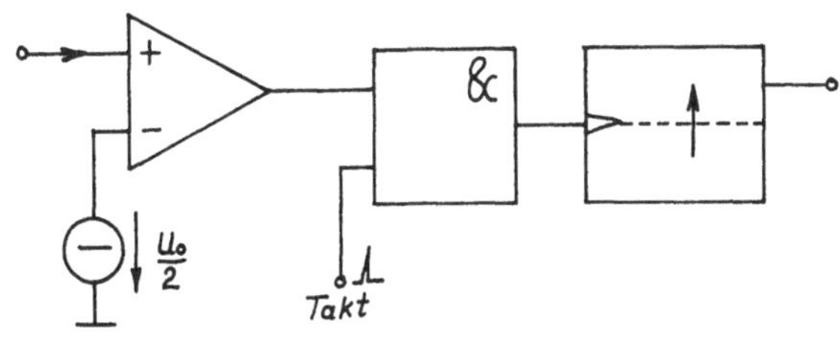

Bild 9.6   Getrennte Durchführung von Abtastung
und Impulsformung

paratorausgangssignal gelangt mit dem Taktsignal an ein und-
Gatter, dessen Ausgangssignal eine monostabile Kippstufe auslöst. Während das Verfahren nach Bild 9.4 Impulse erzeugt, deren Breite gleich der Taktperiode ist, können hier auch Impulse kleinerer Breite eingestellt werden.

9.3 Störbefreiung

Auf dem Wege durch den Übertragungskanal wird dem digitalen
Signal $u_N(t)$ ein stochastisches Störsignal $u_{st}(t)$ überlagert,
dessen Zeitwert zum Zeitpunkt der Entscheidung im Signalbereich so groß sein kann, daß eine Fehlentscheidung erfolgt.
Bild 9.7 zeigt die aus der Überlagerung von Nutz- und Störsignal entstehende Spannung $u = u_N + u_{st}$. Verläuft die Spannung
$u(t)$ bei einer über dem Schwellwert liegenden Nutzspannung
$u_N(t)$ zeitweilig unterhalb der Schwellspannung, so verursacht
dies nicht unbedingt eine Fehlentscheidung. Ein Fehler entsteht erst, wenn zum Zeitpunkt der Entscheidung im Signalbe-

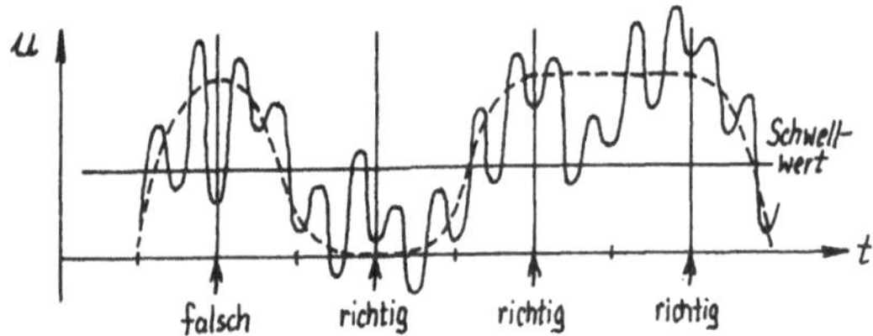

Bild 9.7   Überlagerung von digitalem Signal und
Störsignal, ----- ungestörtes Signal

reich die Spannung $u(t)$ unterhalb des Schwellwertes verläuft.

Um den Einfluß des Störsignals zu vermindern, wird zwischen das Entzerrerfilter und den Schaltungen zur Entscheidung im Signalbereich ein <u>Optimalfilter</u> angeordnet. Dieser Filtertyp wird eingesetzt, wenn zwei stochastische Signale getrennt werden sollen, obwohl ihre Leistungsdichtespektren im gleichen Frequenzbereich liegen. Je nach der praktischen Anwendung gibt es verschiedene Ansätze zur Ermittlung eines Optimalfilterfrequenzgangs $\underline{F}_{opt}(f)$, der das Nutzsignal gegenüber dem Störsignal optimal hervorhebt.

<u>Wiener-Kolmogoroff-Filter.</u> Hier wird das Filter so dimensioniert, daß die Spannungszeitfunktion des Signals am Ausgang möglichst gut mit dem Zeitverlauf des ungestörten Nutzsignals am Eingang übereinstimmt.

<u>Signalangepaßtes Filter.</u> Das stochastische Nutzsignal der digitalen Übertragungstechnik ist eine regellose Folge von Signalelementen gleicher Dauer (s. Abschn. 2.4). Die Wiederherstellung des Zeitverlaufs der Signalelemente ist nicht erforderlich, sondern es muß nur erkannt werden, ob ein bestimmter Signalverlauf vorhanden war oder nicht. Für den Erkennungsvorgang ist wichtig, daß dem Empfänger der ungestörte Zeitverlauf der möglichen Signalelemente bekannt ist. Zur Ermittlung einer evtl. vorhandenen Ähnlichkeit wird mit dem Signal $u_N(t) + u_{st}(t)$ am Ausgang des Entzerrerfilters und einem Signal

$u_N(t)$ im Empfänger die Kreuzkorrelationsfunktion

$$K_{12}(\tau) = \lim_{T \to \infty} \frac{1}{T} \int_{-T/2}^{+T/2} \left[u_N(t) + u_{st}(t) \right] u_N(t+\tau)\, dt \qquad (9.1)$$

nach Gl. (2.52) in Abschn. 2.3.3 gebildet. Da das Integral einer Summe gleich der Summe der Integrale ist, gilt

$$K_{12}(\tau) = \lim_{T \to \infty} \frac{1}{T} \int_{-T/2}^{+T/2} u_N(t)\, u_N(t+\tau)\, dt + \lim_{T \to \infty} \frac{1}{T} \int_{-T/2}^{+T/2} u_{st}(t)\, u_N(t+\tau)\, dt \qquad (9.2)$$

Zwischen dem Nutzsignal $u_N(t)$ und dem Störsignal $u_{st}(t)$ besteht keine Verwandtschaft. Daher ist nach Abschn. 2.3.3 das 2. Integral in Gl. (9.2) Null. Somit ergibt die Kreuzkorrelation die Autokorrelationsfunktion

$$K(\tau) = \lim_{T \to \infty} \frac{1}{T} \int_{-T/2}^{+T/2} u_N(t)\, u_N(t+\tau)\, dt \qquad (9.3)$$

des Nutzsignals $u_N(t)$. Nach Abschn. 2.3.4 gilt mit Gl. (2.57), (2.59) und (2.60) für die Autokorrelationsfunktion

$$K(\tau) = \lim_{T \to \infty} \frac{1}{T} \int_{-T/2}^{+T/2} \underline{U}_N(f)\, \underline{U}_N^*(f)\, e^{j2\pi f\tau}\, df \qquad (9.4)$$

mit der Frequenzfunktion $\underline{U}_N(f)$ des Nutzsignals $u_N(t)$. Hat das Optimalfilter den komplexen Frequenzgang $\underline{F}_{opt}(f)$, so ist im störungsfreien Fall das Ausgangssignal

$$u_{a\,opt}(t) = \int_{-\infty}^{+\infty} \underline{U}_N(f)\, \underline{F}_{opt.}(f)\, e^{j2\pi ft}\, df \qquad (9.5)$$

die inverse Fourier-Transformierte des Produktes aus der Frequenzfunktion $\underline{U}_N(f)$ des Eingangssignals und dem Frequenzgang $\underline{F}_{opt}(f)$. Vergleicht man Gl. (9.4) und (9.5), so zeigt sich, daß ein Filter, dessen Frequenzgang

$$\underline{F}_{opt.}(f) = C \, \underline{U}_N^*(f) \tag{9.6}$$

bis auf eine Proportionalitätskonstante C gleich dem konjugiert komplexen Wert der Frequenzfunktion $\underline{U}_N(f)$ des Eingangssignals $u_N(t)$ ist, an seinem Ausgang die Autokorrelationsfunktion des Eingangssignals bildet. Allerdings sind dabei in der Autokorrelationsfunktion nach Gl. (9.3) die reale Zeit t und die künstliche Verschiebungszeit τ vertauscht. Somit ist das Ausgangssignal des Filters mit Gl. (9.5), (9.4) und (9.3)

$$u_{a\,opt.}(t) = C \int\limits_{-\infty}^{+\infty} u_N(\tau) \, u_N(t+\tau) \, d\tau \tag{9.7}$$

Ein solches Filter ist also auf ein spezielles Signal $u_N(t)$ besonders zugeschnitten und wird daher <u>signalangepaßtes Filter</u> (engl.: matched filter) genannt.
Zur weiteren Kennzeichnung des Filters wird die Gewichtsfunktion

$$g_{opt}(t) = C \int\limits_{-\infty}^{+\infty} \underline{U}_N^*(f) \, e^{j2\pi f t} \, df \tag{9.8}$$

als inverse Fourier-Transformierte des Frequenzgangs ermittelt. Mit Gl. (2.60) und der Substitution $f \approx -F$ erhält man

$$g_{opt}(t) = C \int\limits_{-\infty}^{+\infty} U_N(F) \, e^{j2\pi F(-t)} \, dF \tag{9.9}$$

und mit Gl. (2.21)

$$g_{opt}(t) = C \, u_N(-t) \tag{9.10}$$

Bei einem Dirac-Impuls am Eingang erscheint also am Ausgang das Signal, an das das Filter angepaßt ist, jedoch mit umgekehrtem Zeitverlauf. Betrachtet man nur ein Signalelement $u_{NE}(t)$ der Dauer T_0 des digitalen Nutzsignals $u_N(t)$, so erhält man die Gewichtsfunktion $g_{E\,opt}(t)$ nach Bild 9.8. Sie

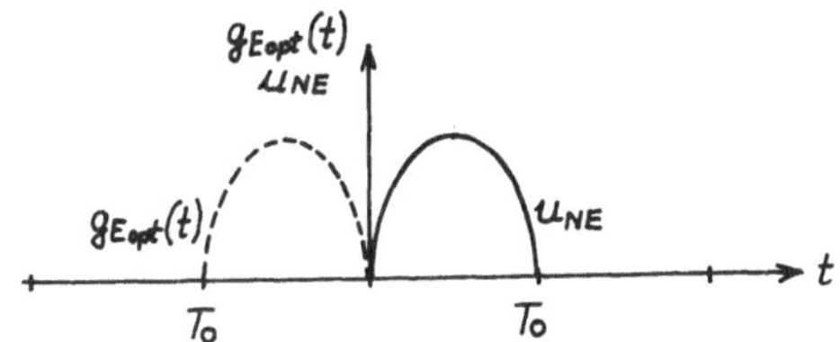

Bild 9.8   Gewichtsfunktion des signalangepaßten Filters

liegt zeitlich vor dem sie verursachenden Dirac-Impuls. Das
Filter ist daher nur realisierbar, wenn der Frequenzgang nach
Gl. (9.6) ergänzt wird durch ein Verzögerungsglied mit der
Verzögerungszeit T_0 . Somit erhält man für den Frequenzgang
des signalangepaßten Filters

$$F'_{opt}(f) = C\, \underline{U}^*_{NE}(f)\, e^{-j2\pi T_0} \tag{9.11}$$

mit der Frequenzfunktion $\underline{U}_{NE}(f)$ eines Signalelementes. Die
Ausgangsspannung des Filters ist somit nach Gl. (9.7) für ein
Signalelement

$$u'_{a\,opt}(t) = C \int\limits_{-\infty}^{+\infty} u_{NE}(\tau)\, u_{NE}(t - T_0 + \tau)\, d\tau \tag{9.12}$$

also die um die Verzögerungszeit T_0 verschobene Autokorrelationsfunktion eines Signalelementes.
Auf das signalangepaßte Filter folgt in einem Regenerativverstärker die in Abschn. 9.2 beschriebene Entscheidung im Signalbereich mit der Abtastung. Das Maximum der Autokorrelationsfunktion liegt an der Stelle $t = T_0$. Daher wird hier abgetastet
und eine Entscheidung im Signalbereich durchgeführt.

9.4 Integrationsmethode

Bei dem in Abschn. 9.3 beschriebenen signalangepaßten Filter
wird die Autokorrelationsfunktion des Signals gebildet. Durch
Abtastung zur Zeit $t = T_o$ erhält man nach Gl. (9.12) das Maximum

$$u'_{a\,opt}\,(t = T_o) = C \int_0^{T_o} u_{NE}(\tau)\, u_{NE}(\tau)\, d\tau \qquad (9.13)$$

der Autokorrelationsfunktion. Nach Gl. (9.13) wird ein Signalelement am Ausgang des Entzerrerfilters mit einem im Empfänger
vorhandenen Signalelement multipliziert, integriert, mit einem Schwellwert verglichen und abgetastet. Eine mögliche

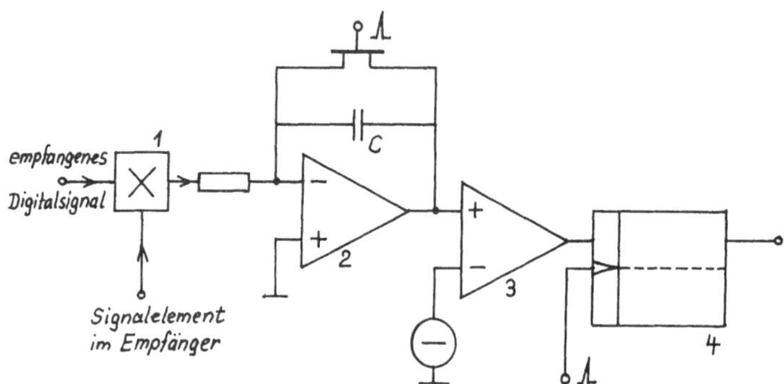

Bild 9.9   Verwirklichung des signalangepaßten Filters
           mit einem Multiplikator und einem rücksetz-
           baren Integrator

Realisierung dieser Vorgänge zeigt Bild 9.9. Multiplikator 1
und Integrator 2 bilden das signalangepaßte Optimalfilter,
während Komparator 3 und Flipflop 4 Entscheidung im Signalbereich, Abtastung und Impulsformung verwirklichen. Nach Bil-

dung des Maximums der Autokorrelationsfunktion durch Integration muß der Kondensator C des Integrators entladen werden, um den Anfangszustand wieder herzustellen.

In Abschn. 2.4 und 7.2.1.1 wird gezeigt, daß man die verschiedenen Zeichen eines Alphabets entweder durch verschiedene Höhen eines Impulses oder durch verschiedene Formen eines Impulses darstellen kann. Bei verschiedenen Höhen eines Impulses werden am Ausgang des Integrators mehrere Komparatoren mit verschiedenen Schwellwerten angeschlossen. Jeder Höhe ist ein Komparator und ein Flipflop zugeordnet.

Bei verschiedenen Formen eines Impulses müssen so viele Anordnungen nach Bild 9.9 aufgebaut werden, wie Impulsformen vorhanden sind. Dabei wird das ankommende Signal jeweils mit einer anderen Impulsform im Empfänger korreliert. In beiden Fällen ergeben sich so viele Flipflopausgänge mit Rechteckimpulsen wie Zeichen im Alphabet vorhanden sind. Die Signale an den Flipflopausgängen können entweder zur Decodierung eines nach Abschn. 7.2.1.2 kanalcodierten binären Signals oder direkt zur Wiederherstellung des Sendesignals verwendet werden.

Wird nur eine Impulsform verwendet, so muß dem Multiplikator 1 der Schaltung nach Bild 9.9 der ungestörte Impuls am Entzerrerausgang zugeführt werden. Wird bei Rechteckimpulsen nicht der ungestörte Empfangsimpuls,sondern der Sendeimpuls zur Korrelation verwendet, so kann der Multiplikator entfallen, weil mit einer Konstanten multipliziert wird.

In diesem Fall wird durch den Integrator die Spannungszeitfläche der Impulse gemessen. Der lineare Langzeitmittelwert eines Störsignals ist Null. Somit wird die die Spannungszeitfläche des Impulses darstellende Integratorausgangsspannung bei genügend langer Integrationszeit durch die Störspannung nicht verändert. Häufig ist jedoch die Schrittdauer T_0 als Integrationszeit nicht ausreichend. Fehler durch kurzzeitige Impulseinbrüche bei dem in Abschn. 9.2 beschriebenen Verfahren können durch die Integrationsmethode vermieden werden.

10. Zeitregeneration

Bei der verzerrungsfreien Übertragung von Impulsen (s.Abschn.4)
gleicher Form und verschiedener Höhe ist eine Veränderung der
Impulsform zulässig, sofern nur ein Funktionswert innerhalb
des für den Impuls zur Verfügung stehenden Zeitintervalls bis
auf einen konstanten Faktor erhalten bleibt. Dieser Funktionswert kann dann am Empfangsort durch Abtasten festgestellt werden. Allerdings müssen dafür die zu den Funktionswerten gehörenden Abtastzeitpunkte bekannt sein.
Ein auf einem festen Grundimpuls $g(t)$ basierendes digitales
Signal wird nach Gl. (2.66) durch

$$u(t) = U_o T_o \sum_{n=-\infty}^{+\infty} a_m(n)\, g(t - n T_o) \qquad (10.1)$$

beschrieben. Aus der Dauer T_o eines Signalelementes ergibt
sich die Taktfrequenz

$$f_o = \frac{1}{T_o}$$

Die Information über die Abtastzeitpunkte wird im Empfänger
durch die Frequenz eines periodischen Signals dargestellt,
dessen Phasenlage so eingestellt wird, daß das empfängerseitige Zeitraster gegenüber dem senderseitigen um die Kanallauf-
zeit verschoben ist.

10.1 Anforderungen an das Signal

Ein binäres digitales Signal nach Gl. (10.1) besitzt ein
Leistungsdichtespektrum (s. Abschn. 2.5), das aus einem kontinuierlichen Spektrum und einem Linienspektrum besteht. Der
Scheitelwert der Spektrallinie mit der Ordnungszahl k beträgt
nach Gl. (2.121)

$$\hat{u}_k = 2\, U_o \left| \underline{G}(f_k) \right| (a_1 p_1 + a_2 p_2) \qquad (10.2)$$

Damit auf der Empfängerseite die Ableitung der Taktfrequenz
möglich ist, muß in dem empfangenen Signal eine Spektrallinie
mit der Taktfrequenz vorhanden sein, die sich möglichst weit
von dem kontinuierlichen Anteil des Spektrums abhebt. Das Vorhandensein einer Spektrallinie bedeutet, daß das Signal eine
Sinusspannung enthält, für die mit dem Scheitelwert $\hat{u}_T$, der
Taktfrequenz f_T und der Taktphase ψ_T gilt

$$u_T = \hat{u}_T \cos(2\pi f_T t + \psi_T) \tag{10.3}$$

Ist eine Spektrallinie nicht vorhanden, so muß das Signal die
Erzeugung einer Spektrallinie bei der Taktfrequenz aufgrund
seiner Beschaffenheit durch nichtlineare Signalverarbeitung
zulassen.
Spektrallinien in einem digitalen Signal müssen trotz des
isochronen Charakters nicht unbedingt vorhanden sein. Dies ist
ersichtlich aus Gl. (10.2) für die Spektrallinien eines binären Signals. Es müssen
a) das Spektrum $\underline{G}(f)$ des Grundimpulses bei den Frequenzen
   $k f_0$ und
b) der arithmetische Mittelwert

$$U_0 T_0 \, g(t) \, (a_1 \, p_1 + a_2 \, p_2)$$

   des Signals
von Null verschieden sein.
Ist eine Spektrallinie vorhanden, so ist zu berücksichtigen,
daß das Leistungsdichtespektrum als Fourier-Transformierte der
Autokorrelationsfunktion gewonnen wird, die als Langzeitmittelwert definiert ist. Daher kann die Höhe einer Spektrallinie
erheblichen kurzzeitlichen Schwankungen unterliegen. Die Ur-
sache dafür zeigt sich im Zeitbereich; eine längere Nullfolge
des binären digitalen Signals hat ein Absinken der Spektrallinie zur Folge. Längere Nullfolgen lassen sich durch besondere Kanalcodierung (s. Abschn. 7.2.1.4) vermeiden. Ein Beispiel dafür ist der HDB_3-Code, der maximal drei aufeinanderfolgende Nullen zuläßt.
Daß ein digitales Signal trotz seines isochronen Charakters

unter Umständen keine Spektrallinien enthält, läßt sich an-
schaulich im Zeitbereich an einem binären Signal erklären.

1. Es werde eine Impulsform gewählt, deren Spektrum bei der
   Taktfrequenz und ihren Vielfachen keine Nullstellen aufweist, z. B. ein Rechteckimpuls, dessen Impulsdauer τ
   kleiner als die für ein Signalelement zur Verfügung stehende Zeit T_0 ist. Ferner sei $a_1=+1$ und $a_2=-1$. Eine unendlich lange Folge von Signalelementen mit a_1 oder mit a_2
   ergibt einen Puls mit der Grundfrequenz $f_0 = 1/T_0$. Der Übergang von einer Folge mit a_1-Signalelementen auf eine Folge
   mit a_2-Signalelementen ergibt einen Phasensprung von 180°
   (s. Bild 10.1). Zur Verdeutlichung wurde in Bild 10.1 noch

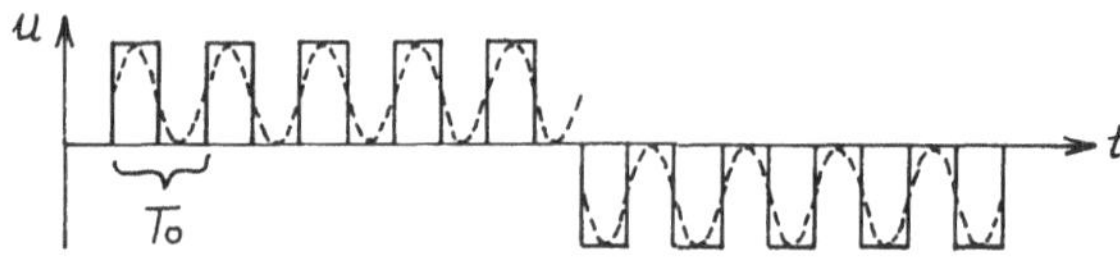

Bild 10.1   Phasensprung

das durch Bandbegrenzung entstehende verschliffene sinus-
ähnliche Signal gestrichelt eingezeichnet.
Treten a_1-Signalelemente und a_2-Signalelemente
mit gleicher Häufigkeit auf, so wird ein auf
die Taktfrequenz abgestimmter Schwingkreis zur Taktrückgewinnung gleich häufig von Schwingungszügen entgegenge-
setzter Phasenlage angestoßen. Eine Schwingung kann sich
an dem Schwingkreis nicht ausbilden und eine Spektrallinie
ist somit auch nicht vorhanden.

2. Ist der Grundimpuls rechteckförmig mit einer Impulsdauer
   $\tau = T_0$, so sind Spektrallinien nicht vorhanden, weil das
   Spektrum des Grundimpulses bei den ganzzahligen Vielfachen
   der Grundfrequenz Nullstellen hat. Eine Folge von a_1- oder
   a_2-Signalelementen ergibt in diesem Fall eine Gleichspannung. Der periodische Wechsel von einem a_1-Signalelement
   auf ein a_2-Signalelement ergibt einen Puls mit der Grundfrequenz $1/2T_0$. Da der periodische Wechsel und Folgen

gleicher Signalelemente in einem stochastischen Signal
nicht vorkommen, enthält das Signal somit keine diskreten
Spektrallinien.

10.2 Methoden der Taktübertragung

Die Taktinformation soll mit den Informationsimpulsen über
denselben Kanal geleitet werden. Es sind dann die folgenden
beiden Methoden möglich:
- Die Taktinformation wird in Form zusätzlicher Impulse dem
  Informationssignal auf der Sendeseite zugefügt.
- Es wird auf der Senderseite keine Taktinformation in Form
  eines zusätzlichen Signals zugefügt. Vielmehr wird auf der
  Empfängerseite der Takt aus dem Informationssignal selbst
  abgeleitet.

Übertragung mit besonderem Taktsignal. Wird auf der Senderseite dem Informationssignal die Taktinformation zugefügt, so
bedeutet dies, daß in das Informationsspektrum eine Spektrallinie eingefügt wird. Da das Informationsspektrum aufgrund
des stochastischen Charakters einer Nachricht einen kontinuierlichen Anteil hat, ist dies nur möglich, wenn durch korrelative Kanalcodierung nach Abschn. 7.2.1.2 eine Nullstelle im
Spektrum erzeugt wird. Mit einem Bipolar-Code 2. Ordnung erhält man z. B. eine Nullstelle bei der halben Taktfrequenz.
Eine Spektrallinie bei dieser Frequenz kann somit auf der
Empfängerseite ohne störende Informationsanteile herausgefiltert werden. Wählt man die Phasenlage des Taktsignals so, daß
seine Nulldurchgänge mit den Abtastzeitpunkten des Empfängers
zusammenfallen, so ist die Entfernung des Taktsignals aus dem
Informationssignal nicht unbedingt erforderlich.

Übertragung ohne besonderes Taktsignal. Der Empfänger muß in
diesem Fall die Taktfrequenz aus den Informationsimpulsen
selbst ableiten.Dabei sind zwei Fälle zu unterscheiden
a) Das Informationssignalspektrum enthält bei der Taktfrequenz eine Spektrallinie. Dann kann sich die Taktrückgewinnung darauf konzentrieren, diese Linie herauszufiltern.

b) Das Informationssignalspektrum enthält keine Linien. In
   diesem Fall muß auf der Empfängerseite durch eine nichtlineare Signalverarbeitung (s. Abschn. 10.4.1) eine Spektrallinie bei der Taktfrequenz erzeugt werden.

Um die beiden Methoden der Taktrückgewinnung zu bewerten, können als Kriterien herangezogen werden: der Signal-Rausch-Abstand, der Frequenzbandbedarf und Nullfolgen im Informationssignal. Eine zusätzlich in das Spektrum eingefügte Linie verschlechtert den Signal-Rausch-Abstand, da sich bei gegebenem
Rauschen die gesamte Signalenergie auf die nicht nachrichten-
haltige Spektrallinie und das Informationsspektrum verteilt,
so daß das Informationsspektrum weniger Energie enthält. Befindet sich im Informationsspektrum bei der Taktfrequenz eine
Linie, so liegt sie außerhalb des nach Nyquist (s. Abschn.4.4)
mindestens benötigten Frequenzbandes. Soll der Frequenzbandbedarf minimal sein, so ist die Übertragung der Taktfrequenz
mit Hilfe einer diskreten Linie des Spektrums nur möglich,
wenn diese z. B. in eine Lücke des Spektrums bei einem Vier-
tel der Taktfrequenz eingefügt wird. Eine Spektrallinie des
Informationsspektrums bei der Taktfrequenz kann starken,
durch Nullfolgen bedingten Kurzzeitschwankungen unterliegen.

10.3 Anforderungen an den Kanal

Ein binäres digitales Signal hat nach Gl. (10.1) die Spannungszeitfunktion

$$u(t) = U_o\, T_o \sum_{n=-\infty}^{+\infty} a_m(n)\, g(t - nT_o) \tag{10.4}$$

Die zufälligen Zahlen $a_m(n)$ können bei einem binären Signal
z. B. entweder den Wert 1 oder 0 annehmen. Der Grundimpuls
$g(t)$ ist z. B. ein Rechteckimpuls der Dauer T_o . Nach Gl.
(10.4) ist die für die einzelnen Signalelemente zur Verfügung
stehende Zeit die Schriftdauer T_o . Ihr Kehrwert ist Schritt-
bzw. Taktfrequenz $f_o = \frac{1}{T_o}$. Durch den Kanalfrequenzgang werden
die Impulse verformt. Zu ihrer Identifizierung wird auf halber

Höhe mit Hilfe eines Komparators ein Schwellwert u_S angeordnet (s. Bild 10.2). So entsteht aus dem empfangenen Impuls

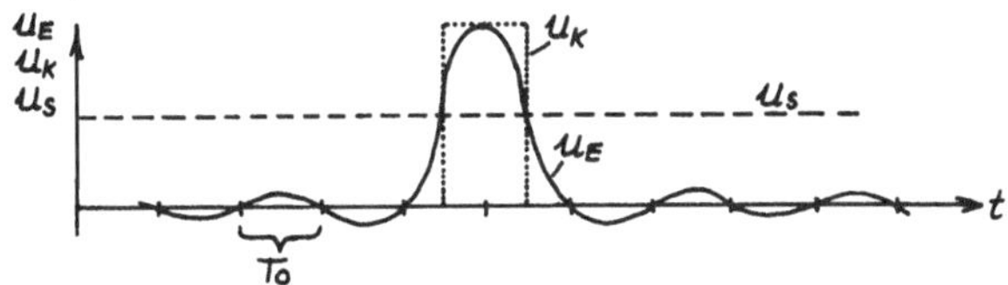

Bild 10.2 Identifizierung des Impulses
mit einem Schwellwert

$u_E(t)$ am Ausgang des Komparators ein Rechteckimpuls $u_K(t)$,
dessen Flanken Beginn und Ende des empfangenen Signalelementes
kennzeichnen. Voraussetzung für die Wiedergewinnung der Taktfrequenz f_0 ist, daß die Abstände der Komparatorausgangsimpul-
se möglichst weitgehend ganzzahlige Vielfache der Schritt dauer
T_0 sind. Damit diese Bedingung trotz der durch den Kanal ver-
ursachten Verbreiterung der Impulse erfüllt ist, muß der Gesamtfrequenzgang einen bestimmten Verlauf haben.

10.3.1 Zweites Nyquist-Kriterium im Zeitbereich

Nach dem ersten Nyquist-Kriterium sind eine Verbreiterung der
Impulse auf die doppelte Schrittdauer und Ausschwinger zulässig. Allerdings müssen die Ausschwinger zu den Abtastzeitpunkten Nulldurchgänge haben. Dies ist notwendig, damit der gesendete Funktionswert zum Abtastzeitpunkt durch die Übertragung
nicht verändert wird.
Damit die Zeitpunkte des Über- und Unterschreitens einer Kom-
paratorschwelle bei einem empfangenen Impuls um die Schrittdauer T_0 auseinanderliegen, dürfen zwei weitere Funktionswerte
des gesendeten Impulses nicht verändert werden. Dies sind die
Funktionswerte um die halbe Schrittdauer vor und nach dem Abtastzeitpunkt. Man muß deshalb dafür sorgen, daß die Ausläufer eines Impulses nicht nur zu den Abtastzeitpunkten, sondern

auch in der Mitte zwischen den Abtastzeitpunkten Nullstellen haben. Dabei wird davon ausgegangen, daß die um die halbe Schrittdauer vor und nach dem Abtastzeitpunkt liegenden Funktionswerte gleich dem halben Maximalwert des Impulses sind.

Der beschriebene Sachverhalt ist der Inhalt des zweiten Nyquist-Krtieriums. Für die Gewichtsfunktion $g(t)$ des Gesamtfrequenzganges $\underline{F}(f)$ (s. Abschn. 4) muß gelten

$$g\left(k\,\frac{T_0}{2}\right) = \frac{1}{T_0} \begin{cases} 1 & \text{für } k=0 \\ \tfrac{1}{2} & \text{für } k=\pm 1 \\ 0 & \text{für } k=\pm 2,\ \pm 3,\ \pm 4, \dots \end{cases} \tag{10.5}$$

10.3.2 Zweites Nyquistkriterium im Frequenzbereich

In Abschn. 4.3.2 wurden für eine Übertragungsstrecke Gesamtfrequenzgänge ermittelt, die das erste Nyquist-Kriterium erfüllen. Zur Verringerung der Steilheit der Nulldurchgänge der Ausschwinger eines Impulses am Entzerrerfilterausgang wurden in die Mitte zwischen 2 Abtastzeitpunkte zusätzliche Nullstellen nach Gl. 4.19 gelegt. Damit ist ebenfalls das zweite Nyquist-Kriterium erfüllt. Somit ist der Gesamtfrequenzgang nach Gl. (4.20)

$$\underline{F}(f) = \frac{1}{2}\left[1 + \cos\left(\pi\,\frac{f}{f_0}\right)\right] \mathrm{rect}\left(\frac{f}{2 f_T}\right) \tag{10.6}$$

mit der Gewichtsfunktion

$$g(t) = \frac{1}{T_0}\,\frac{\sin\left(\pi\frac{t}{T_0}\right)}{\pi\frac{t}{T_0}}\,\frac{\cos\left(\pi\frac{t}{T_0}\right)}{1 - 4\left(\frac{t}{T_0}\right)^2} \tag{10.7}$$

ein geeigneter Frequenzgang. Weitere Frequenzgänge lassen sich nach der im Anhang A 2 angegebenen Methode finden.

10.4 Methoden der Taktrückgewinnung

In Bild 9.1 aus Abschn. 9.1 wurde das Blockschaltbild eines Regenerativverstärkers dargestellt. Es können darin zwei Bereiche unterschieden werden:

- die in Abschn. 9.2 ausführlich erläuterte Entscheidung im
  Signalbereich,
- die in diesem Abschnitt ausführlicher zu erläuternde Entscheidung im Zeitbereich.

Die Taktrückgewinnung besteht im wesentlichen aus drei Blöcken:

- das Entzerrerfilter, mit dem eine Kanalentzerrung nach dem
  zweiten Nyquist-Kriterium vorgenommen wird,
- die Signalaufbereitung, die durch nichtlineare Operationen
  eine Spektrallinie bei der Taktfrequenz erzeugt, wenn diese
  trotz isochronen Signalcharakters und Entzerrung nach dem
  zweiten Nyquist-Kriterium nicht gegeben ist,
- das durch Resonanzkreis oder Phasenregelkreis realisierte
  Filter, das eine Schwingung mit Taktfrequenz und festem
  Phasenwinkel erzeugt.

Somit läßt sich das Blockschaltbild des Regenerativverstärkers nach Bild 9.1, wie in Bild 10.3 dargestellt, vervoll-

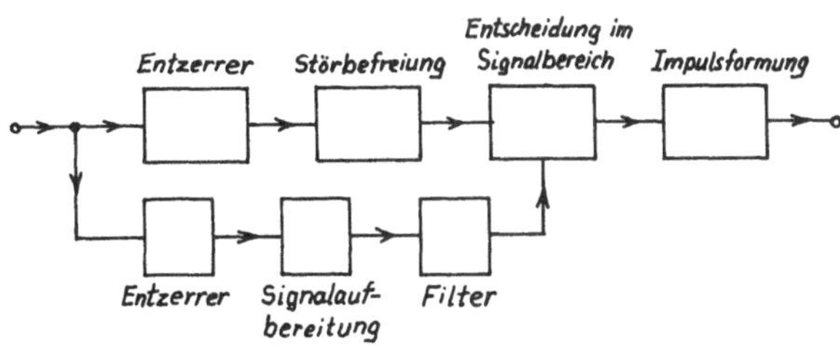

Bild 10.3 Regenerativverstärker

ständigen.

Die Taktrückgewinnung muß bestimmte Forderungen hinsichtlich
des Scheitelwertes, des Phasenwinkels und des Phasengitters
(regellose Schwankungen des Phasenwinkels) der erzeugten
Schwingung mit Taktfrequenz erfüllen. Der <u>Scheitelwert</u> darf
insbesondere bei längeren Nullfolgen, also Zeitabschnitten,

in denen keine Impulse gesendet werden, nicht unter einen bestimmten Wert sinken, damit sich immer ein einwandfreies Taktsignal erzeugen läßt. Der Phasenwinkel muß mit einem Phasenschieber so eingestellt werden, daß das empfangene und entzerrte Signal zu den in Abschn. 4 definierten Zeitpunkten
abgetastet wird. Der Phasenjitter muß möglichst klein sein,
weil er regellose Verschiebungen des Abtastzeitpunktes um den
Sollwert herum zur Folge hat.

10.4.1 Signalaufbereitung

Die verschiedenen Verfahren der Signalaufbereitung zur Erzeugung einer Linie im Spektrum hängen zusammen mit der angewen-
deten Kanalcodierung. Es werden daher beispielhaft drei Methoden erläutert.

Verschwindender arithmetischer Mittelwert. Ein binäres digitales Signal nach Gl. (10.1) mit einem Sinusquadratgrundim-
puls, den Zufallszahlen $a_1 = +1,\ a_2 = -1$ und den Totalwahrschein-
lichkeiten $p_1 = p_2 = 0{,}5$ enthält nach Gl. (10.2) keine Spektrallinie, weil der arithmetische Mittelwert des Signals verschwindet. Bild 10.4 zeigt die Zeitfunktion des Signals. Durch

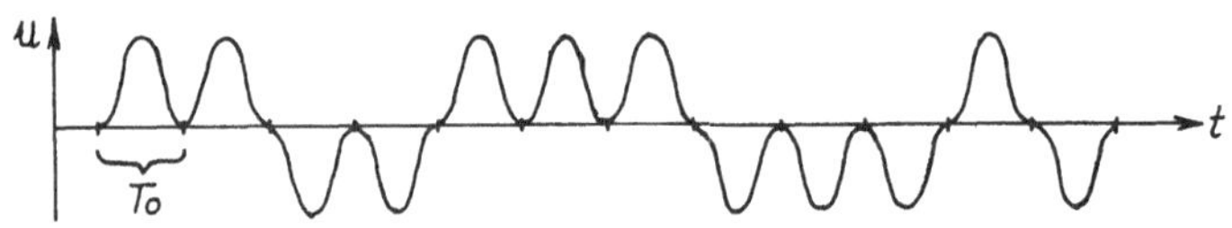

Bild 10.4   Binäres digitales Signal mit
Sinusquadratimpulsen

Doppelweggleichrichtung entsteht offensichtlich eine Sinusspannung mit der Taktfrequenz $f_0 = 1/T_0$ und somit auch eine
Linie im Spektrum. In diesem speziellen Fall geht sogar der
stochastische Charakter des Signals völlig verloren. Aber
auch in anderen Fällen bipolarer oder ternärer Codierung kann
durch Doppelweggleichrichtung eine Linie im Spektrum erzeugt
werden.

Nullstelle im Spektrum des Grundimpulses. Enthält das digitale Signal in seinem Spektrum keine Linie, weil das Spektrum des Grundimpulses bei der Taktfrequenz eine Nullstelle hat, so muß die Form des Grundimpulses geändert werden. Hat man als Grundimpuls einen Rechteckimpuls, dessen Impulsdauer gleich dem für ein Signalelement zur Verfügung stehenden Zeitabschnitt T_0 ist, so läßt sich mit Hilfe eines Flankendetektors jeweils zu Beginn eines Rechteckimpulses ein Nadelimpuls erzeugen. Dieser kann dann eine monostabile Kippschaltung auslösen, die einen Rechteckimpuls mit einer Impulsdauer $\tau < T_0$ erzeugt. Das Spektrum dieses kürzeren Impulses enthält bei der Taktfrequenz keine Nullstelle.

Umwandlung in ein deterministisches Signal. Ist ein binäres Signal gegeben, bei dem sowohl der Einzelimpuls in seinem Spektrum bei der Taktfrequenz eine Nullstelle hat als auch der Mittelwert verschwindet, so kann auf folgende Weise bei der halben Taktfrequenz eine Spektrallinie gewonnen werden. Eine regellose Null-Eins-Folge $\{a_n\}$ = 011000101001011 wird in eine periodische Folge $\{b_n\}$ = 0101010101 umgewandelt, die mit Hilfe eines Umschalters aus Teilen der Folge $\{a_n\}$ und der komplementären Folge $\{\bar{a}_n\}$ zusammengesetzt wird (s. Bild 10.5)

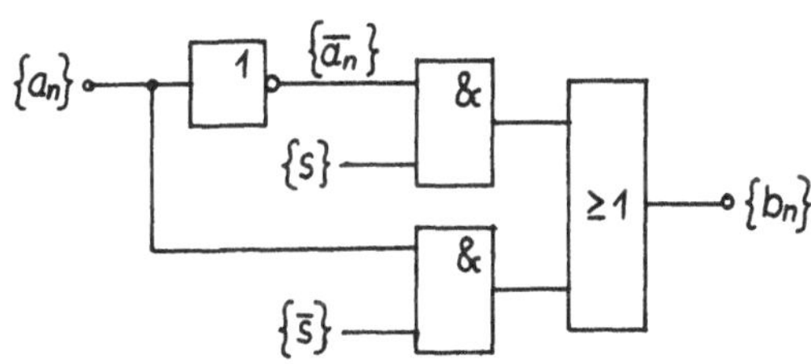

Bild 10.5   Entstehung der periodischen Folge $\{b_n\}$

Ein Kriterium zur Steuerung des Umschalters durch eine Folge $\{s\}$ erhält man, indem man bei der Folge $\{a_n\}$ feststellt, ob

auf ein Element noch einmal das gleiche folgt. Dazu werden die
Folge $\{a_n\}$ und die um ein Element verzögerte Folge $\{a_{n-1}\}$ auf
ein Äquivalenzgatter gegeben, dessen Ausgang mit einem als
Binäruntersetzer arbeitenden Flipflop verbunden ist (Bild 10.6).

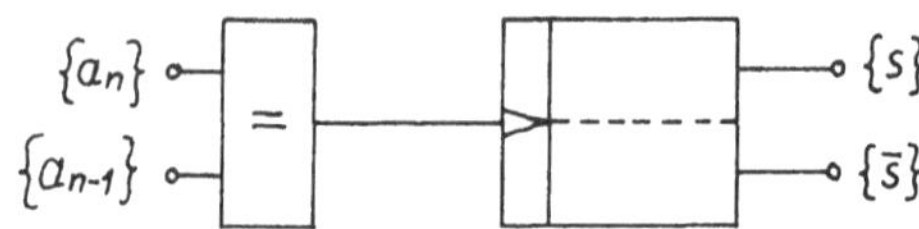

Bild 10.6   Entstehung der Folge $\{s\}$ zur
Steuerung des Schalters

10.4.2 Resonanzverfahren

Gegeben sei ein binäres digitales Signal, in dessen Spektrum
z. B. als Folge der nichtlinearen Signalverarbeitung eine
Linie bei der Taktfrequenz vorhanden ist. Dann bietet es sich
an, die Taktrückgewinnung mit einem schmalbandigen Resonanzkreis durchzuführen. Vereinfachend werde angenommen, daß die
Signalelemente des digitalen Signals nach der Signalverarbeitung Dirac-Impulse sind. Bild 10.7 zeigt das Prinzip des Resonanzverfahrens. Der Signalstrom

$$i(t) = I_o T_o \sum_{n=-\infty}^{+\infty} a_m(n)\, \delta(t - nT_o) \qquad (10.8)$$

mit der Stromzeitfläche $I_o T_o$ durchfließt einen auf die Taktfrequenz $f_T = \frac{1}{T_o}$ abgestimmten Resonanzkreis mit dem Gütefaktor
Q .

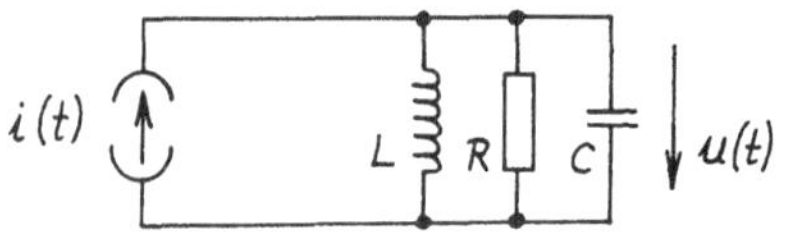

Bild 10.7   Prinzip des Resonanzverfahrens

Da das Spektrum des Signalstroms bei der Taktfrequenz eine
Spektrallinie enthält, entsteht am Resonanzkreis bei ausreichend hohem Gütefaktor eine näherungsweise sinusförmige Spannung mit der Taktfrequenz. Allerdings ist zu berücksichtigen,
daß außer den Spektrallinien noch ein kontinuierlicher Anteil
des Spektrums vorhanden ist. Zusätzlich ist dem digitalen
Signal in der Regel ein stochastisches Störsignal überlagert,
das auf die Störungen im Übertragungskanal zurückzuführen ist
und das ebenfalls ein kontinuierliches Spektrum hat.
Die am Kreis entstehende sinusförmige Spannung erhält durch
das kontinuierliche Spektrum eine regellose Amplitudenmodulation und zusätzlich bei einer in der Regel vorhandenen Verstimmung des Resonanzkreises eine regellose Phasenmodulation.
Während die Amplitudenmodulation durch Begrenzer mit nachfolgenden Filtern leicht beseitigt werden kann, ist eine Verringerung der Phasenmodulation schwierig. Die Information über
die Abtastzeitpunkte bei der Signalregeneration liegt in den
Nulldurchgängen der sinusförmigen Spannung am Resonanzkreis.
Somit ist es wichtig, die eine regellose Verschiebung der
Nulldurchgänge bewirkende Phasenmodulation möglichst weitgehend zu verringern.
<u>Phasenfehler infolge Fehlabstimmung des Resonanzkreises.</u> Die
Entstehung dieses Fehlers läßt sich dadurch einsichtig machen,
daß man das digitale Basisbandsignal als in Zweiseitenband-
Amplitudenmodulation modulierten Sinusträger auffaßt. Bild
10.8 zeigt einen Sinusträger $u_T(t)$, das aus Rechteckimpulsen
bestehende Digitalsignal $u_{DR}(t)$ und das durch Multiplikation
des Sinusträgers $u_T(t)$ mit dem Digitalsignal $u_{DR}(t)$ entstehende Modulationsprodukt $u_{DK}(t)$, das ein Digitalsignal mit Kosinusimpulsen darstellt. Durch die Amplitudenmodulation entstehen zwei Seitenbänder. Betrachtet man nur eine spektrale
Komponente des dem Sinusträger aufmodulierten Digitalsignals
$u_{DR}(t)$,

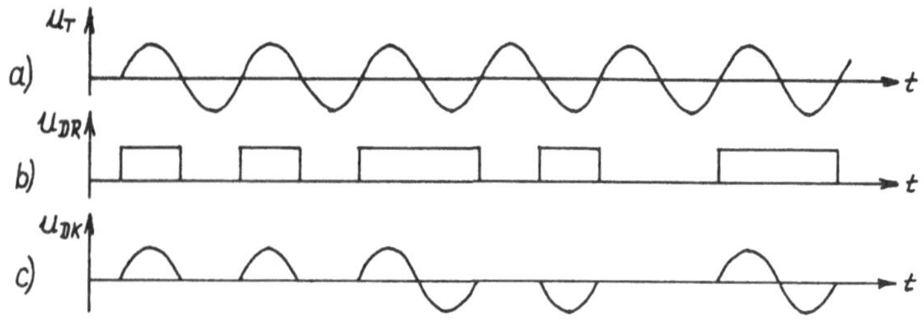

Bild 10.8   Digitalsignal als modulierter Sinusträger

        a) Sinusträger

        b) Unipolares Digitalsignal mit Rechteck-
impulsen

        c) Modulationsprodukt: Digitalsignal mit
Kosinusimpulsen

so läßt sich das Modulationsprodukt durch das Zeigerdiagramm nach Bild 10.9 darstellen.

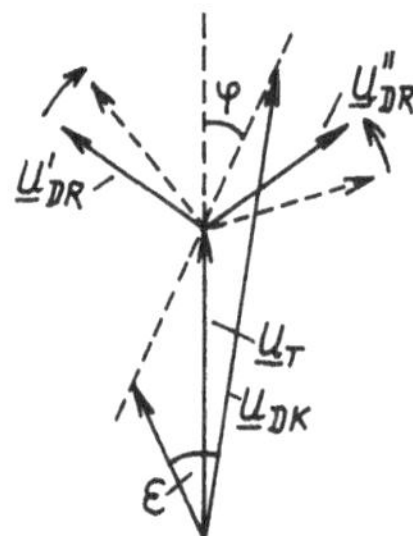

Bild 10.9   Zeigerdiagramm des Modulationsprodukts mit
dem Trägerzeiger $\underline{U}_T$, den Zeigern der Seitenlinien $\underline{U}'_{DR}$ und $\underline{U}''_{DR}$, der Phasenverschiebung ψ der Zeiger der Seitenlinien und der
Phasenänderung ε des Zeigers des Modulationsprodukts $\underline{U}_{DK}$

215

Wegen der als Folge der Verstimmung

$$v = \frac{f_0}{f_{res}} - \frac{f_{res}}{f_0} \tag{10.9}$$

mit der Taktfrequenz f_0 und Resonanzfrequenz f_{res} des Schwing-
kreises auftretenden Phasenverschiebung φ der Seitenschwin-
gungen erhält der Zeiger des Modulationsprodukts $\underline{U}_{DK}$ eine
Phasenschwankung ε_v , für die der Langzeiteffektivwert

$$\varepsilon_{v_{eff}} = \sqrt{\lim_{T \to \infty} \frac{1}{T} \int_{-T/2}^{+T/2} \varepsilon_v^2(t)\, dt} = \sqrt{\overline{\varepsilon_v^2(t)}} = v\sqrt{\frac{1 - \overline{a_m(n)}}{\overline{a_m(n)}}\, \pi Q} \tag{10.10}$$

mit der Integrationszeit T , der Kreisgüte Q und den Zufallszahlen $a_m(n)$. Zur Beschreibung des Signalstromes nach Gl.
(10.8) sowie dem Mittelwert

$$\overline{a_m(n)} = \lim_{N \to \infty} \frac{1}{2N+1} \sum_{n=-N}^{+N} a_m(n) \tag{10.11}$$

angegeben werden kann. Bei der Herleitung $[5,61]$ von Gl.(10.10)
wurde zugrunde gelegt, daß $a_m(n)$ entweder 0 oder 1 ist.

<u>Phasenfehler durch das stochastische Störsignal.</u> Auch ohne
Verstimmung des Resonanzkreises bewirken die dem Signalstrom
überlagerten Störströme zufällige Verschiebungen Δt_n der Nulldurchgänge des Signalstroms gegenüber den Sollzeitpunkten.
Der Langzeiteffektivwert

$$\sigma = \sqrt{\overline{\Delta t_n^2}} = \frac{1}{2\pi f_{res}} \sqrt{\frac{P_r}{2P}} \tag{10.12}$$

berechnet sich aus der Leistung P_r der Störströme, der Leistung P des Signalstroms und der Resonanzfrequenz f_{res} des
Kreises. Die zufälligen Verschiebungen der Nulldurchgänge des
Signalstroms bewirken eine Phasenschwankung ε_σ der Spannung
am Kreis, dessen Langzeiteffektivwert

$$\mathcal{E}_{\sigma eff} = \sqrt{\overline{\mathcal{E}_\sigma^2(t)}} = 2\pi f_{res}\,\sigma\,\sqrt{\frac{\pi}{2\,\bar{a}_m(n)\,Q}} \qquad (10.13)$$

sich aus Resonanzfrequenz f_{res} , Kreisgüte Q , Effektivwert σ
der Nulldurchgangsverschiebungen ergibt. In der Regel treten
die beiden Ursachen für eine Phasenschwankung der Spannung am
Resonanzkreis gleichzeitig auf. Da sie voneinander statistisch
unabhängig sind, erhält man den Langzeiteffektivwert der gesamten Phasenschwankung

$$\mathcal{E}_{ges} = \sqrt{\mathcal{E}_{\sigma eff}^2 + \mathcal{E}_{veff}^2} \qquad (10.14)$$

durch geometrische Addition der Effektivwerte nach Gl. (10.10)
und (10.13). Während die Phasenschwankung infolge Kreisverstimmung mit zunehmendem Gütefaktor größer wird, nimmt die
durch ein Störsignal hervorgerufene Phasenschwankung mit stei-
gendem Gütefaktor ab. Somit gibt es für den Gütefaktor einen
optimalen Wert Q_{opt} , für den die Phasenschwankung ein Mini-
mum wird. Aus Gl. (10.14) erhält man mit Gl. (10.10) und
(10.13) durch Nullsetzen des Differtialquotienten $d\mathcal{E}_{ges}/dQ$
den optimalen Gütefaktor

$$Q_{opt} = \frac{1}{\sqrt{2(1-\bar{a}_m)}}\;\frac{2\pi f_{res}\,\sigma}{|v|} \qquad (10.15)$$

10.4.3 Verfahren mit Phasenregelschleife

Beim Resonanzverfahren zur Wiedergewinnung der Taktinformation ist bei der Bemessung der Kreisgüte nur eine Kompromiß-
dimensionierung möglich. Dies wird bei den Verfahren, die auf
einer Phasenregelung beruhen, vermieden.

10.4.3.1 Integral- und Proportionalregelung

In Bild 10.10 ist das Blockschaltbild einer Phasenregelschleife (engl.: phase locked loop, Abk.: PLL) wiedergegeben, die
aus dem Phasendetektor 1, dem Schleifenfilter 2 und dem span-

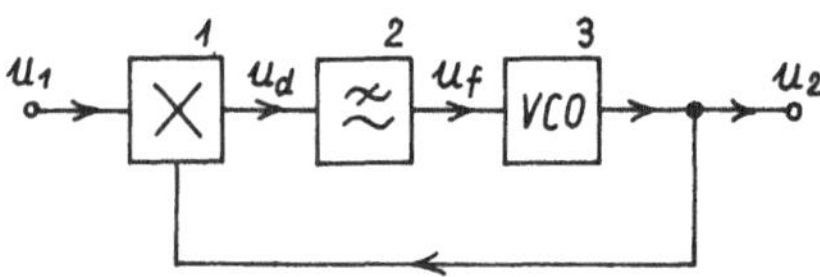

Bild 10.10 Phasenregelschleife [A7] mit VCO

nungsgesteuerten Oszillator (engl: $\underline{v}$oltage $\underline{c}$ontrolled $\underline{o}$szilla-
tor, Abk.: VCO) besteht. Der Phasendetektor 1, der durch ei-
nen Vierquadrantenmultiplikator verwirklicht werden kann, liefert eine der Differenz der Nullphasenwinkel $\psi_1-\psi_2$ der Eingangsspannung $u_1 = \hat{u}_1 \sin(2\pi f_0 t + \psi_1)$ und der Ausgangsspannung
$u_2 = \hat{u}_2 \cos(2\pi f_0 t + \psi_2)$ proportionale Spannung u_d, die an den Eingang des Schleifenfilters 2 gelangt. Die Frequenz des VCO

$$f_{vco} = \frac{K_0}{2\pi}\, u_f + f_0 \qquad (10.16)$$

hängt mit der VCO-Konstanten K_0 von der Schleifenfilteraus-
gangsspannung u_f ab. Ist die VCO-Frequenz f_{vco} von der Eingangsfrequenz f_0 verschieden, setzt eine Frequenzregelung ein,
die die Frequenzen zur Übereinstimmung bringt. Anschließend
erfolgt eine Phasenregelung, die den Nullphasenwinkel des VCO
ψ_2 bis auf einen möglichen Restfehler auf den Wert des Nullphasenwinkels ψ_1 der Eingangsspannung u_1 bringt. Mit der Ausgangsspannung $u_2 = \hat{u}_2 \cos\Phi$ gilt für die VCO-Frequenz

$$f_{vco} = \frac{1}{2\pi}\, \frac{d\Phi}{dt} \qquad (10.17)$$

Aus Gl. (10.16) und (10.17) erhält man für den Winkel

$$\Phi = 2\pi f_0 t + K_0 \int_0^t u(t)\, dt \qquad (10.18)$$

Somit gilt für den Nullphasenwinkel der Ausgangsspannung

$$\psi_2 = K_o \int_0^t u_f(t)\, dt \tag{10.19}$$

In der Phasenregelschleife mit VCO wird also eine <u>Integralregelung</u> durchgeführt.

Wird die Phasenregelschleife für die Taktrückgewinnung eingesetzt, so ist eine Verstimmung wie beim Resonanzverfahren nicht möglich, weil die VCO-Frequenz bei Schwankungen der Taktfrequenz automatisch nachgeführt wird. An den Eingang der Phasenregelschleife gelangt das Ausgangssignal der Signalaufbereitung nach Abschn. 10.4.1, das neben der Spektrallinie, auf die die Phasenregelschleife einrastet, noch ein kontinuierliches Spektrum enthält. Es ist auf die stochastische Natur des Signals und auf regellose Störungen zurückzuführen und verursacht im Ausgangssignal der Phasenregelschleife Phasenscchwankungen, die auch Phasenjitter genannt werden. Sie können durch geeignete Bemessung der Bauelemente der Phasenregelschleife klein gemacht werden. Der kontinuierliche Anteil des Spektrums bewirkt beim Nutzsignal am Eingang durch regellose Verschiebung der Nulldurchgänge einen Phasenjitter, dessen Langzeiteffektivwert

$$\psi_{1r\,eff} = \sqrt{\overline{\psi_{1r}^2(t)}} = \sqrt{\frac{P_{r_1}}{2P_1}} \tag{10.20}$$

aus der Leistung P_{r_1} des kontinuierlichen Anteils des Spektrums und der Leistung P_1 der Spektrallinie berechnet werden kann. Mit der Bandbreite B_1 des Eingangssignals, der Rauschbandbreite B_r der Phasenregelschleife ist der Langzeiteffektivwert des Phasenjitters am Ausgang

$$\psi_{2r\,eff} = \sqrt{\overline{\psi_{2r}^2(t)}} = \sqrt{2\,\frac{B_r}{B_1}} \tag{10.21}$$

Die Rauschbandbreite

$$B_r = \int\limits_{0}^{\infty} |\underline{H}(f)|^2 \, df \qquad (10.22)$$

wird aus der Phasenübertragungsfunktion

$$\underline{H}(f) = \frac{K_o \, K_d \, \underline{F}(f)}{K_o \, K_d \, \underline{F}(f) + j2\pi f} \qquad (10.23)$$

mit der Phasendetektorkonstanten K_d und dem Frequenzgang $\underline{F}(f)$ des Schleifenfilters berechnet. Der Phasendetektor wird durch einen Multiplikator verwirklicht. Dann wird das Nutzsignal $u_1(t)$, dem die stochastische Störspannung $u_r(t)$ überlagert ist, mit dem VCO-Signal $u_2(t)$ multipliziert. Am Ausgang des Phasendetektors erscheint somit der Mittelwert

$$\overline{(u_1 + u_r) \, u_2} = \overline{u_1 \, u_2} + \overline{u_r \, u_2} \qquad (10.24)$$

Da die Störspannung $u_r(t)$ und die VCO-Spannung $u_2(t)$ voneinander unabhängig sind, gilt für die 2. Komponente des Mittelwerts

$$\overline{u_r(t) \, u_2(t)} = \lim_{T \to \infty} \frac{1}{T} \int\limits_{-T/2}^{+T/2} u_r(t) \, u_2(t) \, dt = 0 \qquad (10.25)$$

In der Praxis ist darauf zu achten, daß die Multiplikatorschaltung <u>nicht übersteuert</u> wird. Für die Phasendetekorausgangsspannung gilt

$$u_d = K_d \, \sin\left(\psi_1 - \psi_2\right) \qquad (10.26)$$

Die Phasenregelschleife nach Bild 10.10 hat zwei Nachteile: Wegen der direkten Einwirkung auf die Frequenz des VCO kann dieser nur eine geringe Frequenzstabilität haben. Außerdem ist es nicht möglich, für mehrere Regelschleifen <u>einen</u> Steuergenerator zu verwenden. Beide Nachteile können durch eine Phasenregelschleife mit <u>Proportionalregelung</u> nach Bild 10.11 vermieden werden. Dabei wird der Nullphasenwinkel ψ_2 der Spannung eines quarzstabilisierten Oszillators 4 mit einem

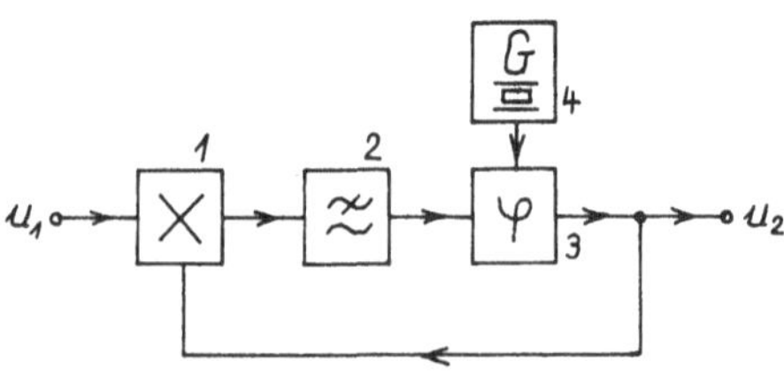

Bild 10.11   Phasenregelschleife mit
Proportionalregelung

elektronischen Phasenschieber 3 so eingestellt, daß er bis
auf einen kleinen Restfehler mit dem Nullphasenwinkel ψ_1
der Eingangsspannung u_1 übereinstimmt. Der Phasenvergleich im
Phasendetektor 1 ist allerdings nur möglich, wenn die Frequenzen des Eingangssignals und des Generators 4 exakt übereinstimmen. Da dies praktisch nie gegeben ist, muß der elektronische Phasenschieber 3 die Frequenzdifferenz ausgleichen. Ist
mit der Eingangsfrequenz f_1 und dem Eingangsnullphasenwinkel
ψ_1 die Eingangsspannung

$$u_1 = \hat{u}_1 \sin\left(2\pi f_1 t + \psi_1\right) \tag{10.27}$$

und mit der Quarzfrequenz f_G , dem Nullphasenwinkel ψ_G des
Quarzgenerators 4 und der Phasenverschiebung 4 des elektronischen Phasenschiebers die Ausgangsspannung

$$u_2 = \hat{u}_2 \cos\left(2\pi f_G t + \psi_G + \varphi\right) \tag{10.28}$$

so gilt bei Gleichheit der Frequenzen und Nullphasenwinkel
von Eingangs- und Ausgangsspannung für die Phasenverschiebung
des Phasenschiebers 3

$$\varphi = 2\pi\left(f_1 - f_G\right)t + \psi_1 - \psi_G \tag{10.29}$$

Somit erfordert eine Frequenzdifferenz eine zeitlinear ansteigende Phasenverschiebung. Daher ist eine anloge Phasenregelschleife, bei der der Phasendetektor eine zur Phasendifferenz

proportionale Spannung und der elektronische Phasenschieber eine zu seiner Eingangsspannung proportionale Phasenverschiebung φ erzeugt, nicht realisierbar, weil die entsprechend der Phasenverschiebung φ zeitlinear ansteigende Spannung am Phasenschiebereingang durch den endlichen Aussteuerbereich begrenzt wird. Realisierbar ist jedoch eine <u>digitale Phasenregelschleife</u>, bei der der Phasendetektor dem elektronischen Phasenschieber die Information über die Höhe der Phasenverschiebung an den Eingängen des Phasendetektors nicht in Form einer Spannung, sondern durch Impulse mitteilt.

<u>10.4.3.2 Digitale Phasenregelschleife</u>

Hier werden die einzelnen Blöcke der Phasenregelschleife nach Bild 10.11 durch digitale Schaltungen verwirklicht. Dabei wird das Schleifenfilter nicht durch ein digitales Filter, sondern durch einen Bewerter ersetzt.

<u>Digitaler Phasenschieber.</u> Das Signal des quarzstabilisierten Generators mit der Frequenz f_G gelangt über einen einstufigen Binäruntersetzer auf den Phasenschieber, dessen Ausgangssignal mit einem m_1-stufigen Binäruntersetzer um den Faktor $z_1 = 2^{m_1}$ auf die Taktfrequenz f_0 herunter geteilt wird. Somit gilt für die Generatorfrequenz

$$f_G = 2\, z_1\, f_0 \qquad (10.30)$$

Der Phasenschieber wird durch Impulse angesteuert und bewirkt je Ansteuerimpuls eine Phasenverschiebung von 180°. Da der Teilungsfaktor eines Untersetzers nicht nur für die Frequenz, sondern auch für den Nullphasenwinkel gilt, erhält man für die erzeugte Phasenverschiebung des Taktsignals mit der Anzahl n der an den Phasenschieber gelangenden Impulse

$$\varphi = \frac{\pi}{z_1}\, n \qquad (10.31)$$

Die Phasenverschiebung des Phasenschiebers zwischen dem einstufigen und dem m_1-stufigen Binäruntersetzer wird dadurch bewirkt, daß bei einer Impulsfolge mit jedem Ansteuerimpuls entweder ein Impuls unterdrückt oder ein zusätzlicher Impuls ein-

gefügt wird. Dazu leitet man z. B. in der Schaltung nach
Bild 10.12 aus dem Generatorsignal mit dem Schmitt-Trigger 1,
dem als einstufigen Binäruntersetzer arbeitenden Flipflop 2
und den Flankendetektoren 3 und 4 zwei um 180° phasenverscho-
bene Pulse ab, die

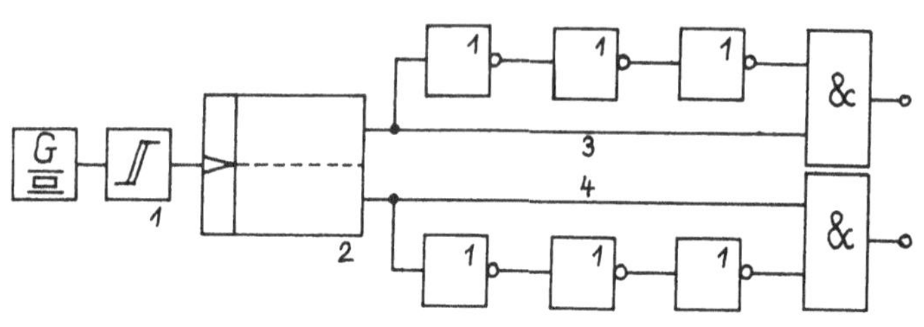

Bild 10.12   Erzeugung zweier um 180°
phasenverschobener Pulse

an die Eingänge der Schaltung nach Bild 10.13 gelangen. Diese
Schaltung stellt den eigentlichen Phasenschieber dar. Sie hat
für vor- und nacheilende Phasenverschiebung je einen Steuer-

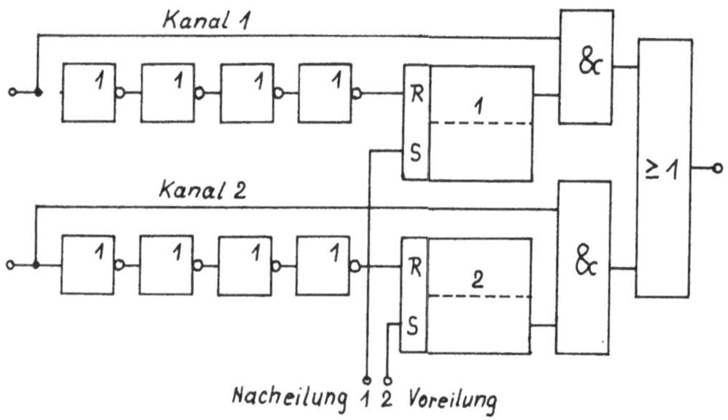

Bild 10.13   Hinzufügen oder Unterdrücken eines Impulses

eingang. Fehlen die Ansteuerimpulse, so gelangen die Generatorimpulse des Kanals 1 an den Ausgang. Ein Impuls am Steuereingang 1 bewirkt, daß der nächste Impuls im Kanal 1 ausgeblendet wird, und ein Impuls am Steuereingang 2, daß ein Impuls des um 180° phasenverschobenen Pulses im Kanal 2 zusätzlich an den Ausgang gelangt.

Digitaler Phasendetektor. Hier werden die isochronen Informationsimpulse eines digitalen Übertragungssignals mit dem Taktsignal am Ausgang des m_1-stufigen Binäruntersetzers des Phasenschiebers verglichen. Der Phasendetektor hat zwei Ausgänge. Im einfachsten Fall entstehen bei voreilender Phasenverschiebung an einem Eingang Impulse, während bei nacheilender Phasenverschiebung am anderen Eingang Impulse entstehen. Damit wird nur das Vorzeichen der Phasenverschiebung festgestellt. Eine mögliche Realisierung des digitalen Phasendetektors zeigt Bild 10.14. Das binäre digitale Signal wird zunächst auf eine

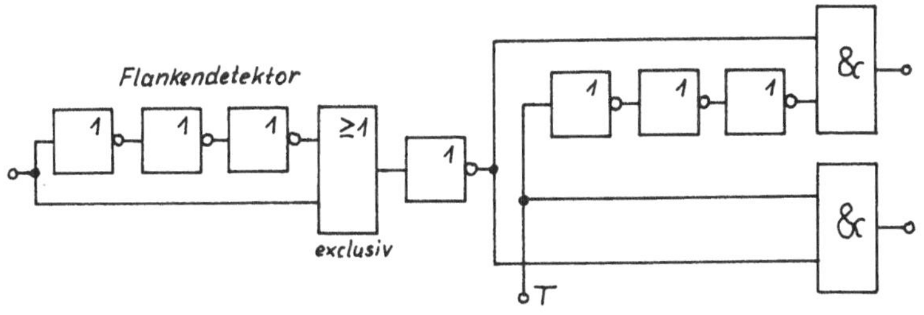

Bild 10.14   Digitaler Phasendetektor

Schaltung zur Anzeige der positiven und negativen Flanken gegeben. So entsteht ein Signal aus kurzen Impulsen, das mit dem Taktsignal des Empfängers in zwei und-Gattern verglichen wird. Im Falle der Voreilung bzw. Nacheilung entsteht am Ausgang eines der beiden und-Gatter pro Taktperiode ein Impuls. Im Falle des Synchronismus ergeben sich keine Impulse. Durch aufwendigere Schaltungen ist es möglich, die Häufigkeit der Impulse am Ausgang des Phasendetektors proportional zur Höhe der

Phasenverschiebung zu machen.

Digitaler Bewerter. Dieses Glied der Regelschaltung ist eine
Baugruppe mit Gedächtnis, die verhindert, daß der einzelne
Vergleich der Informationsimpulse mit den Taktimpulsen für
die Nachregelung des örtlichen Taktes ein zu großes Gewicht
erhält. Der Bewerter speichert die Ergebnisse der Einzelver-
gleiche über eine gewisse Zeit und veranlaßt eine Nachregelung erst dann, wenn eine bestimmte Tendenz der Abweichungen
des Nullphasenwinkels beim Taktsignal vorliegt.
Während die Bewerter bei analogen Phasenregelschleifen Tief-
paßfilter sind, wird der digitale Bewerter durch Zählschal-
tungen realisiert. Im einfachsten Fall wird ein Vorwärts-
Rückwärts-Zähler eingesetzt. Die beiden Ausgänge des Phasendetektors werden an die Eingänge des Zählers angeschlossen.
Da entweder Vor- oder Nacheilung vorliegt, wird der Zähler
in Vorwärts- oder Rückwärtsrichtung bewegt. Ausgangspunkt ist
dabei die Mittellage des Zählers, in die er nach Erscheinen
eines Übertrags gesetzt wird. Es verstreichen somit bei einem
m -stufigen Binärzähler mindestens $\frac{1}{2}2^{m}$ Taktperioden, bevor
an einem der beiden Ausgänge ein Übertrag als Korrektursignal
an den Phasenschieber gegeben wird.
Sind den empfangenen Informationsimpulsen Störungen überlagert, so entstehen am Ausgang des Phasendetektors die Voreilung vortäuschenden Fehlerimpulse mit gleicher Häufigkeit wie
solche, die Nacheilung vortäuschen. Daher verändern Störimpulse den mittleren Zählerstand nur wenig.

Beschreibung der Schleife. Der Phasenschieber erzeugt eine
Phasenverschiebung des Taktsignals nach Gl. (10.31). Durch
Differentiation nach der Zeit erhält man die Frequenzänderung

$$\Delta f = \frac{1}{2Z_1}\frac{dn}{dt} \qquad (10.32)$$

Die Anzahl der Impulse pro Zeiteinheit dn/dt , die für eine
bestimmte Frequenzänderung erforderlich ist, läßt sich aus der
Taktfrequenz und dem Zähler des Bewerters ermitteln. Pro Taktperiode wird höchstens einmal Voreilung oder Nacheilung fest-

gestellt. Ändert sich die Spannung des binären Zufallssignals
im Mittel nach jeder 2. Taktperiode, so erhält man mit der
Stufenzahl m_2 des im Dualcode arbeitenden Bewerterzählers für
die Anzahl der Impulse pro Zeiteinheit

$$\frac{dn}{dt} = f_0 \, \frac{1}{2^{m_2}} \qquad (10.33)$$

Mit Gl. (10.32) und (10.33) findet man für die maximal zulässige Ablage der lokalen Taktfrequenz, die die Schleife ausgleichen kann,

$$\Delta f_{max} = \frac{1}{2} f_0 \, \frac{1}{2^{m_1 + m_2}} \qquad (10.34)$$

Die Stufenzahl m_1 bestimmt den Phasensprung, den ein Impuls
am Phasenschieber auslöst. Wenn der Phasendetektor eine Vor-
oder Nacheilung feststellt, vergeht eine Anzahl von Taktperioden, bevor am Phasenschieber eine Korrektur erfolgt. Die Summe der Stufenzahlen $m_1 + m_2$ legt nach Gl. (10.34) die zulässige
Frequenzablage der intern erzeugten Taktfrequenz f_0 fest.
Aufgrund der Funktion des Bewerters arbeitet der lokale Takt-
generator während eines Zeitabschnitts $\frac{1}{f_0} 2^{m_2}$ unbeeinflußt. Somit verschiebt sich der Nullphasenwinkel des Taktsignals innerhalb dieses Zeitabschnitts bei gegebener Frequenzablage
Δf um

$$\Delta \psi = 2\pi \, \Delta f \, \frac{1}{f_0} \, 2^{m_2} \qquad (10.35)$$

Daher darf die Stufenzahl m_2 nicht zu groß sein.

10.5 Beispiel

Bei einer digitalen Übertragung wird nach dem Resonanzverfahren aus den Informationsimpulsen die Taktfrequenz $f_0 = 64\,kHz$
herausgefiltert. Die Verstimmung des Kreises um $\Delta f = 100\,Hz$ und
der Signal-Rausch-Abstand des digitalen Signals $\varrho^* = 10\,dB$ bewirken einen von dem Gütefaktor des Resonanzkreises abhängigen

Phasenjitter. Die Informationsimpulse bilden ein binäres Signal, bei dem das Zeichen Eins durch einen Impuls und das Zeichen Null durch keinen Impuls gekennzeichnet wird. Die Totalwahrscheinlichkeit für das Auftreten einer Eins sei $p_1 = 0{,}5$. Damit beträgt der Mittelwert nach Gl. (10.11) $\overline{a_m(n)} = 0{,}5$. Mit Gl. (10.15) erhält man für den optimalen Gütefaktor $Q = 71{,}4$. Für die Phasenschwankung infolge Kreisverstimmung ergibt sich mit Gl. (10.10) und diesem Gütefaktor $\varepsilon_{Veff} = 2{,}64°$. Die Phasenschwankung infolge des überlagerten Störsignals ist mit Gl. (10.13) $\varepsilon_{6eff} = 2{,}65°$. Bei der Beurteilung der Höhe dieser Langzeiteffektivwerte ist zu berücksichtigen, daß als Folge der stochastischen Natur der Phasenschwankung mit einer bestimmten Häufigkeit auch Werte vorkommen, die wesentlich über dem Effektivwert liegen.

11. Fehlerwahrscheinlichkeit

In der elektrischen Nachrichtentechnik ist ein Maß für die Qualität einer Übertragung wünschenswert. Jedoch gibt es in der analogen Nachrichtentechnik kein eindeutiges Qualitätsmaß. Man hat hier drei verschiedene die Übertragungsqualität beeinträchtigende Einflüsse:

Lineare Verzerrungen. Sie entstehen, wenn der Kanalfrequenzgang nicht den Anforderungen für eine verzerrungsfreie Übertragung (s. Abschn. 4) entspricht. In vielen Fällen können die linearen Verzerrungen jedoch durch den Einsatz von Entzerrerfiltern vermieden werden. Ein Maß zur Kennzeichnung dieser Verzerrungen gibt es nicht.

Nichtlineare Verzerrungen. Sie entstehen hauptsächlich an den nichtlinearen Kennlinien von Verstärkern und Mischern. Das Ausgangssignal enthält spektrale Komponenten, die im Eingangssignal einer Übertragungsstrecke nicht vorhanden sind und somit vom Kanal als Störung hinzugefügt werden. Es ist nicht möglich, die nichtlinearen Verzerrungen auf der Empfangsseite zu verringern oder gar zu beseitigen. Bekannte Maße zur Kennzeichnung dieser Verzerrungen sind der Klirrfaktor und der Intermodulationsfaktor.

<u>Störungen.</u> Die Überlagerung von Störungen, die auf das Rauschen der Bauelemente oder auf durch induktive, galvanische oder kapazitive Kopplung in den Kanal eindringende fremde Signalquellen zurückzuführen sind, kann grundsätzlich nicht vermieden werden. Verschiedene Maßnahmen können die Störungen jedoch klein halten. Sind aber Störungen überlagert, so ist ihre Beseitigung am Empfangsort nicht mehr möglich. Ein Maß zur Kennzeichnung der Störwirkung ist der Signal-Geräusch-Abstand.

Grundsätzlich anders als in der analogen Nachrichtentechnik sind die Gegebenheiten hinsichtlich der Übertragungsqualität in der digitalen Übertragungstechnik. Aufgrund der Zeit- und Amplitudenquantisierung besteht hier die Signalübertragung in der Übermittlung von einzelnen Zeichen aus einem begrenzten Zeichenvorrat. Für jedes übermittelte Zeichen besteht somit nur die Möglichkeit falscher oder richtiger Übertragung. Daher ist die Fehlerhäufigkeit ein eindeutiges Qualitätsmaß für eine digitale Übertragung. Die Fehlerhäufigkeit wird definiert als Quotient der falsch übertragenen Symbole zur Gesamtzahl der übertragenen Symbole. Bei theoretischen Untersuchungen wird die Fehlerwahrscheinlichkeit berechnet. Sie ergibt sich als Grenzfall der Fehlerhäufigkeit, wenn die Anzahl der übertragenen Symbole unendlich groß wird.
Ein digitales Signal unterliegt im Übertragungskanal den gleichen Einflüssen wie ein analoges Signal. Solange jedoch lineare und nichtlineare Verzerrungen sowie Störungen nicht die Verfälschung zu übertragender Symbole bewirken, bleiben sie wirkungslos.
Wenn auch Fehlerhäufigkeiten weitaus häufiger gemessen (s. Abschn. 15) als berechnet werden, so eröffnet eine theoretische Untersuchung doch wichtige Einsichten in Gesetzmäßigkeiten einer digitalen Übertragung.

11.1 Einfluß des Regenerativverstärkers

Bei gegebenem Kanal und gegebenen Störungen im Kanal wird die
Fehlerhäufigkeit bestimmt durch die Qualität des Regenerativverstärkers. Dabei sind zu unterscheiden
- das Entzerrerfilter
- das Optimalfilter
- die Amplitudenentscheidung
- die Zeitentscheidung

Während das Entzerrerfilter für die Kompensation eines nicht-
idealen Kanalfrequenzganges verantwortlich ist, soll das Optimalfilter die Wirkung der Kanalstörungen herabsetzen. Nichtlineare Verzerrungen können bei der Übertragung von Impulsen
in der Regel vernachlässigt werden. Die einzelnen Einflüsse

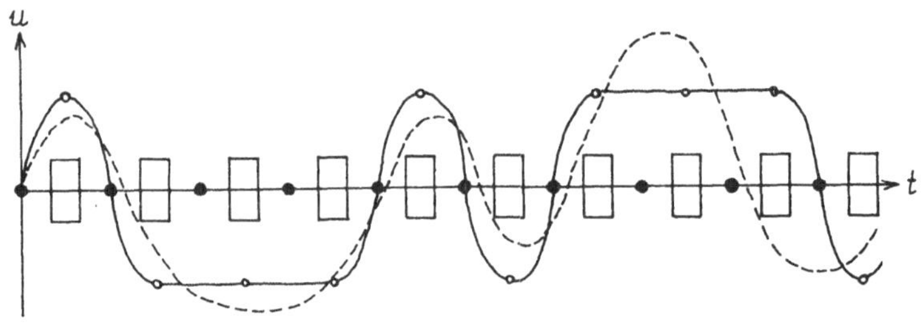

Bild 11.1   Einfluß des Regenerativverstärkers

des Regenerativverstärkers werden in Bild 11.1 veranschaulicht.
Dargestellt wird die Spannung u eines bipolaren digitalen Signals als Funktion der Zeit t . Die ausgezogene Linie zeigt
den Signalverlauf bei optimaler Entzerrung nach dem ersten und
zweiten Nyquist-Kriterium. Für die Darstellung eines Zeichens
durch einen Impuls stehen Zeitabschnitte von der Länge einer
Taktperiode zur Verfügung. Sie werden durch Punkte auf der Zeit-
achse gekennzeichnet. Bei einem Zeichenwechsel muß der Signalverlauf diese Punkte passieren. In der Mitte jedes Zeitab-

schnittes gibt es einen positiven oder negativen Funktionswert, der im Idealfall vom Signal angenommen werden muß
(s. Abschn. 4) und der in Bild 11.1 durch kleine Kreise gekennzeichnet ist. Kleine Toleranzrechtecke in der Mitte der
Zeitabschnitte kennzeichnen die Qualität der Amplituden- und
Zeitentscheidung; denn der Abtastzeitpunkt und die Komparator-
schwelle unterliegen Exemplarstreuungen und Ungenauigkeiten.
Beim idealen Regenerativverstärker schrumpft das Toleranzrecht-
eck zu einem in dessen Mitte liegenden Punkt zusammen. Die gestrichelt gezeichnete Linie in Bild (11.1) kennzeichnet einen
Signalverlauf bei unvollkommener Entzerrung. Damit keine Fehler entstehen, müssen die Rechtecke in der gleichen Weise umschlungen werden wie vom ursprünglichen Signal. Wie Bild 11.1
zeigt, kann eine unvollkommene Entzerrung auch bei völliger
Abwesenheit von Störungen Fehler verursachen. Aber auch wenn
alle Toleranzrechtecke in richtiger Weise umschlungen werden,
hat man bei gegebenem Signal-Geräusch-Abstand mit wesentlich
höherer Fehlerhäufigkeit zu rechnen, als dies bei idealer
Entzerrung der Fall wäre.

11.2 Berechnung der Fehlerwahrscheinlichkeit

Es soll angenommen werden, daß der Regenerativverstärker kein
Optimalfilter enthält und im übrigen ideal ist, d. h. eine
vollkommene Entzerrung des Kanalfrequenzgangs bewirkt sowie
Toleranzrechtecke der Entscheidungen im Signal- und Zeitbereich hat, die unendlich klein sind. Dann hängt die Wahrscheinlichkeit von Fehlentscheidungen im Signalbereich ausschließlich von den dem Signal überlagerten Geräuschen und somit vom Signal-Geräusch-Abstand ab.
Über das Signal und das überlagerte Geräusch müssen bestimmte
Annahmen gemacht werden.
Zu dem eine digitale Übertragung beeinträchtigenden Geräusch
tragen verschiedene Störquellen bei, z. B. Übersprechen aus
anderen Kanälen, stochastisch variierende Übergangswiderstän-
de von Kontakten, aber auch thermisches Rauschen.

Der Einfluß dieser Störquellen läßt sich mit vernünftigem Aufwand nur abschätzen, wenn man ein Störmodell aufstellt. Da die Störungen stochastischer Natur sind, müssen sie durch eine Wahrscheinlichkeitsdichtefunktion beschrieben werden. Nach dem zentralen Grenzwertsatz der Wahrscheinlichkeitslehre [52] ist eine Summe von sehr vielen voneinander unabhängigen Zufallsgrößen, die alle die gleiche Wahrscheinlichkeitsdichtefunktion besitzen, näherungsweise normal verteilt. Daher soll angenommen werden, daß die bei einer digitalen Übertragung Fehler hervorrufenden Störungen eine Wahrscheinlichkeitsdichtefunktion haben, für die mit dem Effektivwert des Geräusches U_{eff_r} gilt

$$p_r(u) = \frac{1}{\sqrt{2\pi}\, U_{eff_r}}\, e^{-\frac{u^2}{2U_{eff_r}^2}} \tag{11.1}$$

Bei dem digitalen Signal soll angenommen werden, daß es aus Rechteckimpulsen besteht, deren Dauer gleich der für ein Signalelement zur Verfügung stehenden Zeit ist. Die verschiedenen Signalelemente unterscheiden sich durch die Höhe der Impulse. Sind die verschiedenen Impulse alle gleich wahrscheinlich und die Impulshöhen gleichmäßig gestuft, so erhält man nach Gl. (5.47) mit der Wertigkeit bzw. der Stufenzahl q des Signals und der Stufenhöhe Δu für den Effektivwert des Signals

$$U_{eff_s} = \sqrt{\frac{q^2-1}{12}}\, \Delta u \tag{11.2}$$

In Bild 11.2 wird das Zustandekommen der Fehler infolge einer überlagerten Geräuschspannung u_r mit der Wahrscheinlichkeitsdichte $p_r(u_r)$ veranschaulicht. Einem ternären digitalen Signal ist eine Geräuschspannung überlagert. Ist zum Abtastzeitpunkt der Momentanwert der Geräuschspannung bei der oberen Stufe in negativer und bei der unteren Stufe in positiver Richtung dem Betrage nach größer als die halbe Stufenbreite, so leistet jede der beiden Stufen einen Beitrag zur Fehlerwahrscheinlich-

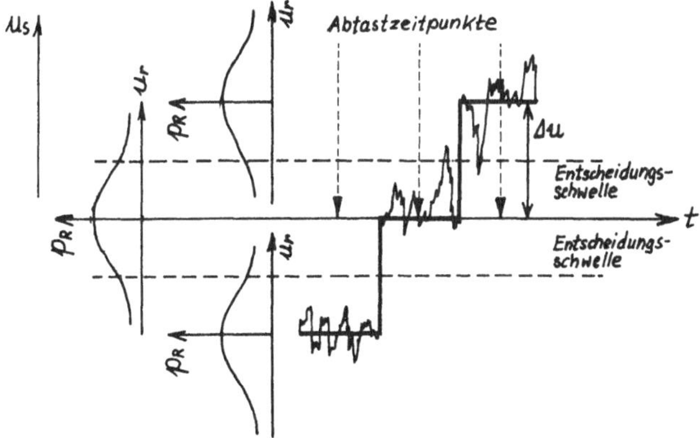

Bild 11.2 Entstehung der Fehler infolge einer über-
          lagerten Geräuschspannung

keit von der Größe

$$\int_{\Delta u/2}^{\infty} p_r(u_r)\, du_r \qquad (11.3)$$

Überschreitet die der mittleren Stufe überlagerte Geräuschspannung zum Abtastzeitpunkt in positiver oder negativer Richtung die halbe Stufenbreite, so entsteht ein Fehler mit der
Wahrscheinlichkeit

$$2\int_{\Delta u/2}^{\infty} p_r(u_r)\, du_r \qquad (11.4)$$

Der Beitrag der obersten und untersten Stufe zur Fehlerwahrscheinlichkeit ist also halb so groß wie der Beitrag der mittleren Stufen. Die mittlere Fehlerwahrscheinlichkeit bei q
Stufen beträgt somit

$$P_F = 2\,\frac{q-1}{q} \int\limits_{\Delta u/2}^{\infty} p_r(u_r)\,du_r \qquad (11.5)$$

Der Signal-Geräusch-Abstand ϱ_r als Quotient der Quadrate der Effektivwerte der Signalspannung und Geräuschspannung ist mit Gl. (11.2)

$$\varrho_R = \frac{q^2-1}{12}\,\frac{\Delta U^2}{U_{eff_r}^2} \qquad (11.6)$$

Für die Fehlerwahrscheinlichkeit als Funktion des Signal-Geräusch-Abstandes ergibt sich mit Gl. (11.1), (11.5) und (11.6) somit

$$P_F = 2\,\frac{q-1}{q}\,\frac{1}{\sqrt{2\pi}\,U_{eff_r}} \int\limits_{U_{eff_r}\sqrt{\frac{3\varrho}{q^2-1}}}^{\infty} e^{-\frac{u_r^2}{2U_{eff_r}^2}}\,du_r \qquad (11.7)$$

Es ist üblich, diesen Ausdruck umzuformen. Für die Wahrscheinlichkeitsdichte gilt

$$\int\limits_{-\infty}^{+\infty} p_r(u_r)\,du_r = 1 \qquad (11.8)$$

bzw. da die Wahrscheinlichkeitsdichte eine gerade Funktion ist

$$2\int\limits_{-\infty}^{0} p_r(u_r)\,du_r = 1 \qquad (11.9)$$

Mit einer Integrationsgrenze u_o läßt sich der Integrationsweg in Abschnitte unterteilen. Es gilt

$$\int\limits_{-\infty}^{0} p_r\,du_r + \int\limits_{0}^{u_o} p_r\,du_r + \int\limits_{u_o}^{\infty} p_r\,du_r = 1 \qquad (11.10)$$

Mit Gl. (11.9) und (11.10) erhält man somit

$$\int\limits_{u_0}^{\infty} p_r\, du_r = \frac{1}{2} - \int\limits_{0}^{u_0} p_r\, du_r \qquad (11.11)$$

Macht man die Substitution

$$\frac{u_r}{\sqrt{2}\, U_{reff}} = \xi \qquad (11.12)$$

so wird mit Gl. (11.11) aus Gl. (11.7)

$$P_F = \frac{q-1}{q}\left\{1 - \frac{2}{\sqrt{\pi}} \int\limits_{0}^{\sqrt{\frac{3}{2}\frac{S}{q^2-1}}} e^{-\xi^2}\, d\xi\right\} \qquad (11.13)$$

Damit ist die berechnete Fehlerwahrscheinlichkeit zurückgeführt auf die Fehlerfunktion (engl.: error function)

$$erf(x) = \frac{2}{\sqrt{\pi}} \int\limits_{0}^{x} e^{-\xi^2}\, d\xi \qquad (11.14)$$

Weiter wird als komplementäre Fehlerfunktion (engl.: error
function complement)

$$erfc(x) = 1 - erf(x) \qquad (11.15)$$

definiert. Bild 11.3 zeigt den Verlauf der Funktionen $erf(x)$
und $erfc(x)$

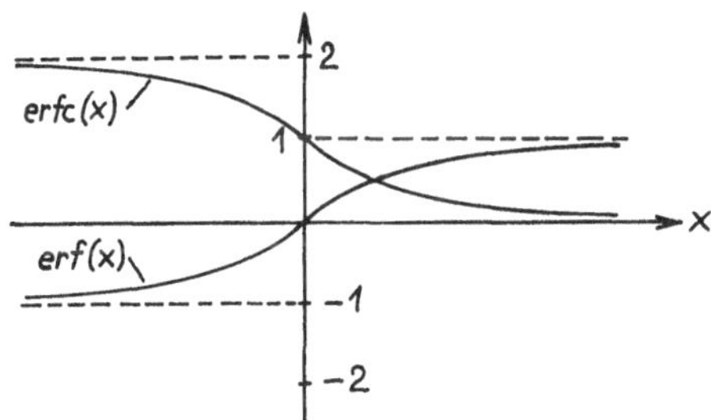

Bild 11.3 Fehlerfunktion $erf(x)$ und komplementäre
Fehlerfunktion $erfc(x)$

Man erhält also die Fehlerwahrscheinlichkeit in der Form

$$P_F(\varrho,q) = \frac{q-1}{q}\,erfc\left(\sqrt{\frac{3}{2}\,\frac{\varrho}{q^2-1}}\right) \tag{11.16}$$

Ein übersichtliches Diagramm der Gl. (11.16) gewinnt man durch
eine doppeltlogarithmische Darstellung in der Form

$$lg\,P_F = f(10\,lg\,\varrho)\ ,\ q=const \tag{11.17}$$

wie sie Bild 11.4 zeigt. Man erkennt, daß eine Erhöhung des

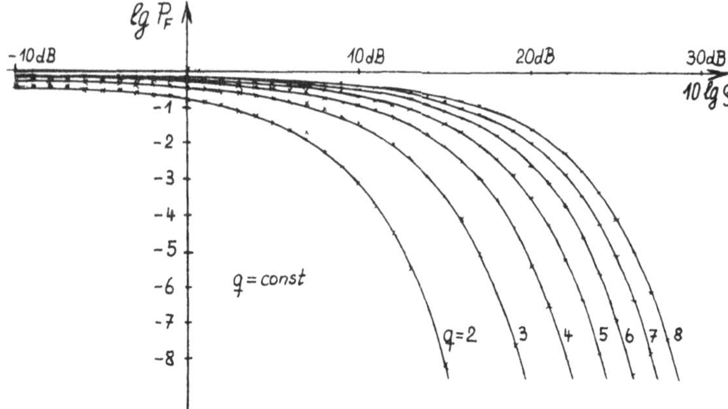

Bild 11.4   Fehlerwahrscheinlichkeit P_F als Funktion des
Signal-Geräusch-Abstandes ϱ mit der Stufenzahl q als Parameter

Signal-Geräusch-Abstandes um wenige dB bereits eine Verringerung der Fehlerwahrscheinlichkeit um mehrere Zehnerpotenzen
zur Folge hat. Ebenfalls zeigt sich eine erhebliche Zunahme
der Fehlerwahrscheinlichkeit bei Erhöhung der Stufenzahl q
und gleichem Signal-Geräusch-Abstand.

12. Nachrichtenquader

Die Überführung eines analogen Signals mit Hilfe der Zeit-
und Amplitudenquantisierung in ein digitales Signal ist mit
einer erheblichen Umformung des Informationsflusses verbunden.
Bei der Untersuchung dieser Umformung werden einige Elemente
der Informationstheorie benutzt.

12.1 Informationsmenge

In der digitalen Übertragungstechnik läßt sich die Information zurückführen auf eine Folge von Auswahlprozessen, durch
die bestimmte Symbole aus einem gegebenen Symbolvorrat ausgewählt werden. Die mit der Auswahl und Übermittlung eines Sym-
bols verbundene Informationsmenge ist um so größer, je weniger das Ereignis zu erwarten war. Der Menge $\{x_1, x_2, \ldots, x_N\}$
von N möglichen einander ausschließenden Symbolen sind die
Wahrscheinlichkeiten $\{P(x_1), P(x_2), \ldots, P(x_N)\}$ zugeordnet. Da
eines der Symbole mit Sicherheit zu erwarten ist, muß mit der
Laufvariablen i gelten

$$\sum_{i=1}^{N} P(x_i) = 1 \tag{12.1}$$

Die mit dem Symbol x_i übermittelte Informationsmenge $I(x_i)$
ist eine Funktion F der Wahrscheinlichkeit $P(x_i)$, deren Wert
um so größer ist, je kleiner $P(x_i)$ wird. Treten zwei Symbole
x_i und x_k mit den Wahrscheinlichkeiten $P(x_i)$ und $P(x_k)$ nacheinander in einer Folge auf, so ist die Wahrscheinlichkeit dafür $P(x_i)P(x_k)$ und die damit übermittelte Informationsmenge

$$I(x_i, x_k) = F[P(x_i)P(x_k)] \tag{12.2}$$

Die einzelnen Symbole einer Folge sollen voneinander unabhängig sein. Dann muß gelten

$$I(x_i, x_k) = I(x_i) + I(x_k) \tag{12.3}$$

bzw.

$$F\left[P(x_i)\,P(x_k)\right] = F\left[P(x_i)\right] + F\left[P(x_k)\right] \qquad (12.4)$$

Dies ist die Funktionalgleichung einer logarithmischen Funktion. Daher erhält man mit dem Logarithmus zur Basis 2 (<u>l</u>ogarithmus <u>d</u>ualis) und einer Konstanten K für die mit einem Symbol x_i der Wahrscheinlichkeit $P(x_i)$ übermittelte Informationsmenge

$$I(x_i) = K\,ld\,P(x_i) \qquad (12.5)$$

Zur Bestimmung der Konstanten K wird eine Festlegung getroffen. Bei einem Vorrat von zwei gleich wahrscheinlichen Symbolen soll die mit einem Symbol übermittelte Informationsmenge 1 sein. Da die Wahrscheinlichkeit $p=0{,}5$ ist, gilt nach Gl.(12.5)

$$1 = K\,ld\,0{,}5 \qquad (12.6)$$

Man erhält somit für die Konstante

$$K = -1 \qquad (12.7)$$

und für die Informationsmenge nach Gl. (12.5)

$$I(x_i) = ld\,\frac{1}{P(x_i)} \qquad (12.8)$$

Betrachtet man eine lange Folge von n Symbolen, so ist die Anzahl der Symbole x_i innerhalb dieser Folge $n\,P(x_i)$ und die damit verbundene Informationsmenge

$$n\,P(x_i)\,ld\,\frac{1}{P(x_i)} \qquad (12.9)$$

Die gesamte Informationsmenge erhält man durch Summierung über den gesamten Symbolvorrat N. Bezieht man auf die Anzahl n der Symbole innerhalb der Folge, so entsteht die mittlere Informationsmenge pro Symbol

$$H = \sum_{i=1}^{N} P(x_i)\,ld\,\frac{1}{P(x_i)} \qquad (12.10)$$

die auch Entropie genannt wird. Man erhält die Informationsmenge $I = 1$, wenn aus gleich wahrscheinlichen Binärziffern
(engl.: <u>b</u>inary dig<u>it</u>) eine ausgewählt wird. Daher wird der
Informationsmenge die Pseudoeinheit *bit* zugeordnet.

12.2 Digitale Signale

Durch Zeit- und Amplitudenquantisierung eines analogen bandbegrenzten Signals entsteht ein digitales Signal. Es soll
die während des Zeitabschnitts T_S erzeugte Informationsmenge
berechnet werden. Aus dem Abtasttheorem (s. Abschn. 3) erhält
man mit der Abtastperiodendauer T_A und der Signalgrenzfrequenz f_S die Anzahl der mindestens erforderlichen Abtastwerte

$$Z = \frac{T_S}{T_A} = T_S\, 2 f_S \tag{12.11}$$

Nach der Amplitudenquantisierung mit q gleich wahrscheinlichen
Amplitudenstufen erhält man mit Gl. (12.8) die Informationsmenge eines Abtastwertes $ld\,q$; denn die Wahrscheinlichkeit
für das Auftreten eines bestimmten Abtastwertes ist $1/q$. Somit ergibt sich die Informationsmenge des zeit- und amplitudenquantisierten Signals der Dauer T_S

$$I_S = 2\,T_S\, f_S\, ld\, q \tag{12.12}$$

Nach Gl. (12.12) haben zwei digitale Signale verschiedener
Stufenzahlen q , verschiedener Signalgrenzfrequenzen f_S und
verschiedener Dauer T_S die gleiche Informationsmenge, wenn
das Produkt nach Gl. (12.12) aus diesen drei Größen übereinstimmt. Durch Speicherung und Umcodierung muß es also möglich
sein, ein gegebenes digitales Signal in ein anderes zu überführen, ohne daß dabei Information verloren geht. Es ist üblich, die Informationsmenge nach Gl. (12.12) als Volumen eines
<u>Quaders</u> (s. Bild 12.1) mit den Seiten Signaldauer T_S , Signal-
grenzfrequenz f_S und der Größe $2\,ld\,q$ darzustellen.

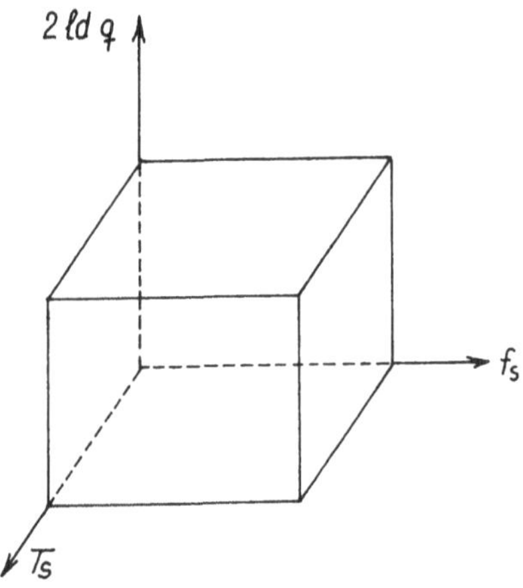

Bild 12.1   Darstellung der Informationsmenge als
Volumen eines Quaders

Werden durch eine digitale Übertragung n gleich wahrscheinli-
che Symbole aus einem Vorrat von q Symbolen übertragen, so
ist die übermittelte Informationsmenge mit Gl. (12.8)

$$I_s = n \, ld \, q \qquad\qquad (12.13)$$

Sie ist also der übertragenen Symbolanzahl direkt, aber dem
Logarithmus des Symbolvorrats q proportional. Es ist also ungünstig, den Symbolvorrat zu erhöhen; denn der Logarithmus
wächst mit seinem Argument nur sehr langsam. Das Binärsystem
nimmt in dieser Hinsicht eine Sonderstellung ein; es arbeitet
mit dem kleinstmöglichen Symbolvorrat.

12.3 Kanalkapazität

Während in Abschn. 12.2 untersucht wurde, wie groß die Menge
der durch ein Signal dargestellten Informationen ist, soll
hier die Menge der Informationen ermittelt werden, die von
einem Kanal pro Zeiteinheit höchstens übermittelt werden kann.

Nach dem 1. Nyquist-Kriterium (s. Abschn. 4) können die Amplituden eines digitalen Signals am Ausgang eines Kanals mit der Grenzfrequenz f_K wieder vollständig hergestellt werden, wenn die Schrittfrequenz $f_0=2f_K$ ist. Somit läßt sich während der Übertragungszeit T_K eine Anzahl $n=2f_KT_K$ Symbole übermitteln. Bei einem Vorrat von q Symbolen erhält man nach Gl. (12.13) für die Informationsmenge

$$I_K = 2f_K\,T_K\,\text{ld}\,q \qquad\qquad (12.14)$$

Der maximal zulässige Symbolvorrat wird durch den Signal-Rausch-Abstand im Kanal bestimmt. Nach Gl. (5.47) ist der quadratische Mittelwert eines quantisierten Signals bei gleich wahrscheinlichen Amplitudenstufen mit der Stufenbreite Δu

$$U_{Q\,eff}^{2} = \frac{q^2-1}{12}\,\Delta u \qquad\qquad (12.15)$$

Dem Signal ist in der Regel eine Geräusch-Spannung u_r überlagert, deren Zeitwerte als gleich wahrscheinlich angenommen werden. Damit das digitale Signal fehlerfrei erkannt werden kann, muß die Geräuschspannung kleiner als die halbe Stufenbreite sein. Somit erhält man für das Geräusch eine Wahrscheinlichkeitsdichtefunktion $p(u_r)$ nach Bild 12.12. Der quadratische Mittelwert der Geräusch-Spannung ergibt sich mit

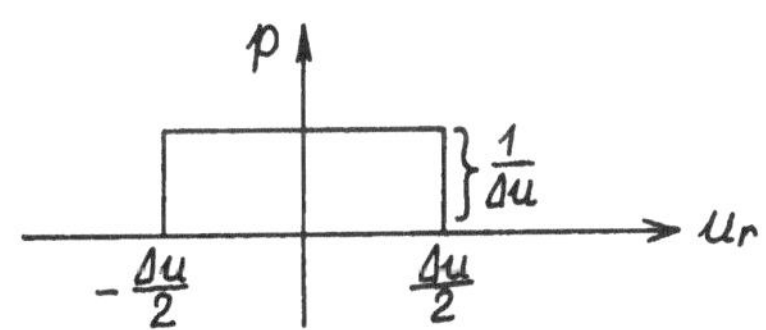

Bild 12.2   Wahrscheinlichkeitsdichtefunktion
der Geräusch-Spannung

Gl. (2.48) und der Wahrscheinlichkeitsdichtefunktion nach Bild 12.2. Man erhält

$$U_{r_{eff}}^2 = \frac{1}{\Delta u} \int_{-\Delta u/2}^{+\Delta u/2} u_r^2 \, du_r = \frac{\Delta u^2}{2} \qquad (12.16)$$

Mit Gl. (12.15) und Gl. (12.16) findet man den Signal-Geräusch-Abstand

$$\varsigma_K = \frac{U_{a_{eff}}^2}{U_{r_{eff}}^2} = q^2 - 1 \qquad (12.17)$$

bei dem das digitale Signal gerade noch fehlerfrei übertragen wird. Für die maximal in einem Zeitabschnitt T_K übertragbare Informationsmenge, die auch <u>Kanalkapazität</u> genannt wird, erhält man also mit Gl. (12.14) und (12.17)

$$I_{K\,max} = f_K T_K \, ld\left(1 + \varsigma_K\right) \qquad (12.18)$$

Für $\varsigma \gg 1$ kann man Gl. (12.18) mit dem logarithmischen Signal-Geräusch-Abstand $\varsigma^* = 10\,lg\,\varsigma_K$ umformen in

$$I_{K\,max} = \frac{1}{10\,lg\,2} \; T_K \, f_K \, \varsigma_K^* \qquad (12.19)$$

Während sich die Informationsmenge eines Signals durch einen Quader nach Bild 12.1 darstellen läßt, kann man die Kanalkapazität durch ein Rechteck veranschaulichen, dessen Kantenlängen durch die Kanalgrenzfrequenz f_K und eine dem Signal-Geräusch-Abstand ς_K^* proportionale Größe $ld(1+\varsigma_K)$ gegeben sind. Bei einer Übertragung wird dann der Informationsquader durch ein Kanalfenster hindurchgeschoben. Eine maximale Informationsmenge kann übertragen werden, wenn die Stufenzahl q des digitalen Signals nach Gl. (12.17) bestimmt wird und Signal- und Kanalgrenzfrequenz übereinstimmen.

12.4 Beispiel

Ein analoges Signal $u(t)$ werde gekennzeichnet durch eine Grenzfrequenz $f_s = 4kHz$ und einen Signal-Geräusch-Abstand $\varsigma_s^* = 24 dB$. Dann ist für eine Zeitquantisierung eine Abtastfrequenz $f_A = 2f_s = 8kHz$ erforderlich. Da den Abtastwerten $u_a(nT_A)$ eine

Geräuschspannung überlagert ist und somit jeder Abtastwert nur
mit einer Ungenauigkeit erkannt werden kann, ist ohne Informationsverlust eine Amplitudenquantisierung möglich. Die Stufenzahl q kann dabei bei einer Geräuschspannung mit einer Wahrscheinlichkeitsdichte nach Bild 12.2 mit Gl. (12.17) berechnet werden. Damit erhält man für den Informationsfluß des analogen Signals

$$I_s' = \frac{I_s}{T_s} = f_s \, ld\,(1 + \varrho_s) = 31{,}9 \,\frac{k\,bit}{s} \qquad (12.20)$$

Für die erforderliche Stufenzahl erhält man

$$q_s = \sqrt{1 + \varrho_s} \approx 16 \qquad (12.21)$$

Der für die Übertragung zur Verfügung stehende Kanal hat einen
Signal-Geräusch-Abstand $\varrho_K^* = 5\,dB$ und eine Grenzfrequenz
$f_K = 16\,kHz$. Der maximal mögliche Informationsfluß im Kanal ist
nach Gl. (12.9) $32{,}9 \,\frac{k\,bit}{\Delta}$. Somit ist es möglich, das digi-
talisierte analoge Signal durch diesen Kanal zu übertragen.
Um jedoch den Signalquader durch das Kanalfenster hindurch-
schieben zu können, muß das digitale Signal umcodiert werden.
Die Stufenzahl im Kanal muß nach Gl. (12.17) den Wert $q = 2$
haben. Durch die Umcodierung erhöht sich die Schrittfrequenz
um die erforderliche Stellenzahl $r = 4$ des Codes von 8 KHz auf
32 KHz. Nach dem 1. Nyquist-Kriterium beträgt die dann mindestens erforderliche Kanalgrenzfrequenz 16 KHz.

13. Multiplexverfahren

Ein sehr wichtiges technisches Problem besteht darin, gleichzeitig mehr als ein Signal über einen gemeinsamen Kanal zu
übertragen. Diese Multiplex- oder Vielfach-Übertragung ist
nicht umgehbar, wenn nur ein einziger Übertragungskanal verfügbar ist, beispielsweise der die Erde umgebende Raum für un-
gerichtete Funkverbindungen. Aber auch aus wirtschaftlichen

Gründen ist eine Multiplexübertragung sinnvoll, wenn z. B.
einige Hundert Zweidrahtleitungen einer Fernsprechstrecke
durch ein einziges viel billigeres Breitbandkabel ersetzt
werden.

13.1 Prinzip

Sollen zwei Sendesignale u_{S1} und u_{S2} gleichzeitig über einen
gemeinsamen Kanal übertragen werden, so müssen sie so umgeformt werden, daß sie trotz Addition am Kanaleingang sich am
Kanalausgang wieder trennen lassen. Dies ist möglich in einer
Anordnung nach Bild 13.1.

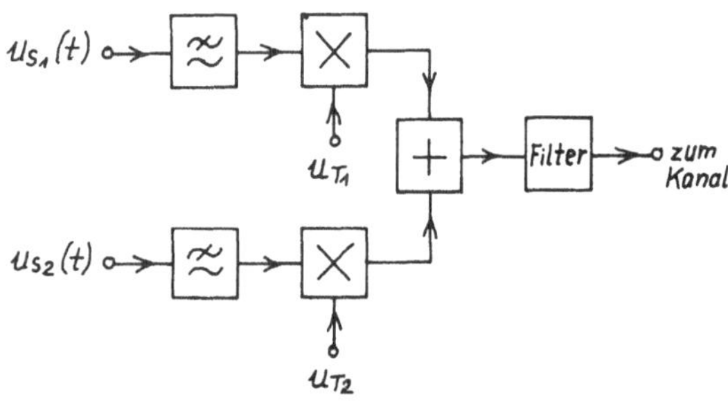

Bild 13.1   Umformung zweier Sendesignale
zur Multiplexübertragung

Die durch Tiefpässe bandbegrenzten Sendesignale werden mit
Hilfe von Multiplikatoren zwei Trägersignalen $u_{T_1}(t)$ und
$u_{T_2}(t)$ aufgebürdet und zur gleichzeitigen Übertragung addiert.
Eine einfache Trennung der Signale am Kanalausgang ist möglich, wenn als Trägersignale orthogonale Funktionen verwendet
werden. Kennzeichnet man die verschiedenen ortogonalen Funktionen eines Funktionentyps durch die Indizes m und n , so
muß für sie gelten

$$\lim_{T\to\infty} \frac{1}{T} \int_{-T/2}^{+T/2} u_{T_m}(t)\, u_{T_n}(t)\, dt \begin{cases} = 0 & \text{für } m \neq n \\ \neq 0 & \text{für } m = n \end{cases} \qquad (13.1)$$

Als orthogonale Funktionen werden verwendet

- harmonische Schwingungen verschiedener Frequenz und

- Dirac-Pulse gleicher Grundfrequenz und verschieden Nullphasenwinkels.

Zwar sind auch weitere orthogonale Funktionssysteme denkbar,
durchgesetzt haben sich jedoch nur die harmonischen Schwingungen und die Dirac-Pulse.

<u>Harmonische Schwingung.</u> Mit dem Scheitelwert $\hat{u}_T$, der Frequenz
f_{T_n} und dem Nullphasenwinkel ψ_T gilt für die Trägerspannung

$$u_T = \hat{u}_T \cos(2\pi f_{T_n} t + \psi_T) \qquad (13.2)$$

Die Multiplikatoren (s. Bild 13.1) bewirken dann eine Zweiseitenband-Amplitudenmodulation mit unterdrücktem Träger.Durch
geeignete Wahl der Trägerfrequenzen kann erreicht werden, daß
sich die Spektren der modulierten Signale nicht überlappen

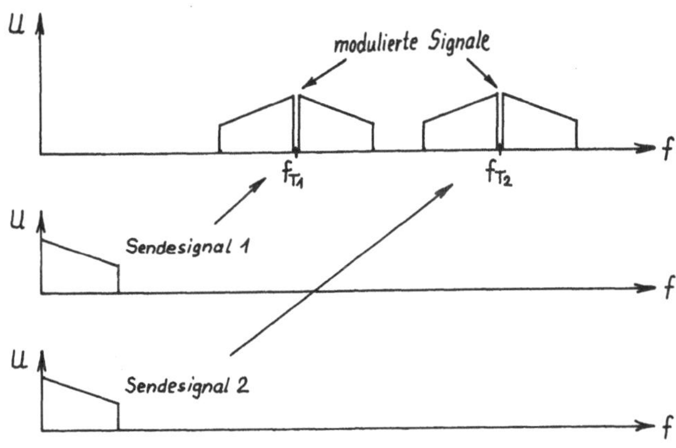

Bild 13.2 Verschiebung der Sendesignalspektren

(s. Bild 13.2). So läßt sich ein <u>geordnetes Nebeneinander</u> der
Spektren verschiedener gleichzeitig im Kanal vorhandener Signale erreichen. Man spricht in diesem Fall vom <u>Frequenzmulti-
plex,</u> das in Form der Trägerfrequenztechnik weite Verbreitung
gefunden hat. Eine Trennung der Signale ist am Kanalausgang
durch Bandfilter möglich(s. Bild 13.3). Die Spektren der ein-

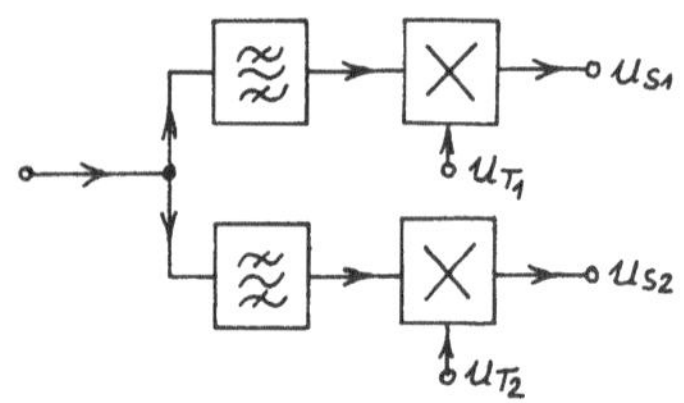

Bild 13.3 Trennung der Signale beim
Frequenzmultiplex

zelnen modulierten Signale werden mit Multiplikatoren und den
gleichen Trägersignalen wie auf der Sendeseite in die Ausgangs-
lage zurücktransponiert.

<u>Dirac-Puls.</u> Mit den Konstanten u_δ und T_δ , der Laufvariablen
n , der Periodendauer T_R , der ganzen Zahl m und der Zeitverschiebung τ gilt für den Dirac-Puls

$$u_{Tm} = u_\delta\, T_\delta \sum_{-\infty}^{+\infty} \delta(t - nT_R - m\tau) \qquad (13.3)$$

Die Multiplikatoren nach Bild 13.1 bilden ideale Abtaster
(s. Abschn. 3). Sie erzeugen Dirac-Impulse, deren Flächeninhalte den jeweiligen Funktionswerten der Sendesignale propor-

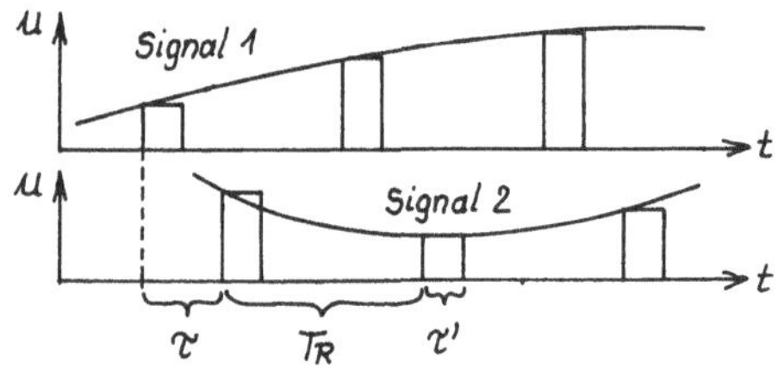

Bild 13.4 Zeitliche Verschachtelung

tional sind. Durch den zeitlichen Versatz der verschiedenen
Dirac-Pulse um ganzzahlige Vielfache der Zeitverschiebung τ
entsteht eine geordnete Verschachtelung der den einzelnen Signalen zugeordneten Pulse (s. Bild 13.4). Man spricht in diesem Fall vom Zeitmultiplex, das das für die digitale Übertragungstechnik geeignete Verfahren der Mehrfachausnutzung von
Leitungen ist. Die Trennung der Signale am Kanalausgang er -
folgt mit Hilfe von Multiplikatoren,denen Dirac-Pulse nach
Gl. (13.3) zugeführt werden (s. Bild 13.5). Dadurch werden die

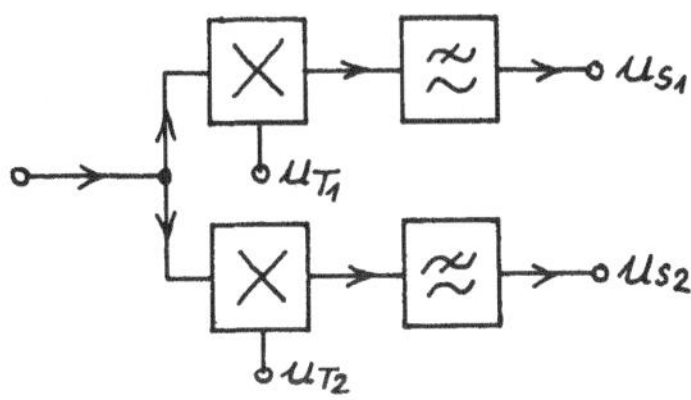

Bild 13.5   Trennung der Signale beim Zeitmultiplex

jeweils zu einem Sendesignal gehörenden Impulse abgetastet und
durch einen Interpolationstiefpaß wieder in das Ursprungssi-
gnal verwandelt. Das auf einem Ordnungsschema im Zeitbereich
beruhende Zeitmultiplex und das auf einem Ordnungsschema im
Frequenzbereich beruhende Frequenzmultiplex sind in Bild 13.1
in einheitlicher Weise dargestellt worden. Bei der praktischen
Verwirklichung bildet jedoch der mit einem Dirac-Puls beauf-
schlagte Multiplikator zusammen mit dem nachfolgenden Filter
einen Abtaster, der mit den Mitteln der Digitaltechnik realisiert wird (s. Abschn. 3).

13.2 Zeitmultiplex

Die Zusammenfassung von k Nachrichtenkanälen im Zeitmultiplex-
verfahren geschieht durch die zeitliche Aneinanderreihung der
einzelnen Kanäle. Nach Bild 13.1 sind dafür k Multiplikatoren
mit k verschiedenen Trägerfunktionen nach Gl. (13.3) erforderlich. Im praktischen Fall wird statt des Dirac-Pulses ein
Rechteck-Puls

$$u_{Tk}(t) = U_o \sum_{n=-\infty}^{+\infty} rect\left(\frac{t - nT_R - k\tau}{\tau}\right) \tag{13.4}$$

mit der Periodendauer T_R und der Impulsbreite τ verwendet. Dabei muß für die Impulsbreite $\tau \le \frac{T_R}{k}$ gelten, damit die Orthogonalitätsbedingung nach Gl. (13.1) erfüllt ist. Die Multiplikatoren mit den Trägerfunktionen nach Gl. (13.4) werden durch einen mit der Drehzahl $f_R = \frac{1}{T_R}$ rotierenden Schalter (s.Bild 13.6) verwirklicht. Diesen elektronisch realisierten Schalter mit k Abgriffen nennt man <u>Multiplexer.</u> Die Periodendauer T_R

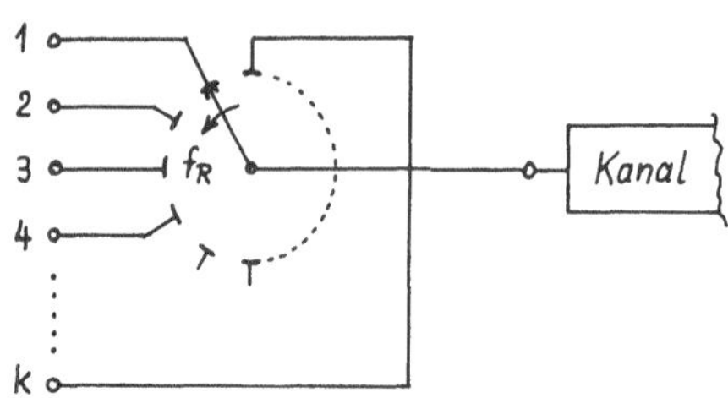

Bild 13.6 Prinzip des Multiplexers

ist der <u>Rahmen</u> des Zeitmultiplexsystems. Zur Trennung der Signale nach Bild 13.5 werden ebenfalls k Multiplikatoren mit k Trägerfunktionen benötigt. Sie können wieder durch einen rotierenden Schalter nach Bild 13.6, den man in diesem Fall <u>Demultiplexer</u> nennt, verwirklicht werden. Damit die k Eingänge des Zeitmultiplexsystems immer mit den gleichen k Ausgängen kurzzeitig verbunden werden, müssen die rotierenden Schalter auf der Sende- und Empfangsseite synchron umlaufen. Hierfür ist eine <u>Rahmensynchronisation</u> erforderlich. Im einfachsten Fall wird zu diesem Zweck der Eingang mit der Nummer k mit einem Synchronisierzeichen beschaltet, das dem Empfänger Aufschluß über die Stellung des sendeseitigen rotierenden Schalters gibt.

13.3 Analoge und digitale Signale

Man muß bei einem Zeitmultiplexsystem unterscheiden zwischen den k verschiedenen Einzelkanälen und dem gemeinsamen Übertragungskanal. Es können sowohl analoge als auch digitale Signale übertragen werden.

Analoge Signale. Da jedes Signal periodisch wiederkehrend nur kurzzeitig an den gemeinsamen Übertragungskanal geschaltet wird, können nur Abtastwerte des analogen Signals übertragen werden. Dem Multiplexer müssen daher k Abtaster vorgeschaltet werden, die das analoge Signal gerade dann abtasten, wenn der entsprechende Eingang an den Übertragungskanal geschaltet wird. Die analogen Signale müssen somit das Abtasttheorem erfüllen, d.h. für die Signalgrenzfrequenz muß $f_S \leq f_A/2$ gelten, wobei die Abtastfrequenz f_A gleich der Rahmenfrequenz f_R sein muß.

Digitale Signale. Wird zusätzlich zur Zeitquantisierung noch eine Amplitudenquantisierung durchgeführt, so wird jeder Abtastwert des analogen Signals durch ein aus mehreren Impulsen bestehendes Codewort dargestellt. Es muß in dem Zeitabschnitt, für den der Multiplexer einen Signaleingang an den Übertragungskanal schaltet, übertragen werden. Liegen am Eingang eines Multiplexers mehrere Digitalsignale bestimmter Taktfrequenz, so erhöht sich die Taktfrequenz im gemeinsamen Kanal um einen Faktor, der gleich der Anzahl der Kanäle ist.

13.4 Synchronisation

Werden mehrere digitale Signale im Zeitmultiplex über einen gemeinsamen Kanal übertragen, so muß eine Takt-, Wort- und Rahmensynchronisation durchgeführt werden.

Taktsynchronisation. Der Empfänger muß zunächst die Folgefrequenz der den gemeinsamen Übertragungskanal durchlaufenden Impulse ermitteln. Diese Zeitregeneration erfolgt nach den in Abschn. 10 beschriebenen Verfahren und ermöglicht die Wiederherstellung der Originalimpulse durch Signalregeneration (s. Abschn. 9).

<u>Wortsynchronisation.</u> Die auf der Empfängerseite ankommenden Impulse stellen in der Regel eine Folge von aus mehreren Impulsen bestehenden Codewörtern dar. Daher ist die Erkennung der Codewortgrenzen eine wichtige Synchronisationsaufgabe.

<u>Rahmensynchronisation.</u> Da dem Empfänger sowohl die Zahl der Kanäle als auch der Codeelemente pro Codewort sowie beider Reihenfolge bekannt ist, würde es genügen, zumindest einmal bei Beginn einer Sendung ein Synchronisierwort mitzusenden, das den ersten Impuls des ersten Codeworts festlegt. Hieraus könnte die Wort- und Rahmensynchronisation für die gesamte Dauer des Signals abgeleitet werden. Um gegen Störungen sicher zu sein, wird diese zeitliche Markierung mit jedem Rahmen wiederholt. Da jedoch Rahmenkennungswörter bei der Übertragung verfälscht oder an anderer Stelle des Rahmens vorgetäuscht werden können, müssen für den Synchronisiervorgang bestimmte Vorkehrungen getroffen werden.

14. Modulation

Bisher wurden ausschließlich digitale Signale im Basisband behandelt. Durch Kanalcodierung (s. Abschn. 7.2.1.2) läßt sich das Leistungsdichtespektrum der Signale zur Anpassung an den Kanal verformen, indem z. B. durch den Übergang von einem binären auf einen ternären Code Redundanz zugeführt wird. Hat jedoch ein Kanal einen Bandpaßamplitudengang mit kleiner relativer Bandbreite, so läßt sich die erforderliche Veränderung des Leistungsdichtespektrums nur durch die Modulation eines Sinusträgers erreichen.
Bei der Übertragung im Basisband wird in der Regel mit Rechteckimpulsen gearbeitet, die ein sehr ausgedehntes Frequenzspektrum haben. Eine Beschneidung dieses Spektrums führt zur Intersymbolinterferenz, die durch eine Entzerrung entsprechend den Nyquist-Kriterien aufgehoben werden kann. Während bei Basisbandsignalen die Frequenzbandbeschneidung vom Kanal vorge-

nommen wird, muß bei moduliertem Sinusträger das Frequenzband
vor Eintritt in den Kanal begrenzt werden.
Dies kann entweder durch ein Filter am Modulatorausgang oder
durch ein Filter am Modulatoreingang geschehen. Im ersten Fall
spricht man von harter, im zweiten Fall von weicher Tastung.
Neben der Formung des Einzelimpulses kann auch durch Kanalcodierung z. B. nach dem Millercode (s. Abschn. 7.7.1.4) erreicht werden, daß sich die spektrale Energie bei niedrigen
Frequenzen des Basisbandes zusammendrängt.
Bei der Betrachtung der Spektren von modulierten Signalen ergibt sich, daß man die Modulationsmethoden in zwei Gruppen
einteilen kann. In der ersten Gruppe besteht zwischen den modulierenden und den modulierten Signalen eine lineare Abhängigkeit, aufgrund derer das Spektrum der Seitenbänder der modulierten Signale dieselbe Form hat wie das Spektrum der modulierten Impulse. Eine solche Eigenschaft weisen die Amplitudenmodulation sowie die Phasenmodulation bei harter Tastung
auf. Die Methoden bezeichnet man als linear. In der zweiten
Gruppe ist die Abhängigkeit zwischen den modulierenden und den
modulierten Signalen nichtlinear. Das Spektrum der modulierten Signale hat keine Ähnlichkeit mit dem Spektrum der modulierenden Signale. Diese Eigenschaft besitzen die Frequenzmodulation und die Phasenmodulation bei weicher Tastung. Wird
ein sinusförmiger Träger mit einem digitalen Signal moduliert,
so spricht man im Falle der Amplitudenmodulation von Amplitu-
dentastung(engl.: Amplitude Shift Keying, abgek.: ASK), im
Falle der Phasenmodulation von Phasentastung (engl.: Phase
Shift Keying, abgek.: PSK) und im Falle der Frequenzmodula tion
von Frequenztastung (engl.: Frequency Shift Keying, abgek.:
FSK).
Den prinzipiellen Aufbau einer digitalen Übertragung mit moduliertem Träger zeigt Bild 14.1. Das digitale Signal gelangt
an den von einem Sinusträger gespeisten Modulator. Nach der
Übertragung durch den Kanal wird das modulierte Signal dem
Demodulator zugeführt. Die Strecke vom Modulatoreingang bis
zum Demodulatorausgang verhält sich wie ein Basisbandkanal.

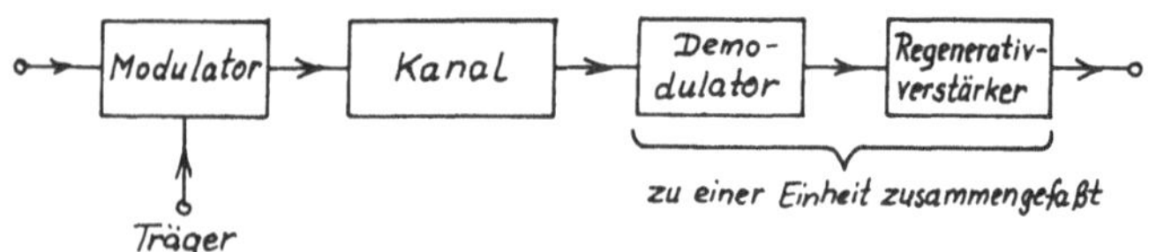

Bild 14.1 Übertragungsstrecke mit moduliertem Träger

Da das digitale Signal bei der Übertragung Störungen und Verzerrungen unterworfen ist, folgt auf den Demodulator ein Regenerativverstärker (s. Abschn. 4, 9, 10). Charakteristisch
für eine Übertragung mit moduliertem Träger ist nun, daß Demodulator und Regenerativverstärker zu einer Einheit ver-
schmolzen sind.
Werden für beide Richtungen einer digitalen Übertragung die
Modulationen eines Sinusträgers durchgeführt, so befinden sich
auf beiden Seiten der Übertragungsstrecke Modulator und Demodulator, die zu einer Modem genannten Einheit zusammengefaßt
werden.

14.1 Amplitudenmodulation

Neben der Zweiseitenband-Amplitudenmodulation haben wegen der
höheren Bandbreiteausnutzung die Einseitenband- und die Quadraturamplitudenmodulation (QAM) besondere Bedeutung.

14.1.1 Zweiseitenband-Amplitudenmodulation

Kennzeichnend für dieses Verfahren ist die niedrigere Bandbreiteausnutzung. Das Prinzip ist in Bild 14.2 dargestellt.
Der Modulator besteht aus einem Multiplikator, der von einem
Sinusgenerator gespeist wird und dessen Ausgangssignal über
einen Bandpaß geleitet wird. Vereinfachend wird für das digitale Signal am Modulatoreingang eine periodische Null-Eins-
Folge angenommen. Mit dem NRZ-Format ergibt sich für die

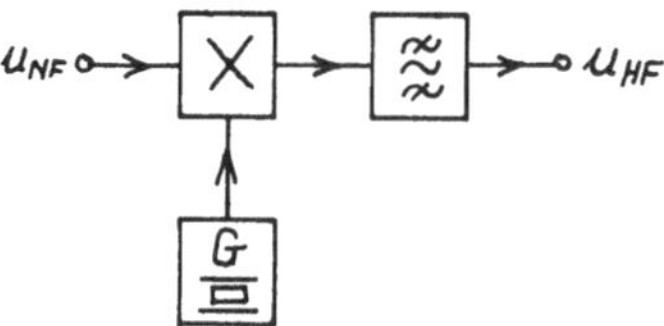

Bild 14.2   Amplitudenmodulator

Modulatoreingangsspannung die Fourier-Reihe

$$u_{NF}(t) = U_o \left\{ \frac{1}{2} + \frac{2}{\pi} \sum_{k=0}^{\infty} \frac{(-1)^k}{2k+1} \cos\left[(2k+1)2\pi f_o t\right] \right\} \qquad (14.1)$$

Zur Vermeidung des Gleichanteils kann in den Bipolar-Code
1. Ordnung umcodiert werden. Für die Fourier-Reihe der Modulatoreingangsspannung erhält man dann

$$u_{NF}(t) = U_o \frac{4}{\pi} \sum_{k=0}^{\infty} \frac{\cos\left[\frac{\pi}{4}(2k+1)\right]}{2k+1} \sin\left[(2k+1)\frac{\pi}{2} f_o t\right] \qquad (14.2)$$

Mit der Multiplikatorkonstanten K_m und der Trägerspannung
$u_T = \hat{u}_T \cos 2\pi f_T t$ findet man für die Ausgangsspannung des Multiplikators in Bild 14.2 ohne Umcodierung

$$u_a = K_m \hat{u}_T U_o \left\{ \frac{1}{2} \cos 2\pi f_T t + \frac{1}{\pi} \sum_{k=0}^{\infty} \frac{(-1)^k}{2k+1} \left[\cos\left[2\pi\left(f_T + (2k+1)f_o\right)t\right] + \cos\left[2\pi\left(f_T - (2k+1)f_o\right)t\right]\right] \right\} \qquad (14.3)$$

und mit Umcodierung

$$u_a = K_m \hat{u}_T U_o \frac{2}{\pi} \sum_{k=0}^{\infty} \frac{\cos\left[\frac{\pi}{4}(2k+1)\right]}{2k+1} \left[\sin\left(2\pi\left[f_T + (2k+1)\frac{f_o}{4}\right]t\right) + \sin\left(2\pi\left[f_T - (2k+1)\frac{f_o}{4}\right]t\right)\right] \qquad (14.4)$$

Der fehlende Gleichanteil des NF-Signals nach Gl. (14.2) hat
die Unterdrückung des Trägers im amplitudenmodulierten Signal
nach Gl. (14.4) zur Folge. Das Spektrum des Signals nach

Gl. (14.3) ist in Bild 14.3 dargestellt

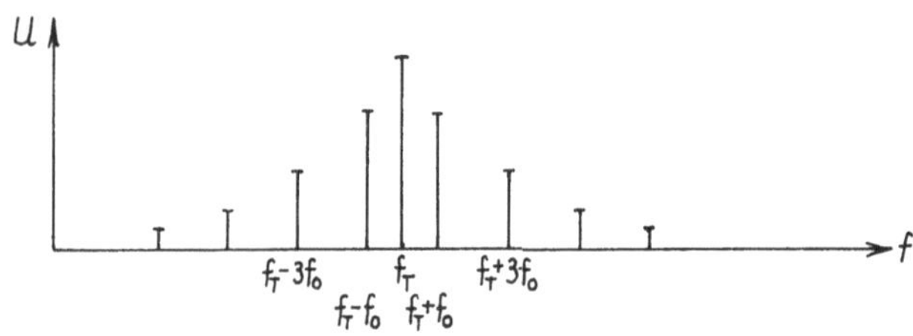

Bild 14.3   Spektrum eines mit einer im NRZ-Format
            dargestellten Null-Eins-Folge amplituden-
            modulierten Signals

14.1.2 Einseitenband-Amplitudenmodulation

Bei der Zweiseitenband-Amplitudenmodulation enthalten beide
Seitenbänder die volle Information. Daher erhält man eine bes-
sere Bandbreiteausnutzung, wenn ein Seitenband unterdrückt
wird. Die Demodulation erfordert den Trägerzusatz mit einem
Produktdemodulator. Wegen des besseren Signal-Geräusch-Abstandes wird jedoch nicht der ganze Träger, sondern nur ein Trägerrest übertragen, der mit einer Phasenregelschleife
(s. Abschn. 10, A7) eine einfache Trägerregeneration ermöglicht.

14.1.3 Quadraturamplitudenmodulation

Bei diesem Verfahrn, das auch orthogonale Modulation genannt
wird, läßt sich die Übertragungsgeschwindigkeit gegenüber dem
Zweiseitenbandverfahren verdoppeln. Dabei werden zwei amplitu-
denmodulierte Signale, deren Trägerfrequenzen übereinstimmen
und die um 90° phasenverschoben sind, überlagert. Werden binäre Digitalsignale aufmoduliert und die Träger unterdrückt,

so erhält man für das resultierende Sendesignal vier verschiedene Phasenlagen.
Da zwei unabhängige Kanäle vorhanden sind, wird das ankommende binäre Signal in zwei Signale mit halber Taktfrequenz auf-
gespalten.

14.1.4 Demodulationsverfahren

Bei der Zweiseitenbandübertragung besteht die einfache Möglichkeit der Hüllkurvendemodulation durch Doppelweggleichrichtung, sofern ein ausreichend großer Trägerrest übertragen
wird. Durch Anwendung der Produktdemodulation, bei der der
Sinusträger frequenz- und phasenrichtig zugesetzt werden muß,
wird jedoch die Störempfindlichkeit der Übertragung wesentlich
herabgesetzt. Dabei benötigen die Verfahren der Einseitenband-
und Quadraturamplitudenmodulation in jedem Fall einen Produktdemodulator (s. Bild 14.4). Er besteht aus einem Multiplikator,

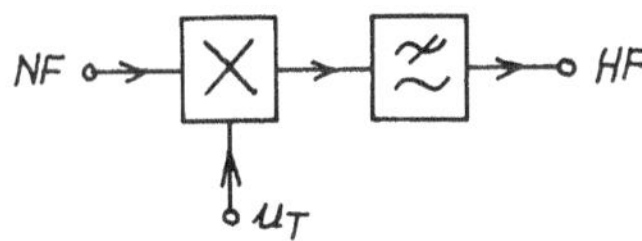

Bild 14.4   Produktdemodulator

dem die Trägerschwingung u_T zugeführt wird, und einem Tiefpaß, der hochfrequente Demodulationsprodukte unterdrückt.
Eine wichtige Aufgabe der Demodulation ist damit die Regeneration der Trägerfrequenz, die bei der Übertragung mit moduliertem Sinusträger zusätzlich zur Regeneration der Taktfrequenz
notwendig ist. Eine Möglichkeit besteht darin, durch korrelative Codierung des Digitalsignals eine Nullstelle im Informationsspektrum zu erzeugen und an dieser Stelle einen Pilotton
zu übertragen. Am einfachsten ist es jedoch, den Träger bei
der Modulation nicht vollständig zu unterdrücken. Ein kleiner
Trägerrest ist ausreichend, um am Empfangsort mit einer Phasenregelschleife eine Trägerregeneration durchzuführen.

14.2 Phasenmodulation

Dieses Verfahren der Modulation eines Sinusträgers ist weitverbreitet, weil es für mehrstufig codierte digitale Signale gut geeignet und gegenüber Störungen wenig empfindlich ist.

14.2.1 Systeme

Bei der Phasenmodulation ist der Nullphasenwinkel einer hochfrequenten Sinusspannung Träger der übertragenen Information. Zur Bestimmung einer Phasenlage ist jedoch ein Zeitbezugssystem in Form einer Bezugsschwingung der gleichen Frequenz erforderlich. Somit muß auf der Empfängerseite eine Regeneration des Trägersignals durchgeführt werden. Da diese Regeneration in der Regel mit einer Phasenunsicherheit von 180° verbunden ist, wird häufig eine Übertragung durchgeführt, bei der der absolute Wert des Nullphasenwinkels nicht bestimmt werden muß. Somit unterscheidet man bei der Phasenmodulation zwei Übertragungsverfahren:

Bezugscodierung. Hier steckt die Information in der Phasendifferenz zwischen dem phasenmodulierten Signal und einer Bezugswechselspannung. Im Empfänger ist eine Regeneration des Trägers erforderlich.

Differenzcodierung. Hier steckt die Information in der Phasendifferenz zwischen zwei aufeinanderfolgenden Schritten des mit einem Digitalsignal phasenmodulierten Trägers. Eine Bezugswechselspannung im Empfänger ist nicht erforderlich. Allerdings muß die Phasenlage des empfangenen Signals jeweils für die Dauer eines Schrittes gespeichert werden.

Bei der Phasenmodulation bietet sich die Übertragung nicht nur binärer, sondern auch ternärer, quaternärer und oktonärer Digitalsignale an. Die Übertragung kann in allen Fällen entweder in Bezugscodierung oder in Differenzcodierung erfolgen. Die Stufen des Digitalsignals und die Phasendifferenzen des phasenmodulierten Trägers werden in der Regel auf folgende Weise zugeordnet:

	b i n ä r		q u a t e r n ä r	
Stufe	Phasendifferenz	Stufe	Phasendifferenz	
			entweder	oder
0	0°	0	0°	45°
1	180°	1	90°	135°
		2	180°	225°
		3	270°	315°
				nur bei Differenz- codierung

Bei der Kennzeichnung der verschiedenen Systeme wird die Stufenzahl durch einen Index ausgedrückt, z. B. in der Form PSK_4 , während bei der Differenzcodierung ein D vorangestellt wird, z. B. $DPSK_8$.

14.2.2 Modulation

Die Phasenmodulation mit einem binären Digitalsignal verursacht einen Phasensprung von 180°. Dieser kann durch Multiplikation mit einem Multiplikator oder durch Vorzeichenmultiplikation mit einem Ringmodulator bewirkt werden. Dabei muß das Digitalsignal durch Doppelstromimpulse dargestellt werden,d.h. dem Zeichen 1 entspricht die Spannung $+U_o$ und dem Zeichen 0 die Spannung $-U_o$. Diese Phasenmodulation ist identisch mit einer Zweiseitenband-Amplitudenmodulation mit unterdrücktem Träger. Die Verwirklichung eines binären Phasenmodulators zeigt Bild 14.5.

Soll bei der Phasenmodulation eine Differenzcodierung vorgenommen werden, so ist dem Modulator ein Umcodierer vorzuschalten, der eine Differentialtransformation bewirkt (s. Abschn. 7.2.1.1).

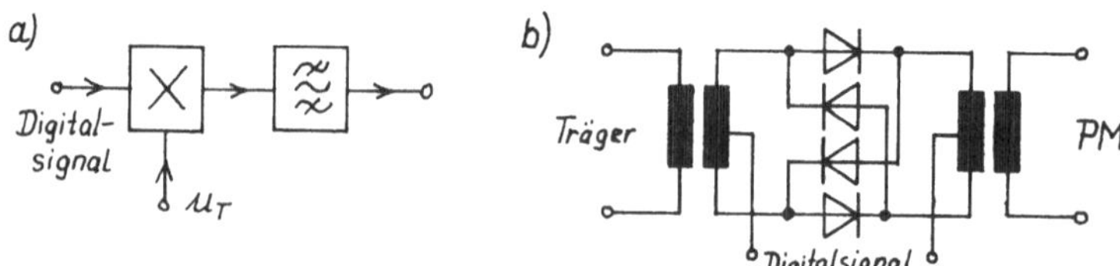

Bild 14.5 Binärer Phasenmodulator

a) Blockschaltbild

b) Vorzeichenmultiplikation

mit einem Ringmodulator

14.2.3 Demodulation

Im Falle der Bezugscodierung muß zunächst der Träger regeneriert werden. Die Modulatorausgangsspannung ist bei binärer
Phasenmodulation

$$u_{HF} = \hat{u}_{HF} \cos\left(2\pi f_T t \pm \Delta\Phi\right)$$
(14.5)

Dabei entsprechen die beiden Vorzeichen in Gl. (1.45) den beiden zu übertragenden Zeichen. Mit dem Additionstheorem läßt
sich Gl. (14.5) umformen in

$$u_{HF} = \hat{u}_{HF}\left[\cos 2\pi f_T t \cos\Delta\Phi \mp \sin 2\pi f_T t \sin\Delta\Phi\right]$$
(14.6)

Der 1. Summand stellt das Trägersignal dar, denn es ist unabhängig von Vorzeichen. Der 2. Summand ist das Informationssignal, das mit dem Binärzeichen das Vorzeichen wechselt. Für
$\Delta\Phi = 90°$ verschwindet der Träger und die gesamte Energie steckt
im Informationssignal. Man hat jedoch die Möglichkeit, die
Phasenänderung $\Delta\Phi < 90°$ zu machen und damit einen Trägerrest zu
erhalten. Dieser kann dann bei der Demodulation im Empfänger
durch einen schmalbandigen Bandpaß oder durch eine Phasenregelschleife [A7] regeneriert werden (s. Bild 14.6). Ist der

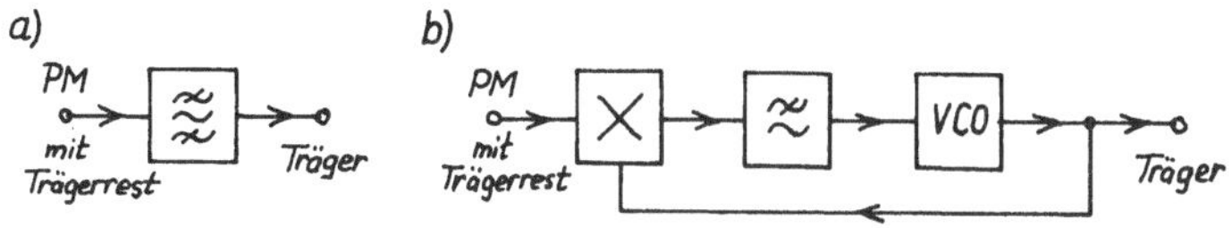

Bild 14.6   Trägerregeneration   a) mit Bandpaß

b) mit Phasenregelschleife

Träger in einem PSK_2 -System nicht vorhanden, so kann er nach dem in Bild 14.7 dargestellten Verfahren regeneriert werden.

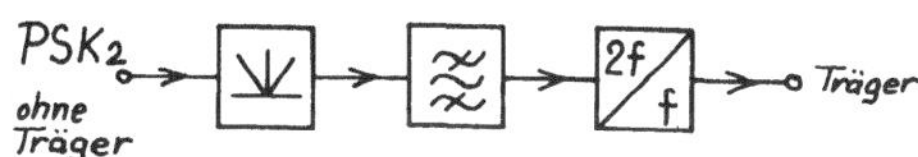

Bild 14.7   Trägerregeneration für ein
PSK_2 -System ohne Träger

Dabei werden die Phasensprünge des PSK-Signals durch Doppelweggleichrichtung beseitigt, die zweifache Trägerfrequenz mit einem Bandpaß herausgesiebt und durch Frequenzteilung die Trägerfrequenz wiedergewonnen. Allerdings entsteht durch die zufällige Anfangsstellung des als Teiler arbeitenden Flipflops eine Phasenunsicherheit von 180°.

Die Demodulation eines mit Digitalsignalen phasenmodulierten

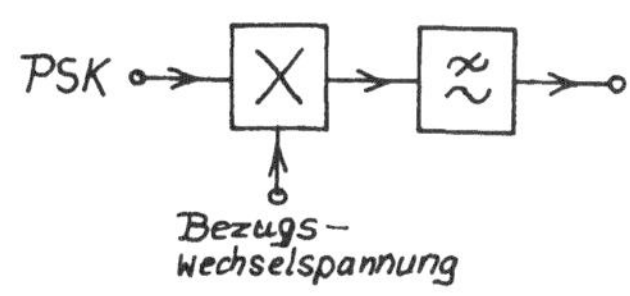

Bild 14.8   Demodulation von PSK-Signalen

Trägers wird mit einem Multiplikator oder mit einem durch einen Ringmodulator verwirklichten Vorzeichenmultiplikator durchgeführt (s. Bild 14.8), dem ein Tiefpaß zur Unterdrückung hochfrequenter Anteile nachgeschaltet ist. Bei der Differenzcodierung dient zur Demodulation des PSK-Signals während eines Schrittes das PSK-Signal des vorherigen Schrittes als Bezugswechselspannung. Somit wird ein Verzögerungsglied mit Verzögerungszeit T_0 benötigt (s. Bild 14.9).

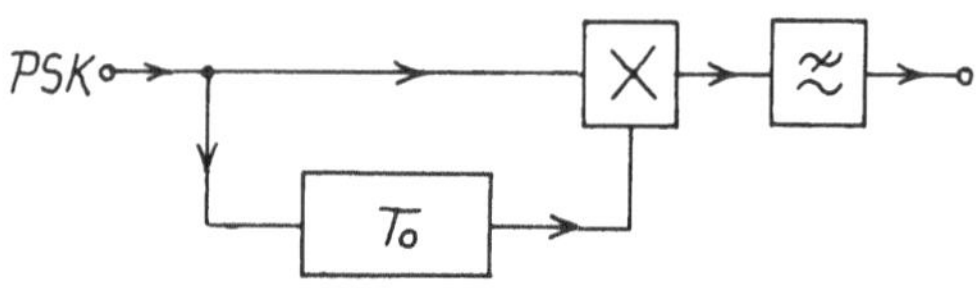

Bild 14.9   Demodulation eines DPSK -Signals

14.3 Frequenzmodulation

In diesem Fall wird bei der Übertragung eines binären Signals die Frequenz eines Oszillators zwischen zwei festen Werten umgeschaltet. Einer der Vorteile der Frequenzmodulation ist die Unabhängigkeit des wiedergewonnenen Signals von der Amplitude und Phase eines Bezugsträgers. Die Frequenzmodulation wird vor allem für digitale Übertragungen mit niedrigeren und mittleren Geschwindigkeiten angewendet; denn Systeme mit Frequenzmodulation lassen sich mit weniger Aufwand verwirklichen als solche, die Amplituden- oder Phasenmodulation anwenden.

14.3.1 Modulator

In Frequenzmodulation werden überwiegend binäre Signale übertragen. Dabei werden den beiden Zuständen des binären Signals zwei Frequenzen f_1 und f_2 zugeordnet, zwischen denen bei der Modulation umgeschaltet wird. Die Verfahren der Frequenzmodulation werden davon bestimmt, daß bei der Umschaltung im Falle

harter Tastung keine zusätzlichen Amplituden- und Phasensprünge auftreten:
- Die Umtastung der Frequenz wird durch unterbrechungsfreies
  Umschalten der Induktivität eines rückgekoppelten Oszillators erreicht.
- Die Umtastung der Frequenz wird durch Umschalten eines fre-
  quenzbestimmenden Widerstandes in einem RC-Oszillator erreicht. Amplituden- und Phasensprünge werden vermieden, weil
  im Widerstand keine Energie gespeichert wird.
- Das FSK-Signal wird mit binären Schaltungen erzeugt. Dazu
  geht man von einer hohen Frequenz, einem gemeinsamen Vielfachen der beiden Kennfrequenzen f_1 und f_2 , zwischen denen
  umgeschaltet wird, aus und erzeugt die jeweilige Kennfre-
  quenz durch Umschalten eines entsprechenden Teilers.

Das Spektrum des FSK-Signals ist bei harter Tastung sehr ausgedehnt, so daß ein aufwendiges Sendefilter zur Bandbeschnei-
dung erforderlich wird. Dies läßt sich durch weiche Tastung
vermeiden, bei der das aus Rechteckimpulsen bestehende Digitalsignal vor dem Modulator durch einen Tiefpaß bandbegrenzt
wird.

14.3.2 Demodulator

Allen Verfahren zur Rückgewinnung der Information aus dem fre-
quenzmodulierten Signal im Empfänger ist gemeinsam, daß das
empfangene Signal zunächst durch das Empfangsfilter bandbegrenzt wird und dann hinter einem die Signalamplitude begrenzenden Verstärker näherungsweise rechteckförmig zur weiteren
Verarbeitung zur Verfügung steht.
Grundsätzlich können für die Demodulation der frequenzmodu-
lierten digitalen Signale die üblichen Frequenzdiskriminato-
ren der analogen Übertragungstechnik benutzt werden. Hervor-
gehoben werden sollen hier
- der Quadratdemodulator
- die Phasenregelschleife (PLL)
- der Nulldurchgangsdetektor

Bei der Demodulation von FSK-Signalen spielen jedoch die die Übertragungsgeschwindigkeit begrenzenden Einschwingvorgänge eine wichtige Rolle. Wünschenswert ist, daß ein Sprung in der Frequenz ohne Einschwingvorgang in einen Amplitudensprung übergeht. Außerdem erfolgt eine Begrenzung der Übertragungsgeschwindigkeit durch den Tiefpaß zur Unterdrückung höherfrequenter Anteile des Diskriminatorausgangssignals. Daher sind einige Prinzipien für FSK-Diskriminatoren entwickelt worden, mit denen sich die Nachteile üblicher Diskriminatoren vermeiden lassen:

- der erweiterte Nulldurchgangsdetektor und

- der Saugkreisdetektor.

<u>Nulldurchgangsdetektor</u>: Nach Begrenzung des Empfangssignals entsteht ein Rechtecksignal, in dessen Nulldurchgängen die übertragene Information steckt. An den Nulldurchgängen wird eine monostabile Kippstufe ausgelöst. So wird die Frequenzmodulation in eine Pulsabstandsmodulation umgewandelt, bei der der Signalmittelwert der Momentanfrequenz proportional ist. Damit der Tiefpaß zur Mittelwertbildung eine möglichst hohe Grenzfrequenz haben kann, muß die Anzahl der Nulldurchgänge pro Schrittdauer hochgesetzt werden. Dies läßt sich erreichen, wenn das Empfangssignal als Einseitenbandsignal in eine höhere Frequenzlage umgesetzt wird.

<u>Saugkreisdetektor.</u> Hier wird die frequenzumgetastete Schwingung einem Vierpol zugeführt, dessen Übertragungsfunktion eine Nullstelle bei einer der beiden Kennfrequenzen besitzt und der durch einen Saugkreis realisiert wird. Am Ausgang des nachfolgenden Gleichrichters entsteht das demodulierte Digitalsignal [62] .

14. 3. 3. Spektrum

Bei harter Tastung kann man sich das FSK-Signal aus zwei amplitudengetasteten Trägern nach Gl. (14.3) mit den Frequenzen f_1 und f_2 zusammengesetzt denken (s. Bild 14.10). Mit dieser Vorstellung erhält man das Spektrum des FSK-Signals durch Überlagerung der Spektren der beiden amplitudengetasteten

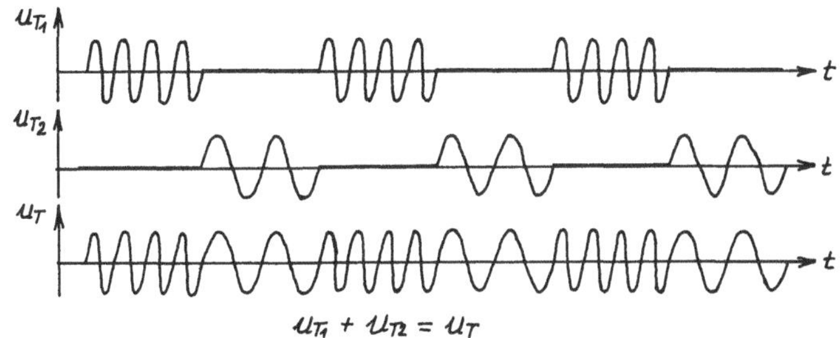

$$u_{T_1} + u_{T_2} = u_T$$

Bild 14.10 Entstehung des FSK-Signals aus zwei
amplitudengetasteten Trägern verschiedener Frequenz

Träger nach Bild 14.11. Mit den Kennfrequenzen des FSK-Signals

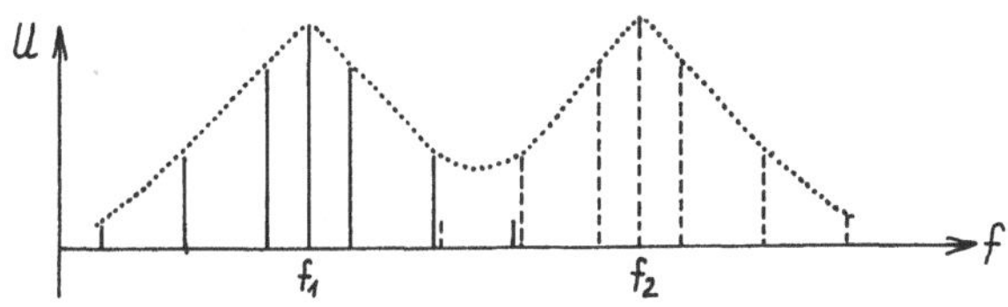

Bild 14.11 Entstehung des FSK-Spektrums

    —————— amplitudengetasteter Träger mit der
Frequenz

    – – – – – amplitudengetasteter Träger mit der
Frequenz

    ············· Hüllkurve des resultierenden Spektrums

f_1 und f_2 definiert man die Trägerfrequenz $f_T = \frac{f_1 + f_2}{2}$ und den
Frequenzhub $\Delta f = \frac{|f_1 - f_2|}{2}$

15. Meßtechnik

Die Übertragung von Informationen mit Hilfe digitaler Signale
erfordert den Aufbau einer neuen Meßtechnik. Sie unterscheidet
sich von den Gegebenheiten der analogen Übertragungstechnik
hinsichtlich der Signalgeneratoren, der zu messenden Größen
und der verwendeten Meßgeräte.

15.1 Signalgeneratoren

In der Meßtechnik analoger Übertragungssysteme spielen die Sinusgeneratoren eine ausgezeichnete Rolle. Man kann mit ihnen
die wichtigsten Eigenschaften der Übertragungssysteme untersuchen, die diese beim Betrieb mit wirklichen Signalen haben.
In der Meßtechnik digitaler Übertragungssysteme treten die
Sinusgeneratoren in den Hintergrund ; es kommen Generatoren
zur Anwendung, die die wirklichen Signale viel genauer simu-
lieren, als dies bei der analogen Übertragungstechnik der Fall
ist. Wesentlich ist, daß diese Generatoren der Tatsache Rechnung tragen, daß Informationen immer stochastischer Natur sind.

Binäre digitale Signale kommen besonders häufig vor. Sie reprä-
sentieren eine Folge von Nullen und Einsen. Die Übertragung
erfolgt mit einer festen Taktfrequenz. Würde man vereinfa chend
einen Generator mit einer periodischen Null-Eins-Folge verwenden, so hätte man eine Spektrallinie bei der halben Taktfrequenz und damit ein unrealistisches Signal. Damit zeigt sich,
daß die spektralen Eigenschaften eines digitalen Signals durch
dessen stochastische Natur bestimmt werden.
Wichtige Signalgeneratoren der digitalen Übertragungstechnik
sind der Markoff-Generator, der Pseudozufallsgenerator und der
Textgenerator. Sie erzeugen ein binäres digitales Signal einstellbarer Taktfrequenz. In vielen Fällen wird das Ausgangssignal noch einer Kanalcodierung unterzogen, wobei der Code
gewählt werden kann.
Markoff-Generator. Dieses Gerät erzeugt in der Regel ein binäres Digitalsignal nach Gl. (2.66). Das Auftreten der beiden

Signalzustände erfolgt nach der Markoffschen Übergangsmatrix
(s. Abschn. 2.41), deren Elemente am Gerät einstellbar sind.

Pseudozufallsgenerator. Dieses Gerät ist weit verbreitet,weil
es einfach zu verwirklichen ist. Es liefert in der Regel ein
binäres Digitalsignal nach Gl. (2.66). Von Pseudozufälligkeit
spricht man, weil ein periodisches Signal innerhalb seiner
Periodendauer nichtperiodisch ist und die Periodendauer bei
diesem Generator extrem lang gemacht werden kann. Das Pseudo-
zufallssignal wird nach dem Prinzip des rückgekoppelten Schieberegisters verwirklicht [A5] . Bei einem N-stufigen Schieberegister gibt es 2^N-1 mögliche Kombinationen, die nacheinander durchlaufen werden. Einstellbar sind bei den Geräten die
Taktfrequenz und die Stufenzahl. Neben dem Pseudozufallssi-
gnal wird am Ende jeder Periode ein Synchronisierimpuls erzeugt.

Textgenerator. Dieses Gerät liefert ein in der Regel binäres
Digitalsignal, das periodisch ist, aber innerhalb einer großen wählbaren Periodendauer von z. B. 32 Schritten jeden einzelnen Schritt einzustellen ermöglicht.

15.2 Eigenschaften der Übertragungswege

Ein digitales Übertragungssignal wird auf seinem Wege durch
den Übertragungskanal in zweierlei Hinsicht beeinträchtigt.Vom
Idealfall abweichender Amplitudengang und Gruppenlaufzeitgang
bewirken eine Verformung der Impulse und sich dem Signal im
Kanal additiv überlagernde Störungen verfälschen die Signalelemente derart, daß sie im Regenerativverstärker nicht richtig erkannt werden. Bei den Störungen kann man unterscheiden
zwischen einem Grundgeräusch und Störimpulsen.

Amplituden- und Gruppenlaufzeitgang. Wird eine digitale Übertragung mit einer hohen Übertragungsgeschwindigkeit gewünscht,
so sind die Dämpfungs- und Gruppenlaufzeitverzerrungen häufig
so groß, daß der Einsatz eines Entzerrers erforderlich ist.
Daher müssen Dämpfung und Gruppenlaufzeit von Kanälen in Abhängigkeit von der Frequenz gemessen werden. Die Meßergebnis-

se sind die Grundlage für die Auswahl und Einstellung der Entzerrer.

<u>Grundgeräusch.</u> Störspannungen auf Übertragungswegen entstehen
z. B. durch Beeinflussungen von seiten des Starkstromnetzes,
durch Verstärkerrauschen und durch Nebensprechen zwischen benachbarten Fernmeldekanälen. Mangelhafte mechanische Kontakte,
schlechte Lötverbindungen sowie starke Lastschwankungen naher
Starkstromleitungen gehören ebenfalls häufig zu den Quellen
der Störspannungen.

In den Geräuschspannungsmessern werden diese Spannungen mit
einem Filter genormten Frequenzganges bewertet und einer Ef-
fektivwertgleichrichtung unterzogen. Die Geräte enthalten einen elektronischen Verstärker mit großem Aussteuerbereich,
damit auch bei hohen Geräuschspannungsspitzen keine Begrenzung
eintritt.

<u>Störimpulse.</u> Impulsartige Störspannungen - häufig als Impuls-
geräusch bezeichnet - können eine digitale Übertragung erheb-
lich beeinträchtigen, vor allem, wenn auf dem Übertragungswe-
ge keine Regenerativverstärker eingesetzt werden. Diese Störimpulse werden hervorgerufen durch Wählgeräusche der Fern-
sprechtechnik, durch Übersprechen von Starkstromleitungen,
durch Blitzschlag etc. Zur Beurteilung der Eignung eines Übertragungskanals wird die Störimpulshäufigkeit gemessen, d . h.
die Häufigkeit der Überschreitung einer einstellbaren Amplitu-
denschwelle durch impulsartige Störspannungen. Bild 15.1 zeigt

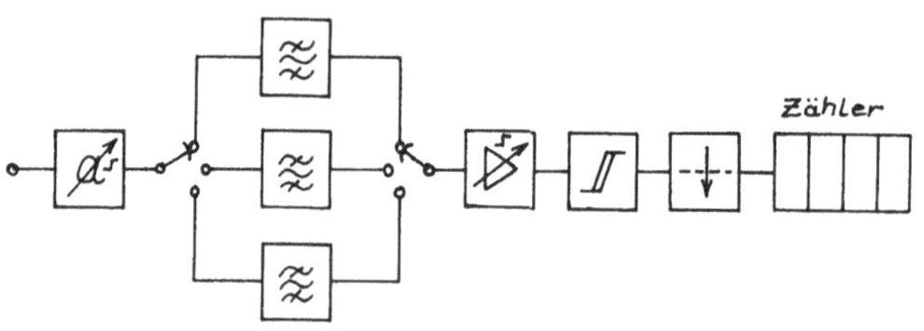

Bild 15.1   Blockschaltbild eines Störimpulszählers

das Blockschaltbild eines Störimpulszählers. Der Schmitt-Trigger reagiert nur auf solche Impulse, die seinen Schwellwert überschreiten. Somit kann der Störimpulspegel, bei dessen Überschreitung die Auswertung beginnt, durch den Übertragungsfaktor der aus Dämpfungsglied, Bandfilter und Verstärker bestehenden Strecke eingestellt werden. Zur spektralen Bewertung der Störimpulse kann zwischen verschiedenen Filtern umgeschaltet werden. Das Ausgangssignal des Schmitt-Triggers löst eine monostabile Kippschaltung aus, deren Impulse gezählt werden. Damit werden Impulse nur dann getrennt gezählt, wenn sie einen größeren zeitlichen Abstand als die Impulsdauer der monostabilen Kippschaltung haben. Die Impulsdauer bildet für die Messung eine Totzeit, die durchaus wünschenswert ist. Innerhalb einer übertragenen Null-Eins-Folge werden häufig mehrere Impulse zu einem Block zusammengefaßt, der einen codierten Wert darstellt. Durch die Totzeit kann somit eine gewisse Relation zur Blockfehlerhäufigkeit hergestellt werden.

15.3 Signaleigenschaften

Die Qualität digitaler Signale verschlechtert sich im Zuge eines Streckenabschnitts zwischen zwei Regenerativverstärkern. Zur Kennzeichnung des Signalzustandes werden das Augendiagramm aufgenommen sowie die Schrittverzerrung, der Phasenjitter und die Bitfehlerhäufigkeit gemessen.
<u>Augendiagramm.</u> Man versteht darunter eine Darstellung des Zeitverlaufs eines isochronen digitalen Signals, bei der der Zeitabschnitt für ein Signalelement auf einem Oszilloskop abgebildet wird und die Zeitverläufe für alle folgenden Zeitabschnitte übereinandergeschrieben werden. Bild 15.2 erläutert die Entstehung des Augendiagramms für ein bipolares Signal. Man kann es ebenfalls für eine Mehrpegelübertragung anwenden. Das Augendiagramm läßt die Verformung der Impulse eines digitalen Signals durch einen nichtidealen Amplituden- und Phasengang erkennen. Die zulässige Signalverformung wird für ein nicht korrelatives Signal durch das erste und zweite Nyquistkriteri-

266

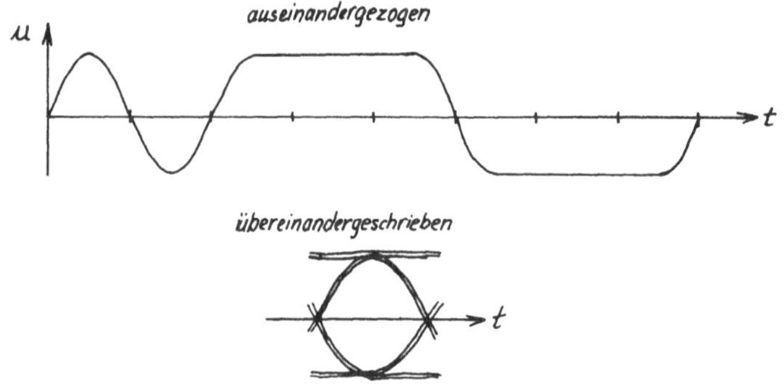

Bild 15.2   Entstehung des Augendiagramms

um definiert. Das erste Nyquist-Kriterium fordert, daß nur die Funktionswerte des Sendesignals jeweils in der Mitte des für einen Impuls zur Verfügung stehenden Zeitabschnittes bei der Übertragung erhalten bleiben sollen. Läßt man sonst einen beliebigen Zeitverlauf zu, so erhält man das Augendiagramm nach

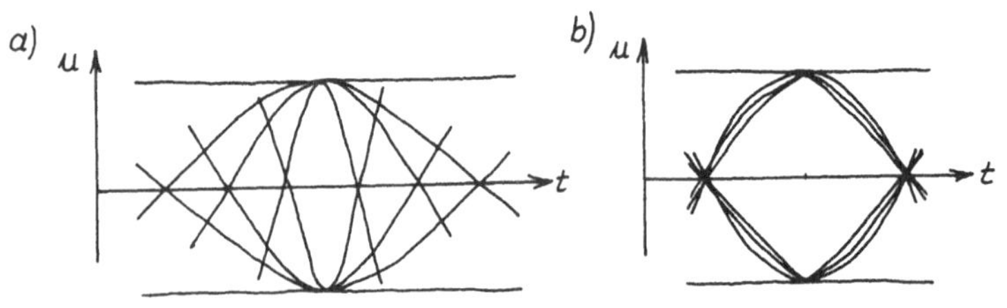

Bild 15.3 Augendiagramm,

>   a) wenn nur das erste Nyquist-Kriterium erfüllt ist,
>   b) wenn zusätzlich das zweite Nyquist-Kriterium er-
>   füllt ist.

Bild 15.3.a. Die Zeitverläufe gehen in der Mitte des Zeitabschnittes durch einen Punkt; das Auge ist maximal geöffnet und ermöglicht eine einwandfreie Unterscheidung der beiden Zustände des binären Signals. Somit ist das Augendiagramm ein wichtiges Hilfsmittel zur Einstellung des optimalen Abtastzeitpunktes bei der Signalregeneration. Soll auch das zweite Nyquist-Kriterium erfüllt sein, so müssen die Flanken zu Beginn und diejenigen am Ende eines Impulses im Augendiagramm an derselben Stelle ihre Nulldurchgänge haben (s. Bild 15.3.b).

<u>Schrittverzerrung.</u> Digitale Signale können um so leichter erkannt werden, je weniger sie vom idealen Verlauf abweichen. Wesentliche Kennzeichen eines digitalen Signals sind die Zeitpunkte des Übergangs von einem in den anderen Kennzustand. Man unterscheidet den tatsächlichen Kennzeitpunkt vom idealen Sollzeitpunkt und gibt die relative Abweichung als Schrittverzerrung an.

<u>Phasenjitter.</u> Unter dieser wichtigen Kenngröße versteht man eine zeitliche Instabilität der Nulldurchgänge eines Digitalsignals. Überschreitet diese störende Phasenmodulation bestimmte Toleranzgrenzen, so ist eine fehlerfreie Signalregeneration nicht mehr möglich. Der Phasenjitter digitaler Signale kann mehrere Ursachen haben: Überlagerte <u>Störspannungen</u> rufen regellose Verschiebungen der Nulldurchgänge hervor. Das <u>Phasenrauschen</u> der an der Takterzeugung beteiligten Oszillatoren spielt ebenso eine Rolle wie die Reaktion der <u>Taktrückgewinnungsschaltung</u> in einem Regenerativverstärker auf bestimmte digitale Signale. Der in einem System entstehende Phasenjitter wird nur unvollständig in den Regenerativverstärkern unterdrückt, so daß eine Phasenjitterakumulation stattfindet, die die Zahl der hintereinander schaltbaren Regenerativverstärker und damit auch die Streckenlänge begrenzt. Bei der Messung des Phasenjitters wird die maximale Phasenwinkelabweichung eines empfangenen Digitalsignals festgestellt. Dabei werden die Phasenwinkel zwischen den Nulldurchgängen eines digitalen Signals und denen eines Referenzsignals verglichen. Der Phasenwinkel des Referenzsignals wird so eingestellt, daß er dem mittleren Phasenwinkel des Empfangssignals entspricht.

<u>Bitfehlerhäufigkeit.</u> Der Begriff bezieht sich auf die überwiegend vorkommenden Binärsignale. Bit wird dabei als Kurzform für Binärzeichen verwendet. Auf dem Übertragungsweg eines digitalen Signals findet infolge der Signalregeneration (s. Abschn.9) keine Geräuschakkumulation statt. Das Signal ist gegen Geräusche praktisch immun, solange die Störspannungen so klein sind, daß die Amplitudenentscheidungsstufen der Regenerativverstärker noch richtig zwischen Null- und Ein-Impulsen unterscheiden können. Sind die Störspannungen zu groß, so entstehen jedoch Bitfehler und damit falsche Codewörter.

Man definiert als Bitfehlerhäufigkeit den Quotienten aus der Anzahl der Bitfehler und der Gesamtanzahl der übertragenen Bits. Die Bitfehlerhäufigkeit ist eine der wichtigsten Kenngrößen eines digitalen Signals. Bitfehlerhäufigkeiten in der Größenordnung von 10^{-6} und besser werden angestrebt. Für die Sprachübertragung sind jedoch auch größere Fehlerhäufigkeiten in der Größenordnung von 10^{-4} noch zulässig.

Man unterscheidet zwei Meßmethoden: Im ersten Fall muß der normale Betrieb unterbrochen werden. Es wird die Pseudozufallsfolge eines rückgekoppelten Schieberegisters auf den Kanal gegeben. Dann ermöglicht auf der Empfangsseite ein Schieberegister mit gleichem Rückkopplungsnetzwerk, das nach Taktfrequenz und Pseudozufallsperiode synchronisiert wird, einen Bit für Bitvergleich und somit die Zählung aller Fehler. Die zweite Möglichkeit der Bitfehlermessung kann im normalen Betrieb durchgeführt werden. Dabei werden die Regeln der Kanalcodierung überwacht und angezeigt. Allerdings führen bei aufeinanderfolgenden Fehlern nicht alle zu Codeverletzungen. Jedoch ist bei den in der Praxis vorkommenden Fehlerhäufigkeiten die Übereinstimmung zwischen Codeverletzungshäufigkeit und Bitfehlerhäufigkeit sehr groß.

15.4 Regenerativverstärker

Regenerativverstärker sind die wichtigsten Bausteine der digitalen Übertragungsstrecke. Ihre Fähigkeit, das Digitalsignal

auch in Anwesenheit von Störungen fehlerfrei zu erkennen und
aufzubereiten, ist mitentscheidend für die Qualität von Über-
tragungssystemen.
Der Spielraum und die Jitterübertragungsfunktion sind zwei
wichtige Merkmale zur Kennzeichnung eines Regenerativverstärkers.
<u>Spielraum.</u> Bei der Signalregeneration (s. Abschn. 11) wird
das Digitalsignal zu periodisch wiederkehrenden Zeitpunkten
abgetastet. Zudem wird festgestellt, ob das Signal zum Abtastzeitpunkt oberhalb oder unterhalb eines Schwellwertes
liegt. Abtastzeitpunkt und Schwellwert haben in der Regel Abweichungen vom Sollwert, die durch die Toleranzrechtecke nach
Bild 11.1 gekennzeichnet werden können. Unter Spielraum versteht man die maximal zulässige Schrittverzerrung und die maximal zulässige Störspannung zum Abtastzeitpunkt, bei denen
der Regenerativverstärker ein Zeichen noch richtig erkennt.
Bild 15.4 zeigt das Blockschaltbild eines Meßplatzes für einen
Regenerativverstärker. Ein Pseudozufallsgenerator 1 erzeugt

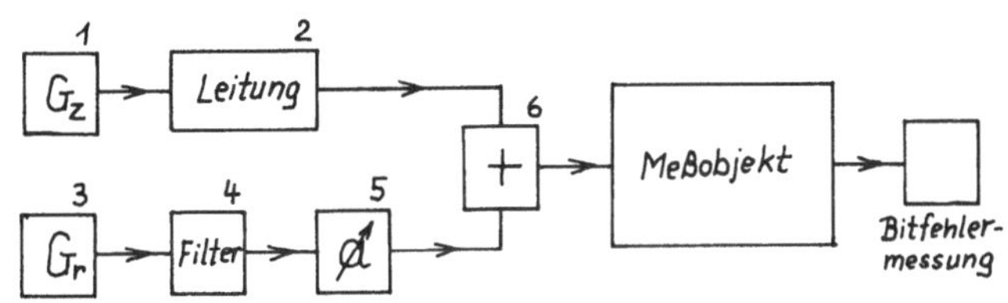

Bild 15.4   Meßplatz für einen Regenerativverstärker

ein Digitalsignal, das eine künstliche Leitung 2 mit einstell-
barem Frequenzgang durchläuft. Während durch die Leitung dem
Digitalsignal Schrittverzerrungen zugefügt werden, können mit
Hilfe des Rauschgenerators 3 Störungen simuliert werden. Das
Rauschsignal gelangt über das Filter 4, mit dem das Spektrum
tatsächlicher Störungen nachgebildet wird, und das Dämpfungsglied 5 zur Einstellung des Störpegels auf die Additionsstel-

le 6. Das mit Schrittverzerrungen und Störungen versehene Digitalsignal wird einem Regenerativverstärker zugeführt, an dessen Ausgang die Bitfehlerhäufigkeit gemessen wird.

<u>Jitterübertragungsfunktion.</u> Die Schaltungen zur Taktrückgewinnung in einem Regenerativverstärker sollen den Phasenjitter des Eingangssignals verkleinern. Dies gelingt in der Regel mit Phasenregelschleifen [A7] . Dabei hängt der Ausgangsphasenjitter von der Momentanfrequenz des Phasenjitters ab. Um diese Eigenschaft eines Regenerativverstärkers zu kennzeichnen, wird die Jitterübertragungsfunktion gemessen. Benötigt werden ein Jittergenerator und Jittermeßgerät. Bei dem Jittergenerator wird ein Digitalsignal mit sinusförmiger Phasenmodulation versehen, bei der Phasenhub und Frequenz einstellbar sind.

Al Wahrscheinlichkeitslehre

Die Wahrscheinlichkeitslehre ist entstanden aus der Beobachtung von Vorgängen, die dem Zufall unterworfen sind. Hinsichtlich der Häufigkeit des Auftretens eines bestimmten Ereignisses treten Gesetzmäßigkeiten auf, wenn der entsprechende Vorgang oft genug wiederholt wird.

Die Wahrscheinlichkeit $P(A)$ für das Auftreten des Ereignisses A wird definiert als der Grenzwert der relativen Häufigkeit h_N des Auftretens des Ereignisses A , wenn die Anzahl N der Versuche gegen unendlich geht. Mit der Häufigkeit $N(A)$ des Auftretens des Ereignisses A ist die relative Häufigkeit

$$h_N(A) = \frac{N(A)}{N} \tag{al.1}$$

Die Wahrscheinlichkeit für das Auftreten des Ereignisses A ist somit

$$P(A) = \lim_{N \to \infty} \frac{N(A)}{N} \tag{al.2}$$

Ist sowohl das Ereignis A als auch das Ereignis B möglich, so lassen sich weitere Ereignisse definieren.

Das Ereignis AB ist gegeben, wenn gleichzeitig die Ereignisse A und B auftreten. Das Ereignis $A+B$ ist gegeben, wenn entweder das Ereignis A oder das Ereignis B auftritt. Das Ereignis A/B ist gegeben, wenn das Ereignis A auftritt, unter der Bedingung, daß vorher das Ereignis B aufgetreten ist.

Aus der Definition der Wahrscheinlichkeit als Grenzwert der relativen Häufigkeit lassen sich folgende Aussagen machen.

1. Der Wert einer Wahrscheinlichkeit P ist eine Zahl zwischen Null und Eins. Es gilt

$$0 \leq P \leq 1 \tag{al.3}$$

2. Die Wahrscheinlichkeit eines mit Gewißheit eintretenden Ereignisses ist Eins. Es gilt

$$P(E) = 1 \qquad \text{(al.4)}$$

3. Die Wahrscheinlichkeit eines niemals auftretenden Ereignisses ist Null. Es gilt

$$P(E) = 0 \qquad \text{(al.5)}$$

Weitere Aussagen lassen sich anhand eines Beispiels gewinnen. Die Männer und Frauen einer Bevölkerung [14] gehören entweder einer roten oder einer blauen Partei an. Jeder Person können somit zwei Merkmale zugeordnet werden, entweder das Merkmal Mann (M) oder das Merkmal Frau (F) und entweder das Merkmal rote Partei (R) oder das Merkmal blaue Partei (B) . Ist $N(E)$ die Häufigkeit des Auftretens des Merkmals E , so gilt für die Gesamtanzahl der Personen

$$N = N(MB) + N(MR) + N(FB) + N(FR) \qquad \text{(al.6)}$$

Für die relative Häufigkeit des Merkmals M erhält man

$$h_N(M) = \frac{N(MB) + N(MR)}{N} \qquad \text{(al.7)}$$

für die relative Häufigkeit des Merkmals B erhält man

$$h_N(B) = \frac{N(MB) + N(FB)}{N} \qquad \text{(al.8)}$$

für die relative Häufigkeit des Merkmals $M{+}B$ erhält man

$$h_N(M{+}B) = \frac{N(MB) + N(MR) + N(FB)}{N} \qquad \text{(al.9)}$$

für die relative Häufigkeit des Merkmals M/B erhält man

$$h_N(M/B) = \frac{N(MB)}{N(MB) + N(FB)} \qquad \text{(al.10)}$$

und für die relative Häufigkeit des Merkmals B/M

$$h_N(B/M) = \frac{N(MB)}{N(MB) + N(MR)} \qquad \text{(al.11)}$$

Formt man Gl. (al.9) folgendermaßen um,

$$h_N(M+B) = \frac{N(MB)+N(MR)}{N} + \frac{N(MB)+N(FB)}{N} - \frac{N(MB)}{N}$$

so erhält man mit Gl. (al.7) und Gl. (al.8) für die relative Häufigkeit der Personen, die entweder Männer sind oder der blauen Partei angehören

$$h_N(M+B) = h_N(M) + h_N(B) - h_N(MB) \qquad (al.12)$$

Somit läßt sich für die Wahrscheinlichkeiten folgende weitere Aussage treffen.

4. Die Wahrscheinlichkeit dafür, daß mindestens eines von zwei möglichen Ereignissen eintrifft, ist gleich der Summe der Einzelwahrscheinlichkeiten für den Eintritt der beiden Er-eignisse, vermindert um die Wahrscheinlichkeit für den gleichzeitigen Eintritt beider Ereignisse.

$$P(A+B) = P(A) + P(B) - P(AB) \qquad (al.13)$$

Schließen sich beide Ereignisse aus, so gilt der Additions-satz

$$P(A+B) = P(A) + P(B)$$

Die Gl. (al.10) für die relative Häufigkeit der Männer, die der blauen Partei angehören, läßt sich folgendermaßen umfor-men:

$$N(MB) = h_N(M/B) \cdot \left[N(MB) + N(FB) \right] \qquad (al.14)$$

Mit Gl. (al.8) wird aus Gl. (al.14)

$$h_N(MB) = h_N(M/B)\, h_N(B) \qquad (al.15)$$

Damit läßt sich für die Wahrscheinlichkeiten eine weitere Aus-sage treffen.

5. Die Wahrscheinlichkeit für das gleichzeitige Auftreten zweier Merkmale ist gleich dem Produkt aus der absoluten Wahrscheinlichkeit des einen und der bedingten Wahrschein-lichkeit des anderen Merkmals.

$$P(AB) = P(A)\, P(B/A) \qquad (al.16)$$

Ist $P(B/A)$ die Wahrscheinlichkeit dafür, daß das Merkmal B auftritt unter der Bedingung, daß Merkmal A gegeben ist, so gilt

$$P(B/A) = P(B) \qquad (a1.17)$$

wenn das Auftreten des Merkmals B unabhängig vom Vorhandensein des Merkmals A ist. Sind die Merkmale A und B voneinander unabhängig, so gilt der Multiplikationssatz

$$P(AB) = P(A)\,P(B) \qquad (a1.18)$$

Wenn das Auftreten des Merkmals unabhängig davon ist, welche Merkmale vorher aufgetreten sind, gilt für die Wahrscheinlichkeit, daß das Merkmal A n-mal auftritt

$$P(A^n) = P^n(A) \qquad (a1.19)$$

A2 Verallgemeinerung der Kriterien von Nyquist

Die an den Gesamtfrequenzgang einer Übertragungsstrecke zu stellenden Anforderungen zur Vermeidung von Intersymbolinterferenz wurden erstmalig von H. Nyquist [45] im Jahre 1928 formuliert. Eine wesentliche Verallgemeinerung der Nyquist-Kriterien wurde 1965 von Gibby und Smith [16] vorgenommen. Ist $h(t)$ die Gewichtsfunktion des Gesamtfrequenzganges $\underline{H}(f)$, so lautet das 1. Nyquist-Kriterium mit der Schrittdauer T_o und einer ganzen Zahl m

$$h(mT_o) = \begin{cases} h_o & \text{für } m=0 \\ 0 & \text{für } m \neq 0 \end{cases} \qquad (a2.1)$$

Der Gesamtfrequenzgang ist die Fourier-Transformierte der Gewichtsfunktion. Es gilt somit

$$h(mT_o) = \int\limits_{-\infty}^{+\infty} \underline{H}(f)\, e^{jm2\pi f T_o}\, df \qquad (a2.2)$$

Zur Auswertung dieses Integrals wird der Integrationsweg auf

der Frequenzachse entsprechend Bild a2.1 in Abschnitte aufgeteilt. Dann läßt

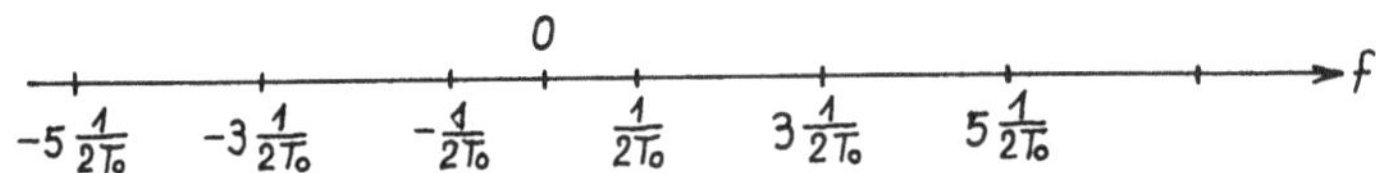

Bild a2.1   Aufteilung des Integrationsweges

sich das Integral nach Gl. (a2.2) als Summe darstellen und man
erhält mit der Laufvariablen n

$$h(mT_0) = \sum_{n=-\infty}^{+\infty} \int_{-\frac{2n+1}{2T_0}}^{+\frac{2n+1}{2T_0}} \underline{H}(f)\, e^{jm2\pi fT_0}\, df \qquad (a2.3)$$

Mit der Substitution

$$f = f' + \frac{n}{T_0} \qquad (a2.4)$$

wird aus Gl. (a2.3)

$$h(mT_0) = \sum_{n=-\infty}^{+\infty} \int_{-\frac{1}{2T_0}}^{\frac{1}{2T_0}} \underline{H}(f' + \frac{n}{T_0})\, e^{jm2\pi f'T_0}\, e^{jmn2\pi}\, df' \qquad (a2.5)$$

Unter Berücksichtigung von

$$e^{jmn2\pi} = 1$$

erhält man den Ausdruck

$$h(mT_o) = \sum_{n=-\infty}^{+\infty} \int_{-\frac{1}{2T_o}}^{+\frac{1}{2T_o}} \underline{H}\left(f'+\frac{n}{T_o}\right) e^{jm2\pi f'T_o}\, df' \qquad (2.6)$$

der bedeutet, daß der Gesamtfrequenzgang $\underline{H}(f)$ über die Laufvariable n an einem Integrationsfenster vorbeigeschoben wird.
Die Ergebnisse der Einzelintegrationen werden summiert. Vertauscht man die Reihenfolge von Integration und Summation, so
ergibt sich

$$h(mT_o) = \int_{-\frac{1}{2T_o}}^{+\frac{1}{2T_o}} \sum_{n=-\infty}^{+\infty} \underline{H}\left(f'+\frac{n}{T_o}\right) e^{jm2\pi f'T_o}\, df' \qquad (2.7)$$

In diesem Integral ist der Ausdruck

$$\sum_{n=-\infty}^{+\infty} \underline{H}\left(f'+\frac{n}{T_o}\right)$$

eine periodische Funktion von f' mit der Periode $1/T_o$. Daher
ist auch ein Fourier-Reihen-Ansatz möglich. Es gilt

$$\sum_{n=-\infty}^{+\infty} \underline{H}\left(f'+\frac{n}{T_o}\right) = \sum_{m=-\infty}^{+\infty} \underline{c}_m\, e^{j2\pi f'T_o} \qquad (2.8)$$

Die Fourier-Koeffizienten $\underline{c}_m$ erhält man aus

$$\underline{c}_m = T_o \int_{-\frac{1}{2T_o}}^{+\frac{1}{2T_o}} \sum_{n=-\infty}^{+\infty} \underline{H}\left(f'+\frac{n}{T_o}\right) e^{-j2\pi f'mT_o}\, df' \qquad (2.9)$$

Aus dem Vergleich von Gl. (a2.7) und (a2.9) ergibt sich

$$\underline{c}_m = T_0\, h(mT_0) \tag{a2.10}$$

Setzt man den Fourier-Koeffizienten $\underline{c}_m$ nach Gl. (a2.10) in Gl. (a2.8) ein, so entsteht der Ausdruck

$$\sum_{n=-\infty}^{+\infty} \underline{H}\!\left(f' + \tfrac{n}{T_0}\right) = \sum_{m=-\infty}^{+\infty} T_0\, h(mT_0)\, e^{j2\pi f'T_0} \tag{a2.11}$$

Mit der Formulierung des 1. Nyquist-Kriteriums im Zeitbereich nach Gl. (a2.1) erhält man aus Gl. (a2.11)

$$\sum_{n=-\infty}^{+\infty} \underline{H}\!\left(f' + \tfrac{n}{T_0}\right) = T_0\, h_0 \tag{a2.12}$$

Dies ist die allgemeine Formulierung des 1. Nyquist-Kriteriums im Frequenzbereich. Somit sind die in Abschn. 4 hergeleiteten Frequenzgänge, die dem 1. Nyquist-Kriterium genügen, spezielle Sonderfälle.

Zur besseren praktischen Handhabung kann der komplexe Ausdruck nach Gl. (a2.12) in zwei reelle Gleichungen zerlegt werden. Mit dem Phasenwinkel $\varphi(f)$ des Frequenzganges $\underline{H}(f)$ läßt sich dieser in Komponentenform darstellen. Es gilt

$$\underline{H}(f) = |\underline{H}(f)|\, \cos\varphi(f) + j|\underline{H}(f)|\, \sin\varphi(f) \tag{a2.13}$$

Man erhält somit für das 1. Nyquist-Kriterium im Frequenzbereich

$$\sum_{n=-\infty}^{+\infty} |\underline{H}\!\left(f + \tfrac{n}{T_0}\right)|\, \cos\varphi\!\left(f + \tfrac{n}{T_0}\right) = T_0\, h_0$$

$$\sum_{n=-\infty}^{+\infty} |\underline{H}\!\left(f + \tfrac{n}{T_0}\right)|\, \sin\varphi\!\left(f + \tfrac{n}{T_0}\right) = 0 \tag{a2.14}$$

A3 Kompander

Bei der Übertragung eines Signals durch einen Kanal können
Schwierigkeiten auftreten, bei deren Beschreibung und Bewälti-
gung der Begriff der Dynamik wichtig ist. Die Dynamik wird
zur Kennzeichnung sowohl eines Signals als auch eines Kanals
verwendet. Bei der Übertragung muß gewährleistet sein, daß die
Signaldynamik kleiner als die Kanaldynamik ist. Wenn die Signaldynamik größer als die Kanaldynamik ist, kann zwischen Signalquelle und Kanal ein Dynamikkompressor geschaltet werden.
Am Ausgang des Kanals muß dann ein Dynamikexpander vorgesehen
werden, um die ursprüngliche Signaldynamik wiederherzustellen.

Dieses System zur Anpassung der Signaldynamik an den Kanal
wird Kompander genannt, eine Bezeichnung, die aus der Kombination der Worte Kompressor und Expander entstanden ist.

1. Dynamik eines Signals

Als Beispiel werde das Signal eines Mikrophons betrachtet, mit
dem ein Orchesterkonzert aufgenommen wird. Die Signalhöhe wird
durch die Wurzel aus dem quadratischen Mittelwert, dem Effektivwert, gekennzeichnet. Der Mittelwert kann nur mit einer begrenzten Integrationsdauer gebildet werden; daher wird der
Effektivwert zeitabhängig. Für den Effektivwert der Signalspannung erhält man dann mit der Integrationszeit T und der
Zeit t den Ausdruck

$$U_{eff} = \sqrt{\frac{1}{2T_0} \int_{t-T}^{t+T} u^2(t)\, dt} \qquad (a3.1)$$

Da die Signalhöhe viele Zehnerpotenzen umfassen kann, geht man
zu einem logarithmischen Maß über und definiert mit dem Span-
nungsbezugswert $U_0 = \sqrt{P_0\, R_0}$ $(P_0 = 1\,mW,\ R_0 = 600\,\Omega)$
den absoluten Spannungspegel

$$p_u = 20\,lg\,\frac{U_{eff}}{U_o} \tag{a3.2}$$

dem die Pseudoeinheit dB zugeordnet wird. Als Dynamik bezeichnet man nun den Unterschied zwischen den lautesten und leise-
sten Stellen eines Orchesterkonzerts und definiert mit dem
maximalen Pegel $p_{u\,max}$, dem minimalen Pegel $p_{u\,min}$, dem maximalen Effektivwert $U_{eff\,max}$, dem minimalen Effektivwert $U_{eff\,min}$
die Dynamik

$$D_s^* = p_{u\,max} - p_{u\,min} = 20\,lg\,\frac{U_{eff\,max}}{U_{eff\,min}}\;dB \tag{a3.3}$$

2. Dynamik eines Kanals

Unter einem Kanal versteht man die Möglichkeit, elektrische
Nachrichten zu übertragen. Es kann sich dabei um Verstärker
handeln, aber auch z. B. um ein Magnetband. Die beiden wichtigsten Charakteristika zur Kennzeichnung eines Kanals sind
- der Amplitudengang
- die Dynamik
Für jeden Kanal gibt es einen maximalen und einen minimalen
Pegel, der jeweils gerade noch in der die Qualitätsanforde-
rungen genügender Weise übertragen werden kann. Den zu übertragenden Pegeln ist nach oben eine Grenze gesetzt durch die
zulässigen Verzerrungen und nach unten durch den mindestens
einzuhaltenden Signal-Rausch-Abstand.
Bei Klangübertragungsanlagen werden die nichtlinearen Verzerrungen z. B. durch den Klirrfaktor beschrieben, der mit wachsenden Pegeln ansteigt. Der maximale Pegel ist somit durch
den gerade noch zulässigen Klirrfaktor festgelegt. Die Kanaldynamik D^* ist dann die Differenz zwischen dem höchsten und
dem niedrigsten Pegel.

3. Prinzip des Kompanders

Das Verfahren läßt sich anhand von Bild a3.1 veranschaulichen.
Über einer Ortskoordinate werden nacheinander Signalquelle,
Kompressor, Kanal, Expander und Empfänger dargestellt. Bei der
Übertragung würden die hohen Pegel des Signals unzulässig ver-

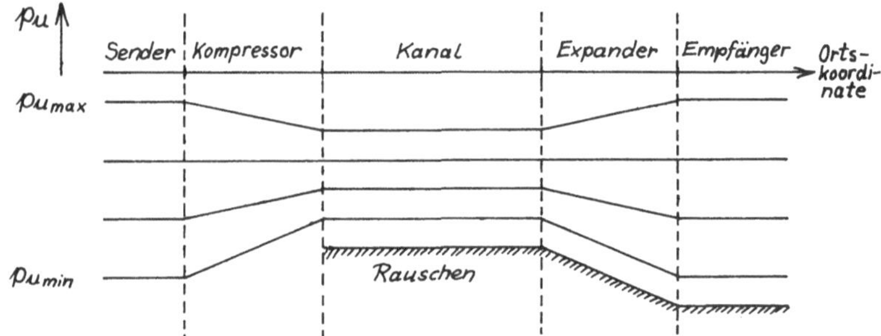

Bild a3.1   Veranschaulichung eines Kompandersystems

zerrt und die kleinen Pegel im Rauschen untergehen, wenn der
Kanal nicht in ein aus Kompressor und Expander bestehendes
Kompandersystem eingebettet wäre.

Zur Beschreibung des Kompandersystems wird ein Vierpol betrachtet, dessen Spannungseffektivwert $U_{a\,eff}$ am Ausgang in
nichtlinearer Weise vom Spannungseffektivwert $U_{e\,eff}$ am Eingang
abhängt. Mit dem Regelgrad R , der Vierpolkonstanten U_{VP} und
dem Bezugswert U_o für absolute Spannungspegel gilt für den
Effektivwert der Ausgangsspannung

$$U_{a\,eff} = U_{VP} \left(\frac{U_{e\,eff}}{U_o} \right)^R \qquad (a3.4)$$

Durch den Übergang auf absolute Spannungspegel wird daraus mit
dem Eingangspegel p_{ue} , dem Ausgangspegel p_{ua} und der Vierpolkonstanten $p_o = 20\,lg\,\frac{U_{VP}}{U_o}$

$$p_{ua} = R\,p_{ue} + p_o \qquad (a3.5)$$

Dies ist die Gleichung einer Geraden mit der Steigung R . Die
Gleichung läßt erkennen, wie sich die Signaldynamik beim Durchgang durch den Vierpol verändert. Mit der Signaldynamik Δp_{ue}

am Eingang erhält man für die Signaldynamik am Ausgang

$$\Delta p_{ua} = R\, \Delta p_{ue} \qquad\qquad (a3.6)$$

Der Vierpol stellt also für $0 < R < 1$ einen Kompressor und für $1 < R < \infty$ einen Expander dar. Für $R = 1$ ergibt sich keine Dynamikänderung; man hat einen Verstärker mit der Verstärkung p_0. Mit dem maximalen Signalpegel $p_{uS\,max}$, dem minimalen Signalpegel $p_{uS\,min}$ sowie dem maximal zulässigen Kanalpegel $p_{uK\,max}$ und dem minimal zulässigen Kanalpegel $p_{uK\,min}$ erhält man für den Regelgrad eines Kompressors

$$R = \frac{p_{uK\,max} - p_{uK\,min}}{p_{uS\,max} - p_{uS\,min}} \qquad\qquad (a3.7)$$

und für dessen Konstante

$$p_0 = p_{uK\,max} - R\, p_{uS\,max} \qquad\qquad (a3.8)$$

Ist die Kompressorkennlinie durch

$$U_{aK\,eff} = U_{VPK} \left(\frac{U_{eK\,eff}}{U_0}\right)^{R} \qquad\qquad (a3.9)$$

gegeben, so muß die Expanderkennlinie die dazugehörige Umkehrfunktion sein. Man erhält sie, indem man abhängige und unabhängige Variable vertauscht und wieder nach der unabhängigen Variablen auflöst. So ergibt sich für die Expanderkennlinie

$$U_{aE\,eff} = U_0 \left(\frac{U_{eE\,eff}}{U_{VPK}}\right)^{\frac{1}{R}} \qquad\qquad (a3.10)$$

Gelangt die Ausgangsspannung des Kompressors an den Eingang des Expanders, so wird $U_{aE\,eff} = U_{eK\,eff}$, d. h. die Ausgangsspannung des Expanders stimmt mit der Eingangsspannung des Kompressors überein. Setzt man die Expanderkennlinie auf Pegel um, so ergibt sich

$$p u_{aE} = \frac{1}{R}\left(p u_{eE} - p_o\right) \qquad (\text{a}3.11)$$

Wird am Eingang eines Kanals der kleinste Signalpegel angehoben, um im Kanal einen Mindestsignalrauschabstand zu gewährleisten, so erfolgt durch die Expandierung am Ausgang des Kanals mit der Herabsetzung des kleinsten Signalpegels gleichzeitig eine entsprechende Verminderung des in den Kanal eingedrungenen Geräusches, so daß der Signal-Rausch-Abstand durch die Expandierung nicht verloren geht.

A4 Rechnung modulo M

Für die mathematische Beschreibung redundanter Codes eignet sich die Algebra der Restklassen. Bildet man die Reste bezüglich einer Zahl M , so spricht man von einer Rechnung modulo M . Für Binärcodes interessiert besonders die Rechnung modulo 2.
Alle ganzen Zahlen, die bei der Division durch eine natürliche Zahl M den gleichen Rest ergeben, werden in einer Restklasse zusammengefaßt. Es gibt also M mögliche Reste, nämlich

$$\{0, 1, 2, \dots M\text{-}2, M\text{-}1\}$$

Diese Reste können stellvertretend für die einzelnen Restklassen stehen. Für die Rechnung modulo M wird nicht zwischen den Zahlen der gleichen Restklasse unterschieden. Bildet man z.B. die Reste bezüglich der Zahl 5, so ergibt die Division bei der ganzen Zahl 8

$$\frac{8}{-5} \quad : 5 = 1 \;\; \text{Rest } 3$$
$$\overline{3}$$

d. h. es gilt

$$1 \cdot 5 + 3 = 8$$

Bei der ganzen Zahl - 8 ergibt die Division

$$-8 : 5 = -2 \quad \text{Rest } 2$$
$$\underline{-10}$$
$$2$$

Stellt man den ganzen Zahlen die sich bei der Division durch 5 ergebenden Reste gegenüber, so erhält man

$$-6 \ -5 \ -4 \ -3 \ -2 \ -1 \ 0 \ 1 \ 2 \ 3 \ 4 \ 5 \ 6 \ 7 \ 8 \ 9 \ 10 \ 11 \ 12 \ 13 \ 14 \ 15 \ 16 \quad \text{Zahlen}$$
$$4 \ \ 0 \ \ 1 \ \ 2 \ \ 3 \ \ 4 \ \ 0 \ 1 \ 2 \ 3 \ 4 \ 0 \ 1 \ 2 \ 3 \ 4 \ 0 \ \ 1 \ \ 2 \ \ 3 \ \ 4 \ \ 0 \ \ 1 \quad \text{Reste}$$

Da zwischen den Zahlen der gleichen Restklasse nicht unterschieden wird, gilt

$$-8 = -3 = 7 = 12 = 2 \quad mod \ 5$$

In der Rechnung modulo M werden die Addition und Multiplikation so definiert, daß diese Operationen zunächst wie mit gewöhnlichen ganzen Zahlen ausgeführt werden. Das Ergebnis liegt dann in einer bestimmten Restklasse und für diese wird stellvertretend der Rest geschrieben.

In der Codierungstheorie hat man eine endliche Menge von Symbolen. Die Elemente der Menge sollen dabei durch Operationen verknüpfbar sein. Daß das Ergebnis der Operationen wieder ein Element der Menge ist, ergibt sich durch die Rechnung modulo M.

Eine wichtige Rolle in der Codierungstheorie spielen Polynome in der Rechnung modulo 2. Ein Polynom vom Grade r hat die Form

$$P(b) = c_r b^r + c_{r-1} b^{r-1} + \ldots + c_1 b + c_0$$

Die Koeffizienten c_i, $(i = 0, 1, 2 \ldots r)$ haben die Werte 0 oder 1. Man unterscheidet reduzible und irreduzible Polynome. Reduzible Polynome kann man in Produkte von Teilpolynomen zerlegen, irreduzible Polynome lassen sich nicht zerlegen. Ein reduzibles Polynom ist z. B. $P(b) = b^3 + 1$; denn es gilt

$$b^3 + 1 = (b+1)(b^2 + b + 1) = b^3 + b^2 + b + b^2 + b + 1 = b^3 + 1$$

Dabei ist zu beachten, daß $b^2 + b^2$ und $b + b$ in der Rechnung modulo 2 jeweils Null ergibt.

Irreduzible Polynome werden als Bausteine für die Generatorpolynome zyklischer Codes herangezogen. Ferner muß das charakteristische Polynom eines rückgekoppelten Schieberegisters maximaler Periodenlänge irreduzibel sein. Die maximale Periodenlänge erfordert jedoch zusätzlich, daß $2^r - 1$ eine Primzahl ist, wenn r der Grad des charakteristischen Polynoms ist.

A5 Rückgekoppeltes Schieberegister

Unter einem n-stufigen Schieberegister versteht man die Kettenschaltung von n Speicherelementen, die je ein Binärzeichen (engl. Binary Digit, abgek. Bit) eines binären digitalen Signals speichern können. Jedes einzelne Speicherelement ist so aufgebaut, daß es eine Information, die am Eingang liegt, dann und nur dann aufnimmt bzw. vom Eingang zum Ausgang schiebt, wenn gleichzeitig ein Taktimpuls erscheint. Die Information liegt dann so lange am Ausgang, bis ein weiterer Taktimpuls das Einschreiben einer neuen Information erlaubt. Bei einer Kettenschaltung von n Stufen lassen sich in einem solchen Register n Bits speichern.

Das Schieberegister kann also einen Strom von Binärzeichen im Rhythmus einer Taktfrequenz f_0 bitweise übernehmen. Das im ersten Takt von der ersten Stufe übernommene Bit wird mit dem zweiten Taktimpuls an die zweite Stufe weitergeleitet, während gleichzeitig von der ersten Stufe das nächste Bit übernommen wird. Die Ausgabe der gespeicherten Information kann sowohl seriell, nämlich in n Taktschritten vom Ausgang der letzten Stufe aus, als auch parallel erfolgen durch direktes Auslesen der n Stufen. Bild a5.1 zeigt das Blockschaltbild eines vierstufigen Schieberegisters. Die einzelnen Stufen des Registers können durch JK-Flipflop verwirklicht werden.

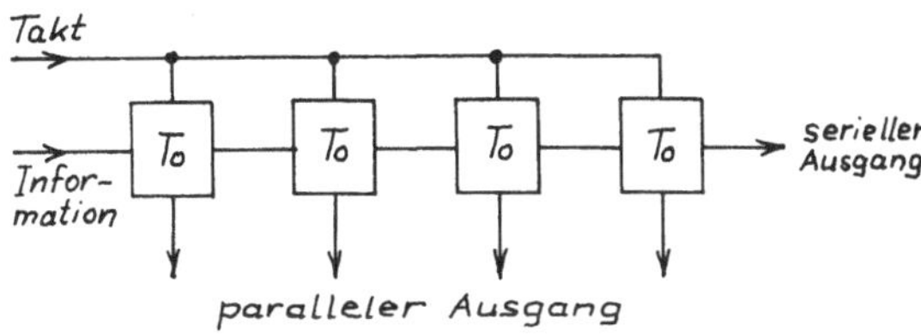

Bild a5.1   Blockschaltbild eines vierstufigen Schieberegisters

Bild a5.2 zeigt ein vierstufiges Schieberegister mit JK-Flip-

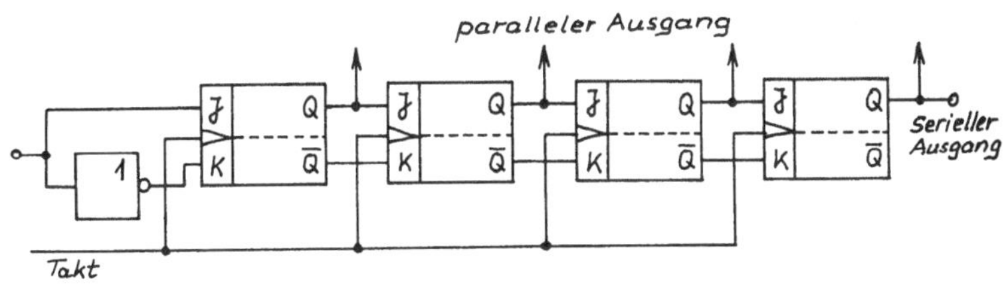

Bild a5.2   Vierstufiges Schieberegister mit JK-Flipflops

flops. Würde die Information jeweils von einer außerhalb des
Registers liegenden Schaltung geliefert, wäre das Schieberegister nichts anderes als eine Verzögerungskette. Es bietet
sich aber die Möglichkeit an, das Eingangsbit jeweils aus dem
vorhergehenden Inhalt des Schieberegisters mit Hilfe einer
Rückkopplungslogik zu erzeugen (s. Bild a5.3). Wird die Rückkopplung durch eine Exklusiv-Oder-Verknüpfung verwirklicht, so
spricht man von einem linear rückgekoppelten Schieberegister.

Bezeichnet man die durch die verschiedenen Zustände des binären digitalen Signals symbolisierten Zeichen mit 0 und 1, so
erzeugt das Register eine Folge von Nullen und Einsen mit vor-

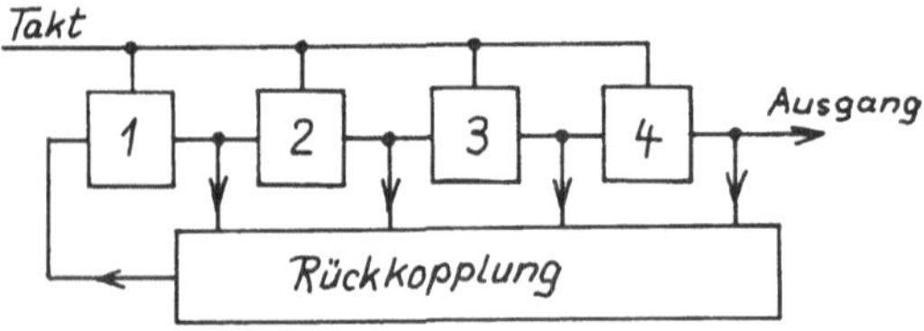

Bild a5.3   Blockschaltbild eines rückgekoppelten Schieberegisters

gegebener Taktfrequenz. In welcher Weise die Nullen und Einsen
aufeinander folgen, wird durch die Art der Rückkopplung festgelegt. Die Folge ist im allgemeinen periodisch, wobei die Periodendauer sehr hoch ist. Innerhalb der Periodendauer ist die
Folge nicht periodisch, d. h. die Nullen und Einsen folgen in
ständig neuer bzw. regelloser Weise aufeinander. Bei sehr großer Periodendauer spricht man daher von einer pseudozufälligen
(engl. Pseudo Noise, abgek. PN-)Folge.

Das rückgekoppelte Schieberegister findet Anwendung auf folgenden Gebieten:

- Pseudozufallsgenerator

- Bitfehlermessung

- Verwürfelung, Entwürfelung

- Zyklische Codes

- Rahmensynchronisation

Als nächstes werden die Eigenschaften des rückgekoppelten
Schieberegisters untersucht.

Periodizität. Jeder Zustand des Registers ist durch den vorhergehenden bestimmt. Die Kombination von Nullen und Einsen im
Register läßt sich als Binärzahl auffassen. Auf die Zahl A_1
zur Zeit t_1 folge die Zahl A_2 zur Zeit t_2 und zur Zeit t_i die
Zahl A_i . Erscheint innerhalb des zeitlichen Ablaufs wieder die
Zahl A_1 , d. h. ist für irgendeinen Zeitpunkt t_{p+1} die Zahl
 $A_{p+1} = A_1$, dann wiederholt sich von diesem Zeitpunkt an der Ab-

lauf in gleicher Reihenfolge. Die Folge hat dann die Periode p . Wird die Rückkopplung so gewählt, daß aus jedem Inhalt des Registers ein neuer gebildet wird, der unter den vorangegangenen Zuständen noch nicht vorhanden war, so entsteht immer wieder ein neuer Inhalt, bis der Inhalt $A_q = 0$ erreicht ist. Durch eine ı mod-2-Addition kann dann immer nur 0 entstehen. Für die Anzahl q der so entstehenden Zahlen gilt mit der Anzahl n der Registerstufen $q = 2^n$. Man hat also einen nichtperiodischen Vorgang, der nach Erreichen der Zahl $A_q = 0$ beendet ist. Ändert man den Rückkopplungsweg so, daß der Zustand $A_q = 0$ ausgeklammert wird, dann verbleiben noch $p = q - 1 = 2^n - 1$ Zahlen, die sich periodisch wiederholen. Die maximal mögliche Periode eines Registers ist also $p = 2^n - 1$. Sie wird allerdings nur mit einer bestimmten Rückkopplung erreicht.

<u>Mathematische Beschreibung.</u> Die Kombination von Nullen und Einsen in einem Schieberegister läßt sich als Dualzahl auffassen. So entspricht der Kombination $x_0, x_1, x_2, x_3,$ das Polynom

$$x_0 2^0 + x_1 2^1 + x_2 2^2 + x_3 2^3 \qquad (a5.1)$$

wobei x_i die durch einen Index i numerierte binäre Größe ist. Eine bestimmte Bitkombination im Schieberegister wird mit jedem Takt um eine Stufe verschoben. Diese Verschiebung bedeutet in der Polynomdarstellung eine Multiplikation mit 2. Es ist üblich, statt der Zahl 2 einen Verschiebeoperator b zu benutzen. So läßt sich eine unendliche Folge von Nullen und Einsen durch die Potenzreihe

$$G(b) = \sum_{n=0}^{\infty} x_n b^n \qquad (a5.2)$$

mit den Koeffizienten x_n und der unabhängigen Variablen b darstellen. Beim rückgekoppelten Schieberegister entsteht die gegenwärtig in den Eingang hineinlaufende binäre Größe x_n aus den vorherigen Größen $x_{n-1}, x_{n-2}, \cdots$ entsprechend

$$x_n = \sum_{i=1}^{r} c_i x_{n-1} \mod 2 \qquad (a5.3)$$

wobei r die Stufenzahl des Registers und c_i binäre Koeffizienten sind, die angeben, von welchen Stufenausgängen jeweils Rückkopplungen über das Exklusiv-Oder-Gatter vorgenommen werden. Da das Gatter eine mod-2-Addition vollzieht, sollen auch alle Additionen der mathematischen Beschreibung mod 2 verstanden werden.

Setzt man Gl. (a5.3) in Gl. (a5.2) ein, so ergibt sich

$$G(b) = \sum_{n=0}^{+\infty} \sum_{i=1}^{r} c_i\, x_{n-i}\, b^n \tag{a5.4}$$

Durch Umformung wird daraus

$$G(b) = \sum_{i=1}^{r} c_i\, b^i \sum_{n=0}^{\infty} x_{n-i}\, b^{n-i} \tag{a5.5}$$

Mit der Gleichung

$$\sum_{n=0}^{\infty} x_{n-i}\, b^{n-i} = \sum_{j=1}^{i} x_{-j}\, b^{-j} + \sum_{n=0}^{\infty} x_n\, b^n \tag{a5.6}$$

und mit Gl. (a5.5) erhält man dann

$$G(b) = \sum_{i=1}^{r} c_i\, b^i \left\{ \sum_{j=1}^{i} x_{-j}\, b^{-j} + G(b) \right\} \tag{a5.7}$$

Löst man diesen Ausdruck nach $G(b)$ auf, so erhält man

$$G(b) = \frac{\displaystyle\sum_{i=1}^{r} c_i\, b^i \sum_{j=1}^{i} x_{-j}\, b^{-j}}{\displaystyle 1 - \sum_{i=1}^{r} c_i\, b^i} \tag{a5.8}$$

Nach Gl. (a5.8) ist somit die Zahlenfolge $G(b)$ vollständig bestimmt durch die Anfangsbedingungen $x_{-1}, x_{-2}, \ldots x_{-r}$ und die Rückkopplungskoeffizienten $c_1, c_2, c_3 \ldots c_r$. Wählt man nun $a_{-1} = a_{-2} = \ldots a_{-r} = 0$ und $a_{-r} = 1$, so gilt mit $c_r = 1$

$$G(b) = \frac{1}{1 + \sum_{i=1}^{r} c_i\, b^i} \qquad\qquad (a5.9)$$

da in der Rechnung mod 2 das Minuszeichen durch ein Pluszeichen ersetzt werden darf. Der Nenner der Gl. (a5.9) wird charakteristisches Polynom genannt, da er nur die Rückkopplungskoeffizienten enthält.

A6 Transversalfilter

Erfunden wurde das Transversalfilter von Wiener und Lee im Jahre 1936 und in der Literatur zum ersten Mal beschrieben von Kalmann. Ein bandbegrenztes Signal $u_1(t)$ mit dem Spektrum $\underline{U}_1(f)$ hat eine Grenzfrequenz f_g , oberhalb derer das Signal keine spektralen Komponenten mehr besitzt. Soll nun dieses Signal durch ein Filter mit dem komplexen Frequenzgang $\underline{G}(f)$ beeinflußt werden, so ist dafür nur der Frequenzgang im Bereich $-f_g \leq f \leq +f_g$ maßgebend. Außerhalb dieses Bereiches ist ein beliebiger Verlauf des Frequenzganges zulässig, also auch die periodische Fortsetzung des Verlaufs im Bereich $-f_g \leq f \leq +f_g$. Man erhält somit eine in der Frequenz periodische Funktion, die nach Fourier in eine unendliche Reihe entwickelt werden kann.

Allgemein gilt für eine periodische Funktion $f(x)$ mit der Periode x_0 nach Abschn. 2 die Fourier-Reihe

$$f(x) = \sum_{n=-\infty}^{+\infty} \underline{c}_n\, e^{jn2\pi \frac{x}{x_0}} \qquad\qquad (a6.1)$$

wobei die Fourier-Koeffizienten $\underline{c}_n$ nach

$$\underline{c}_n = \frac{1}{x_0} \int_{-\frac{x_0}{2}}^{+\frac{x_0}{2}} f(x)\, e^{-jn2\pi \frac{x}{x_0}}\, dx \qquad\qquad (a6.2)$$

berechnet werden. Für den periodischen Frequenzgang $\underline{G}(f)$ mit der Periode $2f_g$ gilt somit

$$\underline{G}(f) = \sum_{n=-\infty}^{+\infty} \underline{c}_n\, e^{+jn\pi\, f/f_g} \tag{a6.3}$$

mit den Fourier-Koeffizienten

$$\underline{c}_n = \frac{1}{2f_g} \int\limits_{-f_g}^{+f_g} \underline{G}(f)\, e^{-jn\pi\, f/f_g}\, df \tag{a6.4}$$

Auf dem Wege zur Realisierung eines Filters mit dem Frequenzgang $\underline{G}(f)$ muß die unendliche Fourier-Reihe nach Gl. (a6.3) durch endlich viele Glieder angenähert werden. Für den angenäherten Frequenzgang $\underline{G}_N(f)$ gilt mit der Grenze N der Laufvariablen n

$$\underline{G}_N(f) = \sum_{n=-N}^{N} \underline{c}_n\, e^{jn\pi\, f/f_g} \tag{a6.5}$$

Mit der Umformung

$$\underline{G}_N(f) = e^{+jN\pi\, f/f_g} \sum_{n=-N}^{N} \underline{c}_n\, e^{j(n-N)\pi\, f/f_g} \tag{a6.6}$$

und der Substitution

$$n - N = -k \tag{a6.7}$$

entsteht der Ausdruck

$$\underline{G}_N(f) = e^{+jN\pi\, f/f_g} \sum_{k=0}^{2N} \underline{c}_{N-k}\, e^{-jk\pi\, f/f_g} \tag{a6.8}$$

der als Grundlage für die Realisierung eines Filters dient. Der Term $e^{-jk\pi\, f/f_g}$ ist als Übertragungsfaktor eines Verzögerungsgliedes mit der Verzögerungszeit $k\,\frac{1}{2f_g}$ realisierbar. Da der Ausdruck $e^{jN\pi\, f/f_g}$ eine negative Verzögerungszeit bedeutet, ist nur der Frequenzgang

$$\underline{G}'_N(f) = e^{-jN\pi\,f/f_g}\,\underline{G}_N(f) \qquad\qquad (\text{a6.9})$$

realisierbar. Die Ausgangsspannung $\underline{U}_2$ eines Filters mit der Eingangsspannung $\underline{U}_1$ und dem Frequenzgang

$$\underline{G}'_N(f) = \sum_{k=0}^{2N} \underline{c}_{N-k}\, e^{-jk\pi\,f/f_g} \qquad\qquad (\text{a6.10})$$

entsteht somit durch Summation von $2N{+}1$ Einzelspannungen, die sich jeweils aus der Multiplikation der Eingangsspannung $\underline{U}_1$ mit einem ein Proportionalglied darstellenden Faktor $\underline{c}_n$ und einem ein Verzögerungsglied darstellenden Faktor $e^{-jk\pi\,f/f_g}$ ergeben. So erhält man das in Bild a6.1 dargestellte Block-

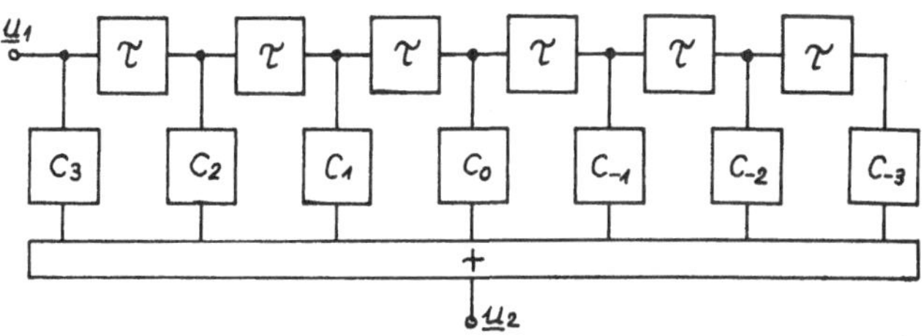

Bild a6.1   Blockschaltbild eines Transversalfilters
mit dem Frequenzgang $\underline{G}'_N(f)$ für $N=3$

schaltbild eines Transversalfilters. Es enthält $2N$ Verzögerungsglieder mit der Verzögerungszeit $\tau = \dfrac{1}{2f_g}$ und $2N{+}1$ Proportionalglieder. Der Frequenzgang $\underline{G}_N(f)$ des Transversalfilters nach Bild a6.1 ist eine Näherung für den Frequenzgang $\underline{G}(f)$ nach Gl. (a6.3). Es gilt

$$\underline{G}(f) = \lim_{N\to\infty} e^{jN\pi\,f/f_g}\,\underline{G}'_N(f) \qquad\qquad (\text{a6.11})$$

Das Integral nach Gl. (a6.4) zur Berechnung der Koeffizienten $\underline{c}_n$ läßt sich durch die Darstellung des Frequenzganges $\underline{G}(f)$

in Komponentenform und Anwendung der Euler'schen Formel für
die e-Funktion umformen in

$$\underline{c}_n = \frac{1}{2f_g} \int\limits_{-f_g}^{+f_g} \left\{ \left[\operatorname{Re}\{\underline{G}(f)\} \cos n\pi \,{}^f\!/_{f_g} + \operatorname{Im}\{\underline{G}(f)\} \sin n\pi \,{}^f\!/_{f_g} \right] + \right.$$
$$\left. + j \left[\operatorname{Im}\{\underline{G}(f)\} \cos n\pi \,{}^f\!/_{f_g} - \operatorname{Re}\{\underline{G}(f)\} \sin n\pi \,{}^f\!/_{f_g} \right] \right\} df \qquad (\text{a}6.12)$$

Die Integration des Imaginärteils des Integranden ergibt Null,
weil der Imaginärteil eines Frequenzganges eine ungerade und
der Realteil eines Frequenzganges eine gerade Funktion der
Frequenz ist. Zur Berechnung der Koeffizienten erhält man somit den Ausdruck

$$c_n = \frac{1}{f_g} \int\limits_0^{f_g} \left[\operatorname{Re}\{\underline{G}(f)\} \cos n\pi \,{}^f\!/_{f_g} + \operatorname{Im}\{\underline{G}(f)\} \sin n\pi \,{}^f\!/_{f_g} \right] df \qquad (\text{a}6.13)$$

Die Koeffizienten $\underline{c}_n$ sind also reell und können durch Ohmsche
Spannungsteiler realisiert werden. Gilt für die Koeffizienten
$c_n = +c_{-n}$, so muß nach Gl. (a6.3) der Imaginärteil des Frequenzganges $\underline{G}(f)$ Null sein. Erfüllen die Koeffizienten die Bedingung $c_n = -c_{-n}$, so muß nach Gl. (a6.3) der Realteil des Frequenzganges verschwinden. In diesem Fall hat man also eine
für alle Frequenzen konstante Phasendrehung von 90°.
Mit dem Betrag $|\underline{G}(f)|$ und dem Phasenwinkel $arc\,[\underline{G}(f)]$ des Fre-
quenzganges läßt sich der Ausdruck nach Gl. (a6.4) unter Ver-
wendung des Additionstheorems für den Kosinus der Summe zweier Winkel umformen in

$$c_n = \frac{1}{f_g} \int\limits_0^{f_g} |\underline{G}(f)| \cos \left[n\pi \,{}^f\!/_{f_g} + arc\, G(f) \right] df \qquad (\text{a}6.14)$$

A7 Phasenregelschleife [11]

Das Schaltungsprinzip der Phasenregelschleife (engl.: Phase
Locked Loop, abgek._ PLL) ist bereits seit Mitte der 30er Jahre bekannt. Die wichtigsten Anwendungsbereiche sind
- Synchronisation eines Oszillators auf einen Mutteroszilla-
  tor, z. B. Bild- und Zeilensynchronisation bei Bildübertra-
  gungssystemen, Trägererzeugung bei Frequenzmultiplexsyste-
  men.
- Modulator- und Demodulatorschaltungen der analogen Nachrichtentechnik, z. B. Frequenzdemodulatoren, Phasendemodulato-
  ren, Synchrondemodulatoren.
- Schaltungen der digitalen Übertragungstechnik, z. B. Demodulation in FSK-Systemen, Bezugsträgererzeugung bei PSK-
  Systemen, Taktrückgewinnung aus den Informationsimpulsen.

Die Phasenregelschleife ist selektiv. Sie kann als Bandpaß für
frequenzmodulierte Träger eingesetzt werden.Gegenüber einem
herkömmlichen Bandpaß besitzt sie den Vorzug, daß ihre Mitten-
frequenz nicht fest ist, sondern sich selbsttätig auf die Mit-
tenfrequenz des Trägers einstellt. Man bezeichnet den Phasenregelkreis in diesem Fall als Nachlauffilter (engl.: tracking
filter).

Die Aufgabe der Phasenregelschleife besteht darin, den Null-
phasenwinkel ϑ_2 der Spannung $u_2 = \hat{u}_2 \cos(2\pi f_2 t + \vartheta_2)$ eines lokalen
Oszillators mit dem Scheitelwert $\hat{u}_2$ und der Frequenz f_2 mit
dem Nullphasenwinkel ϑ_1 einer Eingangsspannung $u_1 = \hat{u}_1 \cos(2\pi f_1 t + \vartheta_1)$
mit dem Scheitelwert $\hat{u}_1$ und der Frequenz f_1 durch eine Regelung

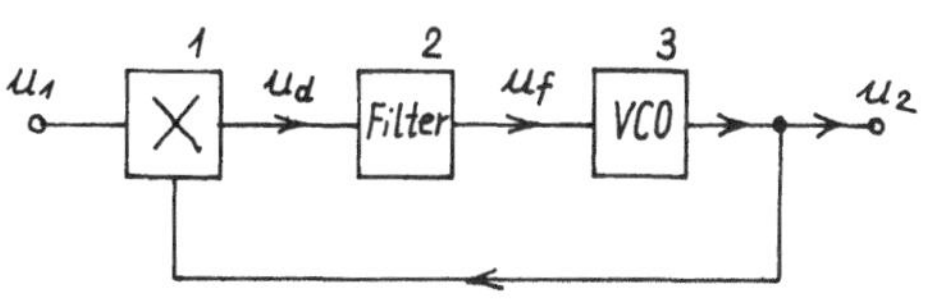

Bild a7.1 Blockschaltbild der Phasenregelschleife

zur Übereinstimmung zu bringen. Dies ist möglich, wenn die Frequenzen f_1 und f_2 den Wert $f_1 = f_2 = f_0$ haben. Das Blockschaltbild der Phasenregelschleife ist in Bild a7.1 dargestellt. Es enthält den Phasendetektor 1, das Filter 2 und den Oszillator 3.

Phasendetektor. Er wird im einfachsten Fall verwirklicht durch einen Multiplikator. Mit der Multiplikatorkonstanten K_m gilt für die Ausgangsspannung $u_a = K_m u_1 u_2$. Mit den Additionstheoremen für trigonometrische Funktionen wird daraus

$$u_a = \frac{1}{2} K_m \hat{u}_1 \hat{u}_2 \left\{ \sin\left[2\pi(f_1 - f_2)t + (\vartheta_1 - \vartheta_2)\right] + \sin\left[2\pi(f_1 + f_2)t + (\vartheta_1 - \vartheta_2)\right] \right\} \qquad (a7.1)$$

Im eingerasteten Zustand, d. h. bei Übereinstimmung der Frequenzen, sind eine der Phasendifferenz proportionale Komponente und eine Wechselkomponente mit doppelter Frequenz vorhanden. Um diese zu unterdrücken, wird der Multiplikator durch einen Tiefpaß ergänzt. Die Ausgangsspannung des Phasendetektors ist dann

$$u_d = \frac{1}{2} K_m \hat{u}_1 \hat{u}_2 \sin(\vartheta_1 - \vartheta_2) \qquad (a7.2)$$

Für kleine Phasendifferenzen kann die Phasendetektorkennlinie nach Gl. 8a7.2) durch ihre Tangente im Nullpunkt ersetzt werden. Es gilt mit der Phasendetektorkonstanten

$$K_d = \frac{1}{2} K_m \hat{u}_1 \hat{u}_2 \qquad (a7.3)$$

der Ausdruck

$$u_d = K_d (\vartheta_1 - \vartheta_2) \qquad (a7.4)$$

Filter. Es hat die Aufgabe, die dynamischen Eigenschaften der Regelschleife in bestimmter Weise zu beeinflussen. In der Regel wird ein Tiefpaß 1. Ordnung verwendet, z. B. in der Schaltung nach Bild a7.2. Gekennzeichnet wird das Filter durch seinen Frequenzgang $\underline{F}(f) = \underline{U}_f / \underline{U}_d$, mit der Fourier-Transformierten $\underline{U}_f$ der VCO-Steuerspannung $u_f(t)$ und der Fourier-Transformierten $\underline{U}_d$ der Phasendetektorausgangsspannung $u_d(t)$.

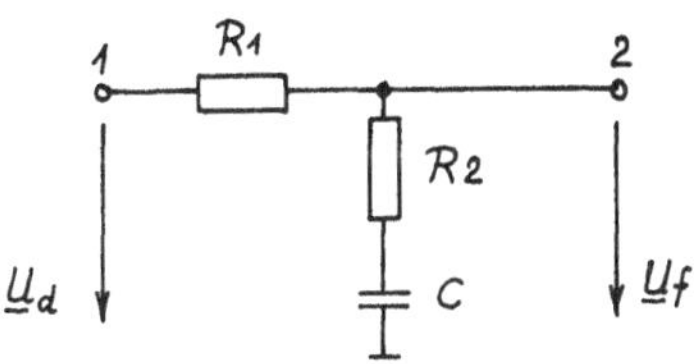

Bild a7.2   Schaltung des Schleifenfilters

<u>Oszillator.</u> Um die vom Phasendetektor festgestellten Phasen-
differenzen zu verringern, muß der Nullphasenwinkel des lokalen Oszillators verändert werden. Dies wird durch den Einsatz
eines spannungsgesteuerten Oszillators (engl.: <u>V</u>oltage <u>C</u>on-
trolled <u>O</u>scillator, abgek.<u>:</u> VCO), d. h. eines Oszillators,
dessen Frequenz über eine Spannung u_f eingestellt werden kann,
erreicht. Die Frequenz des VCO f_{vco} als Funktion der Steuer-
spannung u_f ist in Bild a7.3 als Kennlinie dargestellt.

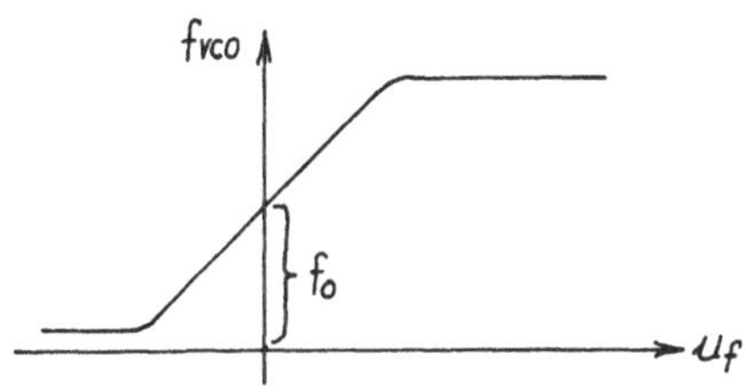

Bild a7.3   VCO-Kennlinie

Näherungsweise kann die Kennlinie im Nullpunkt durch ihre
Tangente ersetzt werden. Mit der Nennfrequenz f_0 des VCO und
der VCO-Konstanten K_0 erhält man für die VCO-Frequenz

$$f_{vco} = f_0 + \frac{K_d}{2\pi}\, u_f \qquad\qquad (a7.5)$$

Im allgemeinen Fall ist der Nullphasenwinkel des VCO als zeitabhängig anzunehmen. Dann erhält man mit der VCO-Spannung

$$u_2 = \hat{u}_2 \cos(2\pi f_o t + \vartheta_2(t))$$ (a7.6)

die VCO-Frequenz durch Differentiation des Argumentes des Kosinus in Gl. (a7.6). Es gilt

$$f_{VCO} = \frac{1}{2\pi} \frac{d}{dt} \left[2\pi f_o t + \vartheta_2(t) \right] = f_o + \frac{1}{2\pi} \frac{d\vartheta_2(t)}{dt}$$ (a7.7)

Der Vergleich von Gl. (a7.5) und (a7.7) ergibt

$$K_o u_f = \frac{d\vartheta_2(t)}{dt}$$ (a7.8)

Löst man Gl. (a7.8) nach $\vartheta_2(t)$ auf, so erhält man

$$\vartheta_2(t) = \int_0^t K_o u_f(t) \, dt$$ (a7.9)

Somit ist die Phasenregelschleife nach Bild a7.1 ein Integral-
regler.

Übertragungsverhalten. Die Phasenregelschleife ist ein Übertragungsglied für Nullphasenwinkel. Mit der Fourier-Transformierten Θ_1 des Eingangswinkels ϑ_1 und der Fourier-Transformierten Θ_2 des Ausgangswinkels ϑ_2 ist der Frequenzgang dieses
Gliedes $\underline{H}(f) = \Theta_2/\Theta_1$. Durch Fourier-Transformation wird aus
Gl. (a7.4) für den Phasendetektor

$$\underline{U}_d = K_d (\Theta_1 - \Theta_2)$$ (a7.10)

und aus Gl. (a7.9) für den VCO

$$\Theta_2 = K_o \frac{\underline{U}_f}{j2\pi f}$$ (a7.11)

Mit Gl. (a7.10), (a7.11) und $\underline{F}(f) = \underline{U}_f/\underline{U}_d$ berechnet man

$$\underline{H}(f) = \frac{K_o K_d \underline{F}(f)}{K_o K_d \underline{F}(f) + j2\pi f}$$ (a7.12)

Setzt man den Frequenzgang des Schleifenfilters nach Bild a7.2 ein, so ergibt sich bei geeigneter Dimensionierung das Verhalten eines Tiefpasses 2. Ordnung.

Literaturverzeichnis

[1] Antreich, K.; Hauk, W.; Welzenbach, M.: Zur Auslegung
    der Entzerrernetzwerke für die Übertragung von PCM-
    Signalen auf Kabeln. A. E. Ü. 25, 1971, H. 3

[2] Appel, U.; Tröndle, K.: Vergleich verschiedener Codes für
    die Übertragung digitaler Signale. NTZ 1970, H. 4

[3] Appel, U.; Tröndle, K.: Zusammenstellung und Gruppierung
    verschiedener Codes für die Übertragung digitaler Signa-
    le. NTZ, 1970, H. 1

[4] Bennet, W. R.: Introduction to Signal Transmission,
    McGraw-Hill Inc., New York 1970

[5] Bennett, W.R.: Statistics of Regenerative Digital Trans-
    mission, The Bell Syst. Techn. Journ. 1958

[6] Bennett, W.R.; Davey, J. R.: Data Transmission, McGraw-
    Hill Inc., New York 1965

[7] Bentley, W.E.: Squeeze more data onto mag tape by use of
    delay modulation encoding and decoding.Electronic Design
    21, October 11, 1975

[8] Bocker, P.: Datenübertragung, Bd. I Grundlagen, Bd. II
    Einrichtungen und Systeme 1976, 1977 Springer-Verlag,
    Berlin-Heidelberg-New York

[9] Dickkopp, G.: TELCOM - Ein neues Telefunken Kompander
    System. Nachrichtenelektronik 6 - 1977, S. 161 - 163

[10] Dokter, F.; Steinhauer, J.; Digitale Elektronik, Bd. I
Theoretische Grundlagen und Schaltungstechnik, Bd. II
Anwendungen der digitalen Grundschaltungen und Geräte-
technik, Deutsche Philips GmbH, Hamburg 1972.

[11] Donnevert, J.: Der Phasenregelkreis, Der Fernmeldeingenieur 1979, 33. Jg. H.7

[12] Ehrenstrasser, G.: Stochastische Signale und ihre Anwendung, Hütling-Verlag, Heidelberg 1974

[13] Elsner, R.: Nachrichtentheorie, Bd. I Grundlagen,
Bd. II Übertragungskanal, Teubner-Verlag, Stuttgart 1977

[14] Fischer, F.A.: Die Grundgedanken der modernen Theorie
der Nachrichtenübertragung, Der Fernmeldeingenieur 1951,
5. Jg. H. 4

[15] Gerwen van, P.J.: On the generation and application of
pseudo ternary codes in pulse transmissions, Philips
Res. Repts. 20, 1965, S. 469 - 484

[16] Gibby, R. A.; Smith, J. W.: Some Extensions of Nyquist's
Telegraph Transmission Theory, The Bell Syst. Techn.
Journ., Sept. 196

[17] Gohm, L.: Über den Entwurf und Aufbau eines PCM-Regene-
rativverstärkers für 10 M Bit/sec. Nachrichtentechn.
Fachber. Bd. 42, 1972

[18] Greefkes, J. A.; Gerwen van, P.J.; Jager de, F.: Kompander mit hohem Kompressionsgrad für die Pegelschwankungen
in Fernsprechverbindungen. Philips Techn. Rdsch. 26.Jg.
1965, Nr. 9, 10, 11

[19] Gurow, W.S.: Grundlagen der Datenübertragung, Akademische Verlagsgesellschaft Geest & Portig K.-G. Leipzig 1969

[20] Guttenberg van, W.; Hochrath, H.: Ein Kompander für die Rundfunkprogrammübertragung. NTZ 1960, H. 1 ,S. 9 - 15

[21] Irmer, Th.; Kersten, R.; Schweitzer, L.: Begriffe der Digital-Übertragungstechnik. Frequenz 32 (1978) 8

[22] Hartl, Ph.: Fernwirktechnik der Raumfahrt, Springer-Verlag, Berlin-Heidelberg-New York 1977

[23] Hauk, W.: Zur Auslegung eines Regenerativverstärkers für Nahverkehrs-PCI-Systeme. Nachrichtentechn. Fachber. Bd. 42, 1972

[24] Herzer, R.: Einige Grundlagen und Aspekte zur gesicherten Datenübertragung mittels linearer redundanter Binärcodes. Der Fernmeldeingenieur 1977, 31. Jg., H. 1, 4, 6

[25] Hessenmüller, H.: Digitale Tonsignalübertragung. Der Fernmeldeingenieur 1978, 32. Jg. H. 1

[26] Hölzler, E.; Holzwarth, H.: Pulstechnik, Bd. I Grundlagen, Bd. II Anwendungen und Systeme, Springer-Verlag Berlin-Heidelberg-New York 1976

[27] Howson, R. D.: An Analysis of the Capabilities of Polybinary Data Transmission. IEEE Transact. on Comunication Techn. Vol. 13, No. 3, Sept. 1965

[28] Kaiser, W.: Übertragungsverfahren und Modems für mehr als 1.200 Bit/sec. Nachrichtentechn. Fachber. Bd. 37, 1969

[29] Kersten, R.: Signalarten und Signalformen bei der Übertragung von PCM-Signalen auf symmetrischen Fernsprech-
kabeln. A.E.Ü. 22, 1968, H. 10

[30] Kersten, R.: Verdoppelung der Schrittgeschwindigkeit
oder Bandhalbierung durch das biternäre Pulscodeverfah-
ren. NTZ, 1965, H. 3

[31] Kohlschmidt, R.: Optimierung einer Pulscodemodulations-
Übertragungsstrecke bezüglich Sicherheit gegenüber Störungen. Nachrichtentechnik 18, 1968, H. 7

[32] Kress, D.: Zur linearen Filterung bei der Übertragung
von PCM-Signalen über Kabel. Nachrichtentechnik 18,
1968, H. 9

[33] Kretzmer, E. R.: Generalization of a Technique for
Binary Data Communication IEEE Transaction on Communication Technology, Febr. 1966

[34] Lange, F.H.: Korrelationselektronik, VEB-Verlag Technik,
Berlin 1959

[35] Leuthold, P.; Tisi, F.: Betrachtungen zum Abtasttheorem
und zum ersten Nyquist-Kriterium. NTZ 1968, H. 7

[36] Lochmann, D.; Dahms, H.-P.: Ein digitaler Diskriminator
für die Datenübertragung mit Frequenzumtastung. Nachrichtentechnik 19, 1969, H. 10

[37] Lucky, R.W.; Salz, J.; Weldon, E.J.: Principles of Data
Communication, McGraw-Hill, Inc. New York 1968

[38] Lüke, H.C.: Signalübertragung, 2. Aufl. Springer-Verlag,
Berlin-Heidelberg-New York 1979

[39] Marko, H.: Methoden der Systemtheorie, Springer-Verlag,
Berlin-Heidelberg-New York 1977

[40] Morgenstern, G.: Zur Berechnung der Autokorrelations-
folgen von digital codierten Signalen aus ihren Codie-
rungsgesetzen. Der Fernmeldeingenieur 1980, 34.Jg., H.12

[41] Morgenstern, G.: Zur Berechnung der spektralen Lei -
stungsdichte von digitalen Basisbandsignalen. Der Fernmeldeingenieur, 1979, 33. Jg.,H. 12

[42] Navé, P.M.W.: Spektrum des biternär codierten PCM-
Signals. A.E. Ü. 23, 1969, H. 4

[43] Neth, A.: Verfahren zur Taktrückgewinnung bei Regenerativverstärkern. Nachrichtentechn. Fachber., Bd. 42, 1972

[44] Norz, A.: Verfahren zur Demodulation von phasenumgeta-
steten Datensignalen. Nachrichtentechn. Fachber. Bd. 37,
1969

[45] Nyquist, H.: Certain Topics in Telegraph Transmission
Theory, Trans. AIEE 47 (1928) S. 617 - 644

[46] Ohnsorgè, H.: Darstellung, Wirkung und Konstruktion redundanter systematischer Codes. Telefunken-Zeitung,
Jg. 40, 1967, H. 1/2

[47] Ohnsorge, H.: Durch Schieberegister realisierbare redundante systematische Codes. Telefunken-Zeitung, Jg. 40,
1967, H. 1/2

[48] Peterson, W.W.: Prüfbare und korrigierbare Codes.
R. Oldenbourg Verlag, München-Wien 1967

[49] Schmidt, H.-J.: Eine Universalentzerrer-Theorie und ihre Anwendung auf verschiedene Entzerrer-Prinzipien, NTZ 29, 1976, H. 1, S. 71 - 73

[50] Schmidt, K.H.: Datenübertragung mit kontrollierter Nachbarzeichenbeeinflussung. Elektrisches Nachrichtenwesen, Bd. 48, Nr. 1, 2, 1973

[51] Schouten, J. F.: Nachricht und Signal. Nachrichtentechnische Fachberichte, Bd. 6 (1957)

[52] Schröder, H.; Rommel, G.: Elektrische Nachrichtentechnik, Eigenschaften und Darstellung von Signalen, Bd.Ia, Hüthig-Pflaum-Verlag, München-Heidelberg 1978

[53] Schuon, E.; Wolf, H.: Nachrichtenmeßtechnik, Springer-Verlag, Berlin-Heidelberg-New York 1981

[54] Schüßler, W.: Der Echoentzerrer als Modell eines Übertragungskanals, NTZ, 1963, H. 3

[55] Seliger, N.B.: Kodierung und Datenübertragung, R. Oldenbourg Verlag, München-Wien 1973

[56] Swoboda, J.: Codierung zur Fehlerkorrektur und Fehlererkennung, R. Oldenbourg Verlag, München-Wien 1975

[57] Swoboda, J.: Ein Vorschlag zur Taktsynchronisation bei der Datenübertragung, AEÜ, 1968, Bd. 22, H. 11

[58] Taub, H.; Schilling, D.L.: Principles of Communication Systems, McGraw-Hill, Inc. 1971

[59] Tröndle, K.; Weiß, R.: Einführung in die Puls-Code-Modulation, R. Oldenbourg Verlag, München-Wien 1974

[60] Wehrmann, W.: Einführung in die stochastisch ergodische
     Impulstechnik, Oldenbourg Verlag, Wien-München 1973

[61] Wilhelm, C.: Datenübertragung, Militär Verlag der
     Deutschen Demokratischen Republik, Berlin 1976

[62] Zschunke, W.: Einige neue Prinzipien für Frequenz-
     diskriminatoren bei Datenübertragung. Frequenz 27,
     1973, 7

Formelzeichen
____

Die Zeitwerte derStröme und Spannungen sind klein geschrieben. Zeitlich konstante Größen sind groß geschrieben. Effektivwerte sind durch große Buchstaben und den Index eff gekennzeichnet. Formelzeichen für komplexe Größen und Matrizen sind
unterstrichen.

Index	Bedeutung
A	Abtast-
a	Ausgang-
BV	Begrenzungsverzerrungen
e	Eingang-
g	Grenz-
K	Kompander
o	Grund-, fester Wert
per	periodisch
Q	Quantisierung
QV	Quantisierungsverzerrungen
r	Rausch-, Geräusch-,
s	Signal-
sp	Spitzen-
u	Spannung

Formelzeichen	Bedeutung
a	Zufallszahl
b	unbestimmte Variable, Basis eines Zahlensystems
$\underline{c}_k$	Fourier-Koeffizient
$\underline{C}$	Codematrix
D	Dynamik
D^*	Dynamik in dB
f	Frequenz
$\underline{F}$	Frequenzgang
$\underline{G}$	Frequenzgang
H	relative Häufigkeit
h	bezogene relative Häufigkeit
i	Strom
k	Laufvariable, Klirrfaktor, Korrelationsfunktion
K	Korrelationsfunktion
m	Laufvariable
M	feste ganze Zahl
n	Laufvariable
N	feste ganze Zahl
$\underline{P}$	Übergangsmatrix
P	Leistung
$P(n)$	Wahrscheinlichkeitsverteilungsfunktion
p_{mn}	Übergangswahrscheinlichkeit
$p(u)$	Wahrscheinlichkeitsdichtefunktion
q	Stufenzahl
r	Roll-Off-Faktor, Stellenzahl
s	Signalkoordinate
$S(f)$	Leistungsdichtespektrum
t	Zeit
T	Periodendauer
u	Spannung
u_M	Multiplikatorkonstante
$\hat{u}$	Scheitelwert einer Sinusspannung
$W(E)$	Wahrscheinlichkeit

$\underline{X}$ Modalmatrix

ς Signal-Geräusch-Abstand

ψ, ϑ Nullphasenwinkel

Θ Nullphasenwinkel im Frequenzbereich

λ Eigenwert

τ Verzögerungszeit, Impulsdauer

ε Phasenjitter

$\underline{\Lambda}$ Eigenwertmatrix

Δu Spannungsdifferenz

Δt Zeitdifferenz

$\varepsilon(t)$ Sprungfunktion

$\delta(t)$ Dirac-Funktion

$rect(t)$ Rechteckfunktion

$g(t)$ Gewichtsfunktion eines Systems mit dem komplexen Frequenzgang $\underline{G}(f)$

$\underline{U}(f)$ Fourier-Transformierte einer Spannung $u(t)$

$erf(x)$ Fehlerfunktion

$erfc(x)$ komplementäre Fehlerfunktion

Schaltzeichen
____

Auswahl nach DIN 40700

Schaltzeichen   Bedeutung

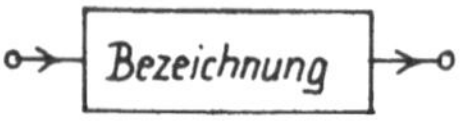

Übertragungsglied, allgemein

Sinusgenerator

Quarzgenerator

Verstärker

Verstärker, stufenweise einstellbar

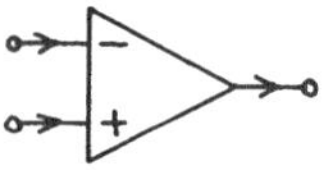

Operationsverstärker,
Komparator

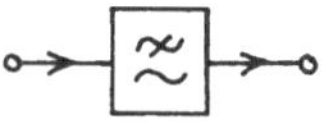

Tiefpaß

Bandpaß

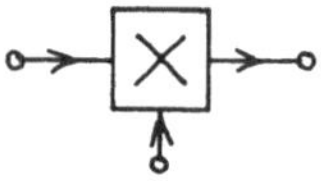

Multiplikator

Frequenzteiler

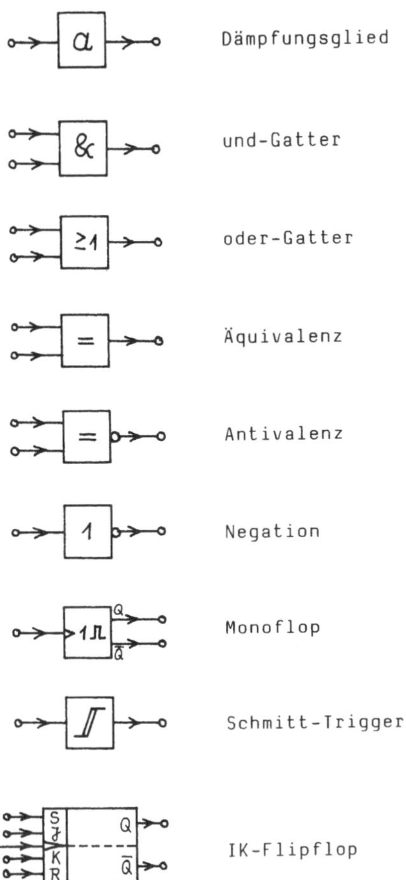

Dämpfungsglied

und-Gatter

oder-Gatter

Äquivalenz

Antivalenz

Negation

Monoflop

Schmitt-Trigger

IK-Flipflop

Glossar
____

Die digitale Übertragungstechnik enthält eine Reihe an Fach-
ausdrücken, die hier mit ihrer englischen Bezeichnung zusammengestellt und in enger Anlehnung an DIN 44302 und DIN 44300
erläutert werden sollen. Die Zusammenstellung ist nicht vollständig; sie beschränkt sich im wesentlichen auf die Fachausdrücke dieses Buches. Unter jedem Fachausdruck befindet sich
die entsprechende englische Bezeichnung.

Fachausdruck   Erläuterung

Abtastung   Der Vorgang der Entnahme von
sampling   Abtastwerten aus einem Signal

Abtastwert   Der Augenblickswert eines Si-
sample   gnals zu einem bestimmten Zeit-
                                punkt

analoge Nachrichten   Nachrichten, die nur aus konti-
analog messages   nuierlichen Funktionen bestehen

Bit   Kurzform für Binärzeichen. Ein-
bit   heit für die Anzahl der Binär-
                                entscheidungen

binär, ternär, ...   Adjektive zur Kennzeichnung der
binary, ternary, ...   Anzahl der diskreten Werte,
                                die ein Code- oder Signalelement
                                annehmen kann
                                $n = 2$ binär $n = 7$ septenär
                                $n = 3$ ternär $n = 8$ oktonär
                                $n = 4$ quaternär $n = 9$ novenär
                                $n = 5$ quinär $n = 10$ denär
                                $n = 6$ senär

Code code	Eine Vorschrift für die eindeutige Zuordnung der Zeichen eines Zeichenvorrats zu denjenigen eines anderen Zeichenvorrats
Codeelement digit	Kleinste Einheit zur Bildung eines Codewortes. Ein Codeelement kann zwei oder mehr verschiedene Werte annehmen
Codec codec	Zusammenfassung von Codierer und Decodierer im selben Gerät
Daten data	Zeichen oder kontinuierliche Funktionen, die zum Zweck der Verarbeitung Information aufgrund bekannter oder unterstellter Abmachungen darstellen
Deltamodulation delta modulation	Eine Differenz-Pulscode-Modulation, bei der das Codewort nur aus einem Bit besteht
Differenz-Pulscode-Modulation differential pulse code modulation	Eine Pulsmodulation, bei der die Differenz zwischen einem Vorhersagewert und dem Abtastwert durch ein Codewort übertragen wird
digitale Nachrichten digital messages	Nachrichten, die nur aus Zeichen bestehen
Digitalsignal digital signal	Signal, dessen Signalparameter eine Nachricht darstellt, die nur aus Zeichen besteht

Fehler error	Die Abweichung der empfangenen Zeichen von den gesendeten Zeichen
Fehlererkennungscode error detecting code	Ein Code, bei dem die Zeichen nach solchen Gesetzen gebildet werden, die es ermöglichen, durch Störungen verursachte Abweichungen von diesen Gesetzen zu erkennen
Fehlerhäufigkeit error rate	Das Verhältnis der Anzahl der Signalelemente, die bei der Übertragung verfälscht wurden, zur Gesamtzahl der Signalelemente
Fehlerkorrekturcode error correcting code	Ein Code, bei dem eine Teilmenge der gestörten Zeichen aufgrund der Bildungsgesetze ohne Rückfrage korrigiert werden kann
Intersymbolinterferenz intersymbol interference	Störung eines Signalelementes in einem Digitalsignal durch ein anderes, zeitlich vorangegangenes Signalelement desselben Signals
Isochron isochronous	Ein Digitalsignal ist isochron, wenn die Zeitpunkte des Übergangs von einem Signalelement zum nächsten äquidistant sind, d. h. in einem festen Zeitraster liegen

Hamming-Abstand signal distance	Bei zwei,Stelle für Stelle ver- glichenen Wörtern gleicher Län- ge,die Anzahl der Stellen unterschiedlichen Inhalts
Kompandierung componding	Kombination von Kompression und Expandierung. Die Kompres- sion ist ein Vorgang, bei dem die Ausgangsgröße unterpropor- tional zur Eingangsgröße wächst. Expandierung ist der zur Kom- pression inverse Vorgang.
Modem modem	Einheit aus Modulator und De- modulator, die für die digita- le Übertragung analoger Signa- le eingesetzt wird.
Modulation modulation	Die Veränderung des Signalpara- meters eines Modulationsträgers durch ein modulierendes Ein- gangssignal. Ist der Modula- tionsträger ein Puls, so spricht man von Pulsmodulation
Multiplexer multiplexer	Eine Funktionseinheit, die Nach- richten von Nachrichtenkanälen einer Anzahl an Nachrichtenka- nälen einer anderen Anzahl über- gibt
Nachricht message	Zeichen oder kontinuierliche Funktionen, die zum Zweck der Weitergabe Information aufgrund bekannter oder unterstellter Ab- machungen darstellen

Paritätsbit parity bit	Ein einer Binärzeichenfolge zugefügtes Bit, das zum Erkennen von Fehlern dient.
Pulscode-Modulation	Eine Pulsmodulation, bei der aus einem modulierenden Signal durch Zeit- und Amplitudenquantisierung ein Digitalsignal gewonnen wird
Quantisierung quantizing	Der Vorgang der Umsetzung eines wertkontinuierlichen Signals in ein wertdiskretes Signal
Schritt signal element	Ein Signal von definierter Dauer, dem ein Wertebereich des Signalparameters zugeordnet ist. Der Sollwert der Schrittdauer ist gleich dem vereinbarten kürzesten Abstand zwischen aufeinanderfolgenden Übergängen des Signalparameters von einem Wert auf einen anderen Wert
Schrittgeschwindigkeit modulation rate	Kehrwert des Sollwertes der Schrittdauer. Einheit der Schrittgeschwindigkeit: Baud (1 Baud $\hat{=}$ $1\,\frac{1}{s}$).
Signal signal	physikalische Darstellung von Nachrichten oder Daten
Signalelement signalelement	Die physikalische Repräsentation eines Codeelementes in einem zeitlichen Abschnitt eines

Signals

Signalparameter	Diejenige Kenngröße eines Signals, deren Wert oder Werteverlauf die Nachricht oder die Daten darstellt
Symbol symbol	Ein Zeichen oder Wort, dem eine Bedeutung beigemessen wird
Übertragungsgeschwindigkeit signaling rate	Anzahl der je Zeiteinheit übertragenen Binärentscheidungen. Einheit: *bit/s*
Wort word	Eine Folge von Zeichen, die in einem bestimmten Zusammenhang als eine Einheit betrachtet wird
Zeichen character	Ein Element aus einer zur Darstellung von Informationen vereinbarten endlichen Menge von verschiedenen Elementen. Die Menge wird Zeichenvorrat genannt
Zeitmultiplex eine division multiplex	Ein Verfahren zur zeitlich versetzten Übertragung mehrerer Eingangssignale in einem gemeinsamen Signal
Ziffer digit	Ein Zeichen aus einem Zeichenvorrat von N Zeichen, denen als Zahlenwerte die ganzen Zahlen $0, 1, 2, \ldots, N-1$ umkehrbar eindeutig zugeordnet sind

Sachverzeichnis

Die Stichworte werden mit den zugehörigen Abschnittsnummern
aufgeführt.

Fricke/Lamberts/Patzelt
Grundlagen der elektrischen Nachrichtenübertragung

Von Prof. Dr.-Ing. H. Fricke, Technische Universität
Braunschweig, Prof. Dr.-Ing. habil. K. Lamberts, Techni-
sche Universität Clausthal, und Prof. Dipl.-Ing.
E. Patzelt, Fachhochschule Braunschweig-Wolfenbüttel

1979. XV, 375 Seiten. Geb. DM 48.-
(Moeller, Leitfaden der Elektrotechnik, Band XI)

Dieses Lehrbuch vermittelt die Grundlagen der analogen
und der digitalen elektrischen Nachrichtenübertragung.
Die Darstellung konzentriert sich auf die zentralen Themen, die ausführlich unter Betonung der naturwissen-
schaftlichen Grundlagen der technischen Anwendungen ent-
faltet werden.

Die Einführung entwickelt aus Begriff, Form und Frequenzband einer Nachricht das Schema der Nachrichtenübertragung unter Berücksichtigung von Rauschstörungen und
erläutert die Ergebnisse der Informationstheorie zur
Bewertung der Nachrichtenübertragung. Ausführlich wird
sodann die Theorie der Leitungen behandelt. Der Zusammenhang zwischen der Theorie der Leitungen und der Zweitortheorie wird aufgezeigt. Als weitere wichtige Bestandteile
einer Übertragungsstrecke werden Anpassungsschaltungen
mit Übertragern, Resonanzkreisen und Leitungen sowie Hohl-
leiter mit rechteckförmigem und kreisförmigem Querschnitt
behandelt. Die ausführlich dargestellte Zweitortheorie
zeigt in allgemeiner Form den Zusammenhang zwischen Strömen und Spannungen an den Eingangs- und Ausgangsklemmen
eines Übertragungssystems. Die bei der Nachrichtenübertragung über Funk auf Sende- und Empfangsseite eingesetzten
Antennen werden ihrer Bedeutung entsprechend eingehend
beschrieben unter besonderer Berücksichtigung von Richt-
und Breitbandantennen. Im Abschnitt über Wellenausbreitung
wird auch auf Störerscheinungen eingegangen. Mit einer
ausführlichen Betrachtung der für die Nachrichtenübertragung wesentlichen Vorgänge bei der Modulation und Demodulation sowie der auftretenden Verzerrungen schließt das
Buch.

Nachrichtensysteme -
Dienstintegration in künftigen Kommunikationsnetzen

Vorträge des Nachrichtentechnischen Kolloquiums 1981
der Technischen Universität Braunschweig

Herausgegeben von Prof. Dr.-Ing. Harro Lothar Hartmann
Technische Universität Braunschweig

Mit Beiträgen von Dipl.-Ing. P. R. Gerke, Dipl.-Ing.
J. Kanzow, Dr.-Ing. A. Kündig, Dipl.-Ing. H. Ruckdeschel,
Dr.-Ing. M. Langenbach-Belz, Prof. Dr.-Ing. P. J. Kühn,
Dr.-Ing. C. Baack und Ing.grad. G. Heydt

1982. 140 Seiten. Kart. DM 32.-

Künftige Kommunikationsnetze zeichnen sich durch ein beträchtlich erweitertes Dienstleistungsspektrum aus, das dem wachsenden Nachrichtenaustausch Rechnung trägt. Neben neuartigen Leistungsmerkmalen für Benutzer und Betreiber müssen Signale unterschiedlicher Herkunft und Bandbreite übertragen und vermittelt werden. Lichtwellenleiter, höchstintegrierte Schaltkreise, Module mit Busschnittstellen, strukturierte Programme und endliche Automaten kennzeichnen die Implementierungsmöglichkeiten künftiger Nachrichtensysteme, in denen Digitalsignale zum vorrangigen Informationsträger werden. Damit bestehen günstige Voraussetzungen für eine integrierte Signalübertragung und -vermittlung, die sog. Integration von Einrichtungen in dienstspezifischen Netzen. Der begonnene Einsatz von Vermittlungssystemen für Digitalsignale rechtfertigt eine exemplarische Standortbestimmung und Erörterung von Ansätzen zur Integration verschiedener Dienste.

Dieses Buch veranschaulicht in sieben ausgewählten Beiträgen Wege und Probleme der Dienstintegration in künftigen Kommunikationsnetzen. Im einzelnen werden die Wandlungsmöglichkeiten der Fernsprechnetze und Nebenstellenanlagen, neuartige Vermittlungssysteme für Digitalsignale und Verkehrslastsituationen in Mikrorechner-Steuerungen behandelt. Die Beitragsserie schließt mit einem Erfahrungsbericht über die Struktur dienstintegrierter optischer Breitband-Kommunikationssysteme. Hierbei werden die achtziger Jahre beleuchtet und grundlegende Lösungsansätze sowie Schwerpunkte für weitere Forschungs- oder Entwicklungsarbeiten dargestellt.

Teubner Studienskripten Elektrotechnik

Ebel,	Regelungstechnik 3., neubearbeitete und erweiterte Auflage. 200 Seiten. DM 15,80
Ebel,	Beispiele und Aufgaben zur Regelungstechnik 2., überarbeitete Aufl. 151 Seiten. DM 12,80
Eckhardt,	Numerische Verfahren in der Energietechnik 208 Seiten. DM 16,80
Fender,	Fernwirken 112 Seiten. DM 12,80
Freitag,	Einführung in die Vierpoltheorie 2., durchgesehene Aufl. 128 Seiten. DM 12,80
Frohne,	Einführung in die Elektrotechnik Band 1 Grundlagen und Netzwerke 4., durchgesehene Aufl. 172 Seiten. DM 14,80 Band 2 Elektrische und magnetische Felder 3., durchgesehene und erweiterte Auflage. 281 Seiten. DM 16,80 Band 3 Wechselstrom 3., durchgesehene Aufl. 200 Seiten. DM 15,80
Gad,	Feldeffektelektronik 266 Seiten. DM 17,80
Gerdsen,	Hochfrequenzmeßtechnik 223 Seiten. DM 16,80
Gerdsen,	Digitale Übertragungstechnik 322 Seiten. DM 18,80
Goerth,	Einführung in die Nachrichtentechnik 184 Seiten. DM 14,80
Haack,	Einführung in die Digitaltechnik 3., neubearbeitete und erweiterte Auflage. 232 Seiten. DM 16,80
Harth,	Halbleitertechnologie 2., überarbeitete Aufl. 135 Seiten. DM 14,80
Heidermanns,	Elektroakustik 138 Seiten. DM 12,80
Hilpert,	Halbleiterbauelemente 3., erweiterte Aufl. 184 Seiten. DM 14,80
Höhnle,	Elektrotechnik mit dem Taschenrechner 228 Seiten. DM 16,80
Kirschbaum,	Transistorverstärker Band 1 Technische Grundlagen 2., durchgesehene Aufl. 215 Seiten. DM 15,80 Band 2 Schaltungstechnik Teil 1 2., durchgesehene Aufl. 231 Seiten. DM 15,80 Band 3 Schaltungstechnik Teil 2 2., durchgesehene Aufl. 247 Seiten. DM 16,80
Morgenstern,	Farbfernsehtechnik 230 Seiten. DM 16,80

Fortsetzung auf der 3. Umschlagseite

Teubner Studienskripten Elektrotechnik

v. Münch,   Werkstoffe der Elektrotechnik
                   4., überarbeitete und erweiterte Auflage.
                   254 Seiten. DM 17,80

Oberg,   Berechnung nichtlinearer Schaltungen
                   für die Nachrichtenübertragung
                   168 Seiten. DM 14,80

Pinske,   Elektrische Energieerzeugung
                   127 Seiten. DM 12,80

Pregla/Schlosser, Passive Netzwerke
                   Analyse und Synthese
                   198 Seiten. DM 15,80

Römisch,   Berechnung von Verstärkerschaltungen
                   2., durchgesehene Aufl. 192 Seiten. DM 15,80

Schaller/Nüchel, Nachrichtenverarbeitung

                   Band 1 Digitale Schaltkreise
                   2., neubearbeitete Aufl. 168 Seiten. DM 14,80

                   Band 2 Entwurf digitaler Schaltwerke
                   3., überarbeitete und erweiterte Auflage.
                   191 Seiten. DM 15,80

                   Band 3 Entwurf von Schaltwerken
                   mit Mikroprozessoren
                   155 Seiten. DM 12,80

Schlachetzki/v. Münch, Integrierte Schaltungen
                   255 Seiten. DM 17,80

Schmidt,   Digitalelektronisches Praktikum
                   2., durchgesehene Aufl. 238 Seiten. DM 15,80

Seinsch,   Grundlagen elektr. Maschinen und Antriebe
                   230 Seiten. DM 16,80

Thiel,   Elektrisches Messen nichtelektrischer Größen
                   2., überarb.u.erw.Aufl. 244 Seiten. DM 16,80

Unger,   Hochfrequenztechnik in Funk und Radar
                   223 Seiten. DM 16,80

Vaske,   Berechnung von Drehstromschaltungen
                   180 Seiten. DM 14,80

Vaske,   Berechnung von Gleichstromschaltungen
                   3., überarbeitete und erweiterte Auflage.
                   132 Seiten. DM 12,80

Vaske,   Berechnung von Wechselstromschaltungen
                   2., durchgesehene Aufl. 224 Seiten. DM 16,80

Vaske,   Übertragungsverhalten elektrischer Netzwerke
                   3., überarbeitete Auflage.
                   164 Seiten. DM 14,80

Weber,   Laplace-Transformation für Ingenieure
                   der Elektrotechnik
                   3., überarbeitete und erweiterte Auflage
                   205 Seiten. DM 15,80

Westermann,   Laser
                   190 Seiten. DM 14,80

Preisänderungen vorbehalten